目　次

序章　課題と構成 ……………………………………………………… *1*

　1．課題の設定と方法 ………………………………………………… *1*

　2．本書の内容と構成 ………………………………………………… *3*

第1章　農地改革前後の農地所有と利用構造の特徴 …………………… *9*

　1．農地改革前の農地所有と利用構造の特徴 ……………………… *9*

　　（1）地主制にみられる大阪の特徴 ……………………………… *9*

　　（2）戦前の農地の利用とかい廃状況 …………………………… *12*

　　（3）小作争議の激化と戦前の農地法制化 ……………………… *16*

　2．農地改革の実施と農地所有構造の変化 ………………………… *20*

　　（1）農地改革の実施過程 ………………………………………… *20*

　　（2）農地改革後の農地所有構造の変化 ………………………… *22*

　3．農地改革後の農地問題の特徴 …………………………………… *26*

　　（1）農地訴訟の激化とその要因 ………………………………… *26*

　　（2）創設自作地の転用問題 ……………………………………… *30*

第2章　農地の基本動態と農地諸問題 …………………………………… *37*

　1．都市化の進展と農業生産基盤の変容 …………………………… *37*

　　（1）都市化の進展と土地利用の変化 …………………………… *37*

　　（2）農業生産基盤の変容とその特徴 …………………………… *41*

　2．農地の基本動態とその特徴 ……………………………………… *46*

　　（1）農地法・農地制度の機能と骨格 …………………………… *46*

　　（2）農地の基本動態とその特徴 ………………………………… *47*

　3．農地価格の動向と農地諸問題 …………………………………… *60*

　　（1）新都市計画法・「線引き」以前の動向 …………………… *60*

　　（2）新都市計画法・「線引き」以降の動向 …………………… *65*

第3章　農地転用の動態と都市農家の特徴 ··· 79

　1．農地転用制度の変遷と仕組み ·· 79

　2．農地転用の基本動態とその特徴 ·· 82

　　（1）農地転用の基本動態 ·· 82

　　（2）農地転用の区分別・用途別の動向と特徴 ···························· 85

　3．区域別にみた農地転用の動態と特徴 ·· 89

　　（1）市街化区域内における農地転用の動態と特徴 ····················· 89

　　（2）市街化区域外における農地転用の動態と特徴 ····················· 95

　4．都市農業と都市農家の変貌と特徴 ·· 100

　　（1）都市農業と都市農家の変貌 ·· 100

　　（2）都市農家の特徴 ·· 103

第4章　生産緑地制度の改正と都市農地をめぐる諸問題 ························ 109

　1．生産緑地制度の改正と農地の「二区分化」状況 ······················ 109

　　（1）生産緑地法の改正とその背景 ·· 109

　　（2）大阪府における農地の「二区分化」状況 ···························· 114

　2．生産緑地希望農家の実態と生産緑地をめぐる諸問題 ············· 117

　　（1）事例地の概況 ·· 117

　　（2）生産緑地希望農家の実態と特徴 ······································ 119

　　（3）生産緑地希望農家の特徴と生産緑地をとりまく問題状況 ······· 128

　3．都市農家の「宅地化」農地選択論理 ·· 133

　　（1）「宅地化」農地の政策的・制度的位置 ································· 133

　　（2）都市農家の「宅地化」農地の選択論理 ······························· 135

　　（3）都市農家の「宅地化」農地の利用意識 ······························· 140

第5章　都市農地をめぐる問題状況と都市農業振興基本法の制定 ········ 147

　1．都市農地をめぐる問題状況 ·· 147

　　（1）大阪府の住宅・宅地をめぐる問題状況 ······························· 147

　　（2）生産緑地の保全と「宅地化」農地問題 ································· 151

2．「二区分化」措置直後の都市農地の動向 …………………… 154

　3．大阪における都市農業の振興と農地保全の動き …………… 158

　　（1）都市農業の意味と都市農地の動向 ………………………… 158

　　（2）大阪における農地事情と都市農業の機能・役割 ………… 159

　　（3）「大阪府都市農業条例」の制定とその背景 ……………… 161

　4．都市農業振興基本法の制定とその構成概要 ………………… 164

　　（1）都市農業振興基本法の制定経緯 …………………………… 164

　　（2）都市農業振興基本法の制定と構成概要 …………………… 170

第6章　都市化と農地保全をめぐる現段階 …………………………… 177

　1．最近の農地の転用動向と農地保全をめぐる動き …………… 177

　　（1）最近の農地の転用動向とその特徴 ………………………… 177

　　（2）堺市における農地の転用動向と農地保全をめぐる動き … 181

　2．都市農業振興基本計画の策定とその内容 …………………… 187

　3．基本計画策定以降の動きと課題 ……………………………… 191

　　（1）基本計画策定以降の動向 …………………………………… 191

　　（2）都市農地の保全をめぐる留意点と課題 …………………… 192

終章　都市化と農地保全の展開過程 ……………………………………… 197

　1．農地の所有と利用構造の変化とその特徴 …………………… 197

　　（1）戦前・戦後における農地の所有と利用構造の特徴 ……… 197

　　（2）戦後の農地の基本動態とその特徴 ………………………… 198

　　（3）農地転用の動態と農業・農家の変貌 ……………………… 199

　　（4）改正生産緑地制度下の都市農地の所有と利用の特徴 …… 200

　　（5）都市農地の動向と農地保全をめぐる新たな動き ………… 202

　　（6）都市化と農地保全をめぐる現段階 ………………………… 203

　2．総括―都市化と農地保全の展開過程― …………………………… 204

v

補論Ⅰ　農地転用制度論—農地転用制度の役割— ……………………… *207*

　はじめに ………………………………………………………………… *207*

　　1．農地法制の基本構成と農地転用制度の経緯 …………………… *208*

　　　（1）権利移動規制と転用規制の関連性 ………………………… *208*

　　　（2）農地転用制度の経緯とその特徴 …………………………… *210*

　　2．農振制度と農地転用制度との関連性および動向 ……………… *214*

　　3．農地転用制度の仕組みとその問題状況 ………………………… *217*

　むすび …………………………………………………………………… *221*

補論Ⅱ　農業委員会制度論—農業委員会制度の変遷と問題状況— ……… *223*

　はじめに ………………………………………………………………… *223*

　　1．農業委員会の発足経緯と農業委員会制度の確立 ……………… *224*

　　　（1）農業委員会の発足経緯 ……………………………………… *224*

　　　（2）農業団体再編と農業委員会制度の確立 …………………… *225*

　　2．農業委員会の業務・活動と系統組織の特徴

　　　　—2015年制度改正前— ………………………………………… *228*

　　　（1）改正前における農業委員会の業務と活動………………… *228*

　　　（2）改正前農業委員会制度の特徴と農業委員会の動向 ……… *231*

　　3．農業委員会制度の改変とその問題状況………………………… *235*

　　　（1）農業委員会制度をめぐる再編経過 ………………………… *235*

　　　（2）農業委員会制度の改変とその問題状況……………………… *237*

　おわりに ………………………………………………………………… *240*

あとがき ………………………………………………………………… *245*

〈掲載図表一覧〉

〔序　章〕
図序-1　大阪府の地域概念図

〔第1章〕
表1-1　戦前の小作地率の推移（大阪府・全国）
表1-2　自小作別農家構成比の動向（大阪府・全国）
表1-3　戦前期主要作物の作付面積と耕地面積の動向（大阪府）
表1-4　耕地の拡張・かい廃面積の動向（大阪府）
表1-5　基礎指標からみた大阪市の動向
表1-6　大阪における小作争議の動向
表1-7　第1次農地改革と第2次農地改革の要点
表1-8　農地改革にともなう農地等開放実績（大阪府：1950年）
表1-9　農地改革前後の自小作別・専兼別農家数の変化（大阪府）
表1-10　農地改革前後の市町村別農地面積・小作地面積と小作地率の動向（大阪府）
表1-11　農地買収・売渡計画に対する異議申立状況（大阪府：1950年末時点）
表1-12　異議申立決定後の訴願状況（大阪府：1949年度末時点）
表1-13　理由別農地関係訴訟状況（大阪府：1950年末時点）
表1-14　異議申立・訴願・訴訟状況（大阪市旧東住吉区）

〔第2章〕
図2-1　耕地の拡張・かい廃面積の推移（大阪府）
図2-2　自作地有償所有権移転・賃借権設定・農地転用面積の動向（大阪府）
図2-3　自作地有償所有権移転・賃借権設定・農地転用面積の動向（全国）
図2-4　大阪府下市町村別にみた農地転用率（1960年代）と農地価格・転用価格
　　　　（1970年）
図2-5　「都市計画」線引き後の農地売買価格（大阪府：区域別耕作目的・転用目
　　　　的）の動向
図2-6　農地売買価格と公示価格の対前年変動率の推移（大阪府）
表2-1　大阪府・大阪市の人口と世帯数の動向
表2-2　土地利用区分別面積の動向（大阪府）
表2-3　農作物作付面積および耕地利用率の推移（大阪府）
表2-4　農地法等の主要改正内容（要点）の推移
表2-5　耕作目的の所有権移転面積の推移（大阪府）
表2-6　農地法第20条の目的別解約面積の動向（大阪府）

vii

表2-7 賃貸借の解約等にかかる離作補償状況〈許可・通知〉（大阪府）

表2-8 賃貸借（利用権）等の設定面積の動向（大阪府）

表2-9 借地（小作地）面積と借地率・借地農家率の動向（大阪府・全国）

表2-10 農地転用面積の推移（大阪府）

表2-11 農地売買価格（耕作目的・転用目的）の動向〈大阪府・全国〉

表2-12 高度経済成長期大阪府下の主要な開発事例（地域開発・住宅開発・道路開発等）

表2-13 都市計画における土地利用規制の概要

表2-14 新都市計画法「線引き」当時の区域区分別農家数・耕地面積の状況（大阪府：1970年）

表2-15 市街化区域内農地をめぐる税制・制度の経過（1992年まで）

〔第3章〕

図3-1 市街化区域内「4条転用率」の推移（大阪府・東京都・全国）

表3-1 戦前・戦後の農地転用制度の変遷〈関係法令・通達関係〉（新都市計画法の「線引き」前後まで）

表3-2 農地転用許可制度の概要（1989年時点）

表3-3 市町村別農地転用面積と距離ベルト別農地転用率の推移（大阪府）

表3-4 転用区分別農地転用面積の推移（大阪府）

表3-5 用途別農地転用面積の推移（大阪府）

表3-6 市街化区域内・転用区分別農地転用面積の推移（大阪府）

表3-7 市街化区域内・用途別農地転用面積〈全転用・4条転用〉の推移（大阪府）

表3-8 市街化区域外・転用区分別農地転用面積の推移（大阪府）

表3-9 市街化区域外における「露天型」転用状況（大阪府：1990〜92年）

表3-10 土地開発法制・計画の制定等と農地転用許可基準の改正経緯（1980年代前半〜1991年）

表3-11 大阪府33市の農業構造の動向

表3-12 専兼別および兼業形態別農家の状況（大阪府・東京都・全国：1995年）

表3-13 農家経済の概要（大阪府・東京都・全国，1戸当たり：1995年）

〔第4章〕

図4-1 三大都市圏特定市の市街化区域内農地の「二区分化」措置の概要（1991年時点）

表4-1 市街化区域内農地をめぐる税制・制度改変の経緯（1980年代後半〜1991年）

表4-2 三大都市圏特定市における市街化区域内農地の「二区分化」措置状況（1992年末現在）

表4-3 地区別にみた市街化区域内農地面積と生産緑地地区指定状況（大阪府33

viii

掲載図表一覧

市）

表4-4 地区別にみた農業・農家の概況（大阪府33市：1990年）
表4-5 生産緑地申出農家の概況（北河内「N地区」）
表4-6 生産緑地申出農家の概況（中河内「O地区」）
表4-7 生産緑地申出農家の概況（泉南「S地区」）
表4-8 生産緑地指定希望の申出理由（生産緑地申出農家：事例3地区）
表4-9 今後の経営の見通し（生産緑地申出農家：事例3地区）
表4-10 生産緑地をとりまく環境変化・影響（生産緑地申出農家：事例3地区）
表4-11 農地の現況ならびに生産緑地指定希望状況・1戸平均〈生産緑地申出農家〉
表4-12 一部を「宅地化」農地とする理由〈生産緑地申出農家〉
表4-13 「宅地化」農地を選択した理由〈「宅地化」農地選択農家〉
表4-14 「宅地化」農地の利用方法〈「宅地化」農地選択農家〉
表4-15 「宅地化」農地の農地としての利用面積と意向〈「宅地化」農地選択農家〉
表4-16 「宅地化」農地の農業以外での自己活用方法〈「宅地化」農地選択農家〉
表4-17 「宅地化」農地の売却・転用時期〈「宅地化」農地選択農家〉

〔第5章〕
図5-1 生産緑地地区指定前後の農地動態図（大阪市・TA地区：1989～92年）
表5-1 大阪50km圏内の距離ベルト別居住人口の増減状況（1970～2000年）
表5-2 総世帯数・総住宅数・空家数の推移（大阪府）
表5-3 農地の周辺環境〈「宅地化」農地選択農家〉
表5-4 都市環境・生活環境の保全について〈「宅地化」農地選択農家〉
表5-5 地区別にみた「宅地化」農地と生産緑地の変化状況（大阪府33市：1992
～97年）
表5-6 中河内地区「H市」における農地の転用状況（1992～96年）
表5-7 大阪府下区域別農地面積の動向（1993～2004年）
表5-8 農地等の役割に関する大阪府民意識（1998年度）
表5-9 市街化区域内農地における固定資産税の評価・課税と相続税納税猶予制
度の適用条件
表5-10 三大都市圏特定市における圏別・都府県別市街化区域内農地面積・生産
緑地面積の動向（1992～2014年）
表5-11 都市農業振興基本法の構成概要

〔第6章〕
図6-1 農地転用における許可面積と届出面積の動向（堺市）
表6-1 許可・届出別農地転用面積の推移（全国・大阪府・堺市：1970年代以降）
表6-2 農地転用率の推移（全国・大阪府・堺市：1970年代以降）

表6-3 農地転用面積と区域別構成比の動向（大阪府・堺市）
表6-4 主な用地別農地転用面積の推移（堺市：2000年度以降）
表6-5 都市農業基本計画（2016年5月策定）における講ずべき施策内容（概要）

〔補論Ⅰ〕
図補Ⅰ-1 市街化区域・市街化区域外における農地転用手続き
表補Ⅰ-1 農地転用制度の変遷・経過
表補Ⅰ-2 農地転用面積の動向（全国）
表補Ⅰ-3 土地利用区域区分別・用途別にみた農地転用面積（全国：1995～2009年
（15年間）の合計）

〔補論Ⅱ〕
図補Ⅱ-1 改正（2015年）前後の農業委員会組織図
表補Ⅱ-1 農業委員会制度と農地法制の動向（年表）

序章

課題と構成

1．課題の設定と方法

　わが国では，戦後とりわけ経済の高度成長期以降の都市化・工業化の進展において，農業的土地利用と都市的土地利用との激しい対立関係[1]が生まれ，次第に後者が前者を圧倒するという構図が創り出された。その構図は，農工間の不均等発展，開発優位の都市・土地政策，地価の上昇，農産物の輸入拡大のもとでいっそう拍車がかけられた。農業的土地利用と都市的土地利用の対立の結果は，農地転用（人為的かい廃）としてあらわれ，多数の農民の脱農化・兼業化を押し進める一方において，秩序なき都市膨張が進行した。

　都市化・工業化の過程では農地転用はある程度まで避けられないが，わが国の都市開発のスピードはきわめて急速であった。都市のおびただしい膨張は，農地転用の拡大・拡散を促し，それは，第1に，地域の農業・農村を破壊するのみならず，第2に，農地の所有と利用構造にもさまざまな否定的影響をもたらす。また，第3に，農地の利用転換は，農業・農家内部の問題にとどまらず，スプロール化による都市問題や都市生活環境の悪化をも引き起こす，などの諸問題を惹起させた。

　本書は，農地転用の拡大・拡散がどのような要因で引き起こされるのか，また，それが農業・農家にどのような影響を与え，その結果どのような問題を派生させるのか，それらを実証的に論じる一方において，都市における農地保全の展開課程を跡づけるものである。その際，本書は，都市地域における農地問題の核心が，農地の転用問題[2]にあることに着目して，農地の所

1

有と利用が都市化と農地転用によってどのように変化・変質しているのかを検討するものである。具体的課題は，上記の現象が典型的にみられた大阪を事例にして次の6点を設定している。

　第1に，戦前・戦後における農地の所有と利用構造の特徴を明らかにすること。第2に，戦後における農地の基本動態とその特徴を明らかにすること。第3に，農地転用の動態分析を通じて，都市化の進行のなかで都市農業と都市農家の変貌と特質を明らかにすること。第4に，1991年に改正された生産緑地制度下での農地の所有と利用の特徴を明らかにすること。第5に，都市農地をめぐる問題状況を検討しながら2015年の都市農業振興基本法の制定とその意義を明らかにすること。さらに第6に，都市農業をめぐる環境変化のもとで都市化と農地保全をめぐる現段階について明らかにすること。以上をふまえ，最後に，農地動態からみた農地の所有と利用構造の変容過程を述べるとともに，都市化と農地保全をめぐる展開過程を総括すること，である。

　戦後日本経済の高度成長を支えた太平洋ベルト地帯(なかでも三大都市圏)において，農地問題研究の重要性にもかかわらず，このような視点に立った研究[3]は数少なかったといえる。そして，本書は，都市農家の特質をふまえた，①農業的土地利用と都市的土地利用との調整とそのあり方，②都市における農地の保全と有効利用のための展開方向，③都市計画制度と農地制度(とくに農地転用制度)の関連とそのあり方，④都市農地の保全と農地税制のあり方を検討するうえで，その素材を提供しうるものと考えている[4]。

　本書は，上記の課題に接近するために，主に以下の業務統計資料ならびに調査資料に依拠している。農地動態の把握は，①農林水産省構造改善局農政課（のちに同省経営局構造改善課）「農地の移動と転用（土地管理情報収集分析調査結果）」(旧「農地の移動」，旧「農地年報」)と，②大阪府農林水産部（現大阪府環境農林水産部農政室）「大阪府における農地動態調査」の2つの業務統計資料（各年）による。なお，②の「大阪府における農地動態調査」は2007年で刊行が取り止めとなっている。両資料は，利用上の制約があるとはいえ，1952年の農地法制定（許可・届出・通知など）以降の農地の権

利移動関係および農地転用関係の実績をとりまとめたものであり，前者は国レベル（都道府県などを含む），後者は大阪府レベル（大阪府ならびに市町村）のもので，権利移動の動向（所有権・賃借権など）や転用の動向（権利移動，目的・用途など）の結果分析には不可欠である。

さらに本書は，1991年に改正された生産緑地制度下の都市農家の農地所有・利用構造を具体的に把握するために，2つの調査資料を用いている。1つは，大阪府農業会議「生産緑地地区指定希望申し出農家の実態と意向に関する調査」（1992年）と，いま1つは，同「『宅地化』農地の利活用に関する調査」（1992年）である[5]。アンケート方式とはいえ，当時の大阪府下の都市農家の実態と農地の所有・利用構造を解明するには欠かせない資料である。

2．本書の内容と構成

ここで，大阪を研究対象にする理由を，本書の課題と関連させて若干ふれておきたい。それは，第1に，大阪は都市の膨張にともない農地転用が激しく進行した地域である。そして，その動向はすでに戦前段階においてもみられた。第2には，都市開発と農業・農民を対象にした研究蓄積の豊富さにある[6]。しかも第3には，さいわいにも大阪は実態解明のための統計・資料が整理されている数少ない都府県のひとつである。以上に加えて第4には，戦前・戦後の大阪のもつ地域性である。その地域性とは，地主制が早期に成立するなかで，地主・小作関係の矛盾のあらわれとしての小作争議が多発していたこと，戦前・戦後における土地・農地問題を軸にした農民運動の高揚と展開がみられたこと。それだけに，農民の土地権利意識（耕作権含む）も極めて強い地域であること，以上の諸点である。

本書は，序章のほか，上述の課題に即して6つの章と終章で構成されている。第1章以降で取りあげる主たる内容は，以下のとおりである。

第1章では，戦前の大阪における地主的土地所有の特徴を検討し，そのうえで戦前段階の都市化と農地かい廃のもとで激化した小作争議の特徴を述べ

3

る。併せて，戦前の農地法制化の経緯と意義を明らかにする。また，戦後の農地改革で創出された自作農の性格と農地所有構造の変化を分析するとともに，農地改革過程で発現した農地訴訟問題と公共開発・都市開発の過程で発生した創設自作地の転用問題を取りあげ，その背景を検討する。

　第2章では，高度経済成長期以降の農地の基本動態の検討をふまえ，農地をめぐる諸問題を取りあげる。都市の膨張のもとで，深刻な都市問題・土地問題が惹起したこと，農業生産基盤にさまざまな否定的影響をもたらしたことを明らかにする。次いで農地法など農地制度をふまえ，大阪の農地の基本動態を，農地貸借，農地売買，農地転用の側面から検討し，その関連性と特徴を考察する。さらに，大阪の農業と農地利用に大きなインパクトを与えた新都市計画法の「線引き」以降にスポットをあてながら農地問題や農地価格の高騰要因を分析する。

　第3章では，農地転用規制の意義と役割を確認したうえで，高度経済成長の本格化にともない激化した農地転用の動態分析を行う。その際，とくに1970年代以降の農地転用の動態から，市街化区域内での自己転用（「4条転用」）の高まり，市街化調整区域内での「5条転用」の特徴を明らかにし，自営兼業化・不動産兼営化を強める都市農家の特質を考察する。

　第4章では，税制の改変と新生産緑地法制定（1991年）の経過と内容を吟味し，大阪における農地の「二区分化」措置（「保全農地」・「宅地化」農地への選択）問題を取りあげる。生産緑地希望の都市農家の実態と意向を把握するために三類型（①雇用兼業・米単作型地域，②都市農業型地域，③施設・複合型農業地域）の地域分析を行い，それらを通じて新生産緑地制度下の農地の所有と利用の特徴を解明する。あわせて，「二区分化」措置のもとで「宅地化」農地を選択した都市農家の意識を分析し，生産緑地の保全との関連でその問題状況を明らかにする。

　第5章では，都市化の状況と「二区分化」措置後の都市農地の動向分析を通じて，新生産緑地制度をめぐる問題点と課題を考察する。それをふまえ，大阪における都市農業・都市農地の果たす役割を改めて確認しながら，大阪

図序-1 大阪府の地域概念図

注：北部地域：豊能地区、三島地区。
　　中部地域：北河内地区、中河内地区、大阪市。
　　南部地域：泉北地区、泉南地区、南河内地区。

注：2005年，美原町は堺市と合併しているが，本書では断りのない限り合併前の地域・地区区分のまま取り扱っている。地域区分は，大阪府農と緑の総合事務所設置条例（1996年）による（ただし，南部地域は南河内と泉州（泉北・泉南）を1つにした）。

府の「大阪府都市農業の推進及び農空間の保全と活用に関する条例（2008年4月施行：「大阪府都市農業条例」）」の策定とその背景，さらに都市農業振興基本法の制定とその内容を経過も含めて検討する。

次いで第6章では，最近の農地の転用動向を検討しながら，堺市を取りあげ都市地域における農地転用の動向と農地保全をめぐる実情について明らかにする。そのうえで，2016年に策定された都市農業振興基本計画が掲げる内容を吟味しながら都市農業の振興と農地保全をめぐる動きと現状について検討する。

以上をふまえ，終章では，本書の課題に即して各章の内容を要約するとともに，都市化と農地保全の展開過程を6つの画期（時期区分）に分け整理し，画期ごとの特徴づけを行い総括とする。

以上が，本書の構成内容であるが，これに加えて2つの補論を取りあげている。1つは，「補論Ⅰ　農地転用制度論—農地転用制度の役割—」，2つは，「補論Ⅱ　農業委員会制度論—農業委員会制度の変遷と問題状況—」である。前者は「平成の農地改革」と称される2009年の農地法改正を起点として論じ，後者は2015年の農業委員会法改正を契機に論じている。両補論とも本論の内容と一部重複しているが，本書全体を補完するものである。なお，本書で取りあげる大阪府下の地域概念図は**図序-1**に示したとおりである。

本書は2000年に株式会社筑波書房から『農地動態からみた農地所有と利用構造の変容』のタイトルで刊行したものを，その後の動向を追加し，全体を補筆・修正したものである。とくに第5章の一部，第6章，補論Ⅰおよび補論Ⅱは新たに付加して同出版社から刊行することとした。

注
1）磯辺俊彦『日本農業の土地問題』東京大学出版会，1985年，p.8。同氏は，戦後の土地問題の問題局面の1つに，国土利用における農業と非農業との衝突を指摘している。
2）渡辺洋三『土地と財産権』岩波書店，1977年，p.114。

3）農地制度との関連で農地問題を全国視野で取りあげたものとして，石井啓雄・
河相一成『国土利用と農地問題（食糧・農業問題全集11-A)』（今村奈良臣・
河相一成編）農山漁村文化協会，1991年，大西敏夫「農地制度の展開と農地
政策の課題」農業問題研究学会編『農業構造問題と国家の役割』筑波書房，
2008年，がある。なお，不動産経営（農地転用）との関連で都市農家を分析
したものに，松木洋一『都市農家と土地経営（日本の農業第153集)』（財）農
政調査委員会，1985年，がある。また，事例分析をふまえ計画的な農地転用
のあり方を検討したものとして，村山元展『計画的農地転用の諸問題（日本
の農業第166)』（財）農政調査委員会，1988年，がある。

4）都市農業・都市農地問題に関する研究成果としては，法律サイドの研究者では，
原田純孝「市街化区域における宅地と農地―都市縁辺部における宅地開発と
農地保全の法制度の理論的検討作業を兼ねて―（上・下)」全国農業会議所『農
政調査時報』第375〜376号，1987〜88年，がある。都市計画サイドの研究者
では，石田頼房『都市農業と土地利用計画（都市叢書)』日本経済評論社，
1990年，および同『日本近現代1868-2003 都市計画の展開』自治体研究社，
2004年，がある。また，農業経済サイドの研究者では，田代洋一編『計画的
都市農業への挑戦』日本経済評論社，1991年，橋本卓爾『都市農業の理論と
政策―農業のあるまちづくり序説―』法律文化社，1995年，後藤光蔵『都市
農地の市民的利用』日本経済評論社，2003年，同『都市農業 暮らしのなか
の食と農㊿』筑波書房ブックレット，2010年，がある。土地問題・農地問題
の視点では，上記注１）のほかに，宇佐美繁・石井啓雄・河相一成『工業化
社会の農地問題（食糧・農業問題全集11-B)』（今村奈良臣・河相一成編）農
山漁村文化協会，1989年，甲斐道太郎編『都市拡大と土地問題』日本評論社，
1993年，がある。さらに，三大都市圏都市農地問題の研究成果としては，橋
本卓爾（研究代表者）・後藤光蔵・渕野雄二郎・竹谷裕之・有本信昭・山田良治・
大泉英次・足立基浩・小林宏至・大西敏夫・藤田武弘・桂明宏・豊田八宏・
山本淳子「三大都市圏における都市農地の現状と有効利用に関する研究（平
成９〜10年度)」（文部省科学研究費）1999年，がある。このほか，薄井清『東
京から農業が消えた日』草思社，2000年，星勉『共生時代の都市農地管理論
新たな法制度の提言』農林統計出版，2009年，参照。

5）本調査は，大阪府の委託により大阪府農業会議が1992年４月中旬から５月中
旬にかけて実施したものである。調査農家数は，「生産緑地地区指定希望申し
出農家の実態と意向に関する調査」が1,590戸（33市)，また「『宅地化』農地
の利活用に関する調査」が1,133戸（33市）である。

6）たとえば，近藤二郎『大阪の農業と農民―近郊農業の発展過程―』富民社，
1955年，南清彦・梅川勉・和田一雄・川島利雄編『現代都市農業論』富民協会，
1978年，全日農大阪府連20年史刊行委員会『全日農大阪府連20年史』1978年，

大阪府農業会議編『大阪府農業史』1984年，同『都市農業の軌跡と展望―大阪府都市農業史―』1994年，などがある。

第1章

農地改革前後の農地所有と利用構造の特徴

1. 農地改革前の農地所有と利用構造の特徴

（1）地主制にみられる大阪の特徴

　大阪は，戦後の高度経済成長のもとで都市化・工業化にともない農地のかい廃が激しく進行した地域である。その現象は，戦前および戦後の初期段階においてもみられた。本章では，大阪における農地改革前後の農地動態に注目しその特徴を明らかにしつつ，都市化の影響のもとで発現した農地諸問題について検討することにしたい。

　戦前段階の農地所有と利用構造は，寄生地主制のもとでの地主・小作関係として把握される。まず，地主的土地所有にみられる大阪の特徴をみておこう。

　特徴の第1は，地主制の進展度合がきわめて早いことが指摘できる。大阪では幕末期に農民層の分解が進み，地主と小作関係が形成され，明治維新以降にそれがいっそう促進されて，1889（明治22）年には地主制の成立をみる[1]。地主制の成立条件は，明治民法典による所有権の絶対優位（耕作権の未確立）に加えて，産業基盤の未成熟，米価変動に規定された地主の地租負担の実質的軽減などを条件とするが，大阪では全国に先駆けて地主的土地所有が形成された。そのことを，まず小作地率（小作地面積/耕地面積）の動きから確認しよう。

　表1-1は，大阪の小作地率の動向を全国のそれとともに示したものである。それによると，大阪の小作地率は全国に比べて高水準で推移していることが

9

表 1-1　戦前の小作地率の推移（大阪府・全国）

単位：％

年次	大阪府	全国
1883 年（明 16）	39.4	34.2
1884 年（明 17）	48.2	39.8
1887 年（明 20）	56.1	39.3
1892 年（明 25）	57.2	40.0
1903 年（明 36）	63.5	44.5
1905 年（明 38）	62.8	44.6
1910 年（明 43）	61.4	45.8
1915 年（大 4）	62.8	46.0
1920 年（大 9）	64.0	46.5
1925 年（大 14）	63.6	46.0
1930 年（昭 5）	61.1	48.0
1935 年（昭 10）	59.0	47.1
1940 年（昭 15）	56.9	45.8
1945 年（昭 20）	56.6	46.5

資料：1903 年（明 36）までの全国の小作地率は北崎豊二「地主制
　　　に関する一考察－明治前期における大阪府下の場合－」（『近
　　　代史研究 6』1959 年）による。他は農林統計研究会編『都道
　　　府県基礎統計』1983 年より作成。
注：小作地率は「小作地面積÷耕地面積×100」で算出している。

わかる。大阪の小作地率は，1880年代後半に50％台に上昇し，1900年代に入
ると60％を超え，1920（大正 9）年にピークを迎えている。このように，明
治期後半から大正，昭和初期を通じて農地面積の実に60％余りが小作地で占
められていたのである。

　小作地においては，地主は小作人から高額・高率の現物小作料を収受して
いたが，たとえば，その小作料水準を「大阪府小作慣行調査」（大阪府産業部，
1923年）からみると，反当小作料の普通事例としては，一毛作田の場合，上
田59％，中田57％，下田58％というように，収穫量の約 6 割が小作料であっ
た。

　特徴の第 2 は，都市部およびその隣接地域において小作地率がきわめて高
いことである。ここで，1929（昭和 4）年当時の市町村別小作地率をみると，
大阪市は78.4％であり，また同市の近隣町村では，北江村（現東大阪市），
住道町（現大東市），布施町（現東大阪市），孔舎衛村（現東大阪市），吹田
町（現吹田市），豊中町（現豊中市），守口町（現守口市），二島村（現門真市）

10

第1章　農地改革前後の農地所有と利用構造の特徴

などはいずれも小作地率が80％を超えている[2]。

　このような小作地率の高位性，それも都市およびその縁辺部でよりいっそう高くなる理由は，農業生産構造をめぐる諸条件の急激な変化に起因している。かつて大阪は幕藩体制期から明治初期にかけて商業的農業の先進地とされたが，1870年代後半以降になると農業の構造変化が引き起こされる。それは，大阪の代表的商品作物であった綿作と菜種作が，外国綿の輸入拡大と石油ランプの普及・電燈の発達により大きな打撃を受け生産を大幅に後退させる。1883（明治16）年当時の耕地面積に占める綿作と菜種作の作付割合は，それぞれ17.2％，26.0％を占めていたが，10年後の1893（明治26）年には，10.0％，22.0％にそれぞれ後退しており，以降も両作物は衰退過程をたどる[3]。この農業生産構造の急激な変化の過程で，農民層の分解が促進され，一方での小作農への転落と他方での地主層への土地集中が進み，地主制が進展したのである[4]。

　しかし，特徴の第3は，大阪では大規模な地主層は少なく，中小・零細地主層が圧倒的に多いことである。1921（大正10）年当時の大阪府調べによれば，50町歩（1町歩≒約1 ha）以上の地主は大阪府全体で17人，このうち100町歩以上になるとわずかに5人を数えるのみと記されている[5]。なかでも，3町歩以下の中小・零細地主はきわめて多くこの層だけで小作地の約60％以上を占めていたのである。大阪における地主階層は，その経済的性格から，①都市部の資産保有型の不耕作地主，②農業外投資型の不耕作地主，③自作地主，④小作料収入依存型の不耕作地主，⑤飯米耕作型の小地主，⑥農地以外にも土地を保有する不耕作地主の6つの形態に類型区分されているが，そのなかで④と⑤の形態が中小・零細地主層とみなされている[6]。

　特徴の第4は，自小作別農家構成では，当然ともいえるが小作農の割合がきわめて高いことである。表1-2は，大阪と全国の自小作別農家構成比の動向をみたものであるが，それによると，大阪の小作農率は，全国に比べ約2倍の高さで推移していることがわかる。他方で自作農率は全国水準より10ポイント程度低い。この間の大阪の総農家数が10万戸程度でほぼ横ばいで推移

表 1-2　自小作別農家構成比の動向（大阪府・全国）

単位：%

年次	大阪府			全　国		
	自作	自小作	小作	自作	自小作	小作
1883 年 （明 16）	27.4	29.5	43.1	38.4	42.4	19.2
1884 年 （明 17）	24.3	29.7	46.0	35.5	43.9	20.6
1887 年 （明 20）	26.9	31.2	41.9	—	—	—
1888 年 （明 21）	25.1	32.4	42.5	32.1	45.2	22.7
1889 年 （明 22）	25.5	34.1	40.2	—	—	—
1899 年 （明 32）	—	—	—	35.4	38.4	26.2
1901 年 （明 34）	22.1	34.9	43.0	—	—	—
1902 年 （明 35）				33.9	38.0	28.1

資料：前掲「地主制に関する一考察―明治前期における大阪府下の場合」（『近代史研究 6』1959 年）による。

していたことから，自作農が小作農に転落しながらも農村に滞留していたと考えられる。

　特徴の第 5 は，耕作規模が総じて零細なことである。戦前段階の平均耕作面積は約 7 反であり，耕作規模別農家構成（1920年）をみても，5 反未満が41％，5 反以上 1 町未満が40％であり，両者を合わせると 1 町未満層は全体の81％に及ぶ（1 反≒約0.1ha，1 町≒約10反）。この零細な耕作規模は兼業化の進展と密接に関連していると考えられ，大正期から昭和初期においては全国平均より10ポイント程度高い約40％が兼業農家で占められていた。

　以上のように，戦前段階の農地所有と利用構造にみられる大阪の特徴としては，全国に先行して地主制が形成されるなかで，それは，小作地率の高位性，多数の中小・零細地主層の存在，小作農率の高位性，耕作規模の零細性と多数の兼業農家の存在として小括することができよう。

（2）戦前の農地の利用とかい廃状況

　地主制が急テンポで進展したものの，明治後期になると小作地率は停滞傾向を示し，大正期以降には一転低下する（前掲表1-1，参照）。その要因としては，第 1 に，急速な商工業の発展にともなう都市化の進展，第 2 に，農民の兼業化・脱農化の進行，第 3 に，小作争議の激化が考えられるが，その

第1章 農地改革前後の農地所有と利用構造の特徴

表1-3 戦前期主要作物の作付面積と耕地面積の動向（大阪府）

単位：町歩，%

年 次	実 数					構成比（耕地面積比）			
	水稲	麦類	菜種	木綿	耕地面積	水稲	麦類	菜種	木綿
1890 年 (明 23)	50,813	26,313	16,333	9,655	70,260	72.3	37.5	23.2	13.7
1895 年 (明 28)	52,690	32,020	12,553	5,118	70,974	74.2	45.1	17.7	7.2
1900 年 (明 33)	52,698	31,075	12,182	2,342	—	—	—	—	—
1905 年 (明 38)	52,759	32,581	8,286	1,356	68,239	77.3	47.7	12.1	2.0
1910 年 (明 43)	53,532	29,380	7,300	171	69,222	77.3	42.4	10.5	0.2
1915 年 (大 4)	54,034	31,854	4,909	64	68,584	78.8	46.4	7.2	0.1
1920 年 (大 9)	53,052	27,679	4,014	49	66,207	80.1	41.8	6.1	0.1
1925 年 (大 14)	45,349	15,994	2,113	1	63,350	71.6	25.2	3.3	0.0
1930 年 (昭 5)	44,351	13,469	2,313	1	60,894	72.8	22.1	3.8	0.0
1935 年 (昭 10)	41,239	12,482	1,522	1	57,285	72.0	21.8	2.7	0.0
1940 年 (昭 15)	38,010	12,416	1,048	21	53,636	70.9	23.1	2.0	0.0
1945 年 (昭 20)	30,507	13,410	556	2	43,130	70.7	31.1	1.3	0.0

資料：農林水産省経済局統計情報部『農林水産累年統計（大阪府）』1980 年，農業統計研究
会編『都道府県農業基礎統計』1983 年，より作成。

ことを農地の利用状況とかい廃の動向，および小作争議の側面から検討する
ことにしたい。

表1-3は，1890（明治23）年以降の主要作物の作付面積の動きをみたもの
である。それによると，前述のように，綿作と菜種作は後退を続けており，
それに替わって米と麦の主穀作物が増加していることがわかる。しかし，主
穀作物に傾斜する傾向を示す一方で，表出はしていないが，蔬菜作，果樹作
などの商品生産農業の展開もみられたのである。とくに蔬菜は大阪市を中心
にして栽培地帯が外延的に広がるとともに，大阪府内各地では地域特産物の
産地形成もみられた[7]。たとえば，泉南のタマネギ，泉北のミカン，中河内
のブドウ，堺市の蔬菜（高速度栽培），三島のタケノコ・ウド，豊能のクリ
などがその代表的な作物である。

1935（昭和10）年当時の作物別にみた面積割合（延べ作付面積比）は，米
53.5％，麦16.2％，蔬菜16.0％，果樹5.6％，その他8.7％というように，蔬菜
や果樹などが全体の約2割[8]を占め，農産物価額では，蔬菜・果樹などの
園芸作物が合計で4分の1程度を占めていた[9]。なお，この当時の耕地利用

13

表 1-4　耕地の拡張・かい廃面積の動向（大阪府）

単位：町歩

年次	拡張	うち開墾	かい廃	人為かい廃
1926 年	205	115	447	288
1927 年	169	49	470	311
1928 年	203	62	786	310
1929 年	129	68	739	371
1930 年	242	55	897	539
1931 年	228	62	997	428
1932 年	107	81	629	265
1933 年	145	130	346	262
1934 年	146	104	622	402
1935 年	58	32	1,592	426
1936 年	311	20	767	449
1937 年	239	20	509	362
1938 年	113	42	1,358	806
1939 年	182	18	938	621
1940 年	285	62	726	566
1941 年	186	103	558	547
1942 年	264	112	964	921
1943 年	315	224	806	774
1944 年	175	160	1,035	1,020
1945 年	84	66	3,422	2,271
計	3,786 〈100.0〉	1,585 〈41.9〉	18,608 〈100.0〉	11,939 〈64.2〉

資料：農林水産省経済局統計情報部『農林水産累年統計（大阪府）』1980 年，より作成。
注：1）拡張には開墾のほか，干拓・埋立，復旧，田畑転換，またかい廃には人為かい廃のほか，自然災害，田畑転換がある。
　　2）人為かい廃とは，宅地・工場・建物敷地，道路・鉄道・軌道・河川・水道敷地等への利用転換である。
　　3）〈　〉内は構成比・％である。

率は187.0％に達しており，農民の耕作規模は零細だったとはいえ，輪作体系による高度利用がみられたと考えられる。

　次に，耕地面積の動きに注目しよう。前掲表1-3によると，耕地面積が明らかに減少傾向を示すのは大正期に入って以降のことで，とくに1930年代（昭和初期）に入ると6万町歩を割り込む。それは，大阪市を中心とした商工業の発展にともなう都市化の進展と農地かい廃の進行がその主な要因と考えられる。そのことを次に検討することにしよう。

　表1-4は，昭和戦前期の耕地の拡張・かい廃面積の動向を示したものであ

14

第1章　農地改革前後の農地所有と利用構造の特徴

表1-5　基礎指標からみた大阪市の動向

単位：人，カ所，ha，戸

年　次	人口	工場数	工場の従事者数	耕地面積	農家数
1925〈1926〉年	2,114,804	〈4,600〉	〈179,928〉	6,711	6,618
1930 年	2,453,573	5,676	170,002	4,065	5,355
1935 年	2,989,874	11,604	285,986	2,500	4,044
1941 年	3,180,500	12,086	345,051	1,543	3,259
増減数	1,065,696	7,486	165,123	△5,168	△3,359
［指数］	[150]	[163]	[192]	[23]	[49]

資料：大阪市立大学経済学研究所『データでみる大阪経済60年』（東京大学出版会，1989
　　　年）より作成。なお，原資料は，「大阪市統計書」による。
注：1）1925〈1926〉年の欄の工場数，工場の従事者数は1926年の数値である。
　　2）1941年の農家数は土地を耕作しない農家（160戸）も含む。
　　3）増減数は「1941年-1925〈1926〉年」の数値である。「△」は減少を示す。
　　4）［　］内は1925〈1926〉年を100とした指数である。

る。それによると，累計では拡張面積（開墾，干拓・埋立，復旧など）が
3,786町歩に対し，かい廃面積は1万8,608町歩とかい廃が拡張を大きく上ま
わっていることがわかる。耕地のかい廃には自然災害も含まれるが，その大
半は都市化にともなう人為的かい廃（1万1,939町歩）である。つまり，農
地が工場・住宅や道路など都市的な利用に転換されたことを意味している。
その実情を，かつて全国一の人口規模と産業集積を誇った大阪市を取りあげ
て考察することにしよう。

　大阪市は1889（明治22）年に市制を施行したが，その当時の市域面積は
15.27km²であった。その後，第1次（1897年：58.45km²）と第2次（1925年：
181.68km²）の市域拡張を経て，ほぼ現在の大阪市が形成される[10]。第2次
の市域拡張時には，大阪府人口の実に7割を大阪市で占めていたのである。
表1-5は，大阪市の昭和戦前期（第2次市域拡張以降）の人口，工場数およ
び工場の従事者数と農業の動向をみたものである。それによると，1925年比
（工場数・工場の従事者数は26年比）では41年の人口は約1.5倍，工場数は約
1.6倍，工場従事者数は約1.9倍に急増しているのに対して，耕地面積は約8
割減，農家数もほぼ半減していることがわかる。このように，大阪市内では
都市化が急速に進む一方で，農業の著しい縮小・後退傾向が確認できるので
ある。

15

大阪市ならびにその周辺部では都市化に対応して，区画整理事業が盛んに実施され，耕地整理事業もその「代替」事業として実施されていた。1930（昭和5）年当時の区画整理組合は68組合，関係土地面積は約5,800町歩に達し，区画整理事業の色彩の強い耕地整理組合も15組合を数え，関係土地面積は約1,200町歩に及んだといわれている[11]。

　ところで，都市化・工業化にともなう農地のかい廃は，地主による小作地引き上げを誘発し，小作人との間で熾烈な小作争議を引き起こした。たとえば，「小作人側との間に永小作地の処分問題，小作地の離作料，明渡料請求等に起因する争議益々激増の傾向はとくに注目に値すべし」[12]と述べられているように，小作地引き上げをめぐり地主と小作人との対立関係が都市化の進展にともなって激化したのであり，これが大阪における小作争議のもっとも特筆すべき点である。次にこの小作争議問題を取りあげることにしよう。

（3）小作争議の激化と戦前の農地法制化

1）小作争議の激化とその特徴

　大阪は，小作争議の「多発地帯」といわれている。小作争議は明治中期頃に顕在化し，大正期に入るといっそう激化する[13]。

　明治期の小作争議の形態については，概略3つに分類することができる。1つは，大阪市およびその接続地域での新田売却の代金分配をめぐる争議であり，2つは，米作・麦作地帯（北河内・三島・豊能の各郡）における不作を契機にした争議である。3つは，「三井新田」，「鴻池新田」[14]などでの綿作の衰退，新田売却，経営管理の改革に起因する小作人の慣行権削減に対する争議である[15]。争議の地域性では，大阪市を中心とした都市的地域とそれ以外の都市近郊および農村地域に分けることができる。小作争議は，大正期に激化するが，その特徴は，小作人組合の結成にみられるように組織的な争議が目立つようになった。

　ここで，大正期の小作争議の件数をみると，1917（大正6）年1件，18年3件，19年9件，20年47件，21年242件，22年211件，23年306件，24年346件

第1章　農地改革前後の農地所有と利用構造の特徴

表1-6　大阪における小作争議の動向

単位：件，人，町歩

年　次	件数	関係人数		関係田畑面積	争議1件当たり		
		地主	小作人		地主	小作人	田畑面積
1925年	258	4,158	16,372	9,219	16	63	36
1926年	384	5,265	21,428	13,251	14	56	35
1927年	180	2,131	9,434	5,368	12	52	30
1928年	201	2,872	10,820	6,183	14	54	31
1929年	174	1,655	7,677	4,662	10	44	27
1930年	86	947	4,538	2,025	11	53	24
1931年	88	1,209	4,603	2,107	14	52	24
1932年	62	494	2,588	1,359	8	42	22
1933年	79	1,103	3,811	1,978	14	48	25
1934年	129	1,408	6,067	3,882	11	47	30
1935年	206	2,082	8,940	5,637	10	43	27

資料：大阪府農地部農地課編『大阪府農地改革史』1952年，より作成。
注：関係人員および関係田畑面積は延べ数である。

というように，明らかに増加傾向を示している[16]。その後の動向については，表1-6に示したとおりであるが，それによると，争議1件当たりでは関係地主がおよそ10人前後，関係小作人が40人から60人程度であり，関係田畑面積では約30町歩となっている。このなかで，件数のもっとも多い1926年に注目すれば，延べで関係小作人は2万1,428人，関係田畑面積は1万3,251町歩に及ぶ。これは，当時の自小作農・小作農の総数と小作地面積から算出すれば，自小作農・小作の約3割余り，小作地面積のおおよそ3分の1に相当する。延べとはいえ，実に多くの小作人が争議に参加していたことが伺い知れる。

　小作争議が激化した要因としては，第1に，大阪では早期に地主・小作関係が形成されていたこと，第2に，小作地率・小作農率の高位性にみられるように多数の小作人が存在していたこと，第3に，高額小作料のもとで農業生産の発展と農民生活が抑制されていたこと，第4に，資本主義の発展にともない商品経済が農村に急速に浸透していたことなどである。さらには，このような経済的対抗関係を強めやすい環境におかれていたことに加え，第5に，大都市に隣接した立地条件と農外労働市場の拡大に触発された農民の主体的（権利）意識が芽生えていたこと，第6に，都市型労働運動に呼応した組織的な農民運動の高揚と展開がみられたことなどが指摘されている[17]。

17

前掲表1-6によれば，小作争議は1926年をピークにして以降は漸減傾向を示しているが，その内実は「全国と比較した場合，大阪は1927年２位，1928年１位，1929年２位というように依然争議多発地域であった。見落としてはならないことは争議件数などは実際より過小に表示されている」と述べられている[18]。

　小作争議の直接的契機としては，一般的には，第１に，風水害・干害・病虫害による不作・凶作によるもの，第２に，地主の小作地引き上げによるもの，第３に，耕作権の不安定性のもとでの高額・高率小作料によるものとされるが，そのなかで，もっとも熾烈な争議は地主による小作地引き上げを要因とするものである。とくに大阪の地域特性としては，農地かい廃にともなう小作地返還問題がそれにあたる[19]。

　小作争議の決着形態としては，小作料の一時的減免や永久的減免とともに，小作地引き上げの場合には，耕作継続のための「替え地」（代替地）の提供やまたは離作料の支給などがなされたのである[20]。しかしながら，地主の小作地引き上げに対する小作人の耕作権の確保要求は，戦前の地主制の核心部分に触れるだけに，その問題解決には多くの困難をともなったといわれている[21]。また，大阪では地主組合と小作人組合の総本部が設置[22]されていた関係から，両組合とも組織の面目をかけて小作争議を闘った経緯もあり，それだけに争議は熾烈さをきわめたのである。

　小作争議の激化などを背景に，後述のようにその緩和策がとられる一方で，「日中戦争」（「1937年の盧溝橋事件を契機とする日本の全面的な侵略戦争」[23]）の勃発，戦時経済体制への移行にともなって，小作争議は沈静化するが，その根本的な解決は戦後にもちこされるのである。

２）戦前の農地法制化の特徴

　大阪における地主的土地所有は，大正期を転機にして，「昭和恐慌」（「1929年末以降の世界大恐慌の一環としての日本の恐慌」[24]）と戦時経済体制の影響のもとで後退基調を示すが，同時に自小作農・小作農自体も減少基調に入

る。このなかでとくに小作農は，1920年4万5,398戸，30年4万1,536戸，40年3万2,279戸というように，実に20年間に1万3,000戸余りも減少している。また，同時期の農地動向をみると，耕地面積は19.0％減に対し，小作地面積は28.0％減というように，小作地面積の減少率が顕緒である。この結果，小作地率そのものも64.0％から56.9％へと約7ポイントも比重を低下させている。それは，前述したように，第1に，都市化・工業化（軍需工場・軍事施設も含む）にともない農地のかい廃がすすんだこと，第2に，それにともなって農民の兼業化・脱農化も進展したこと，さらに第3に，小作争議の激化を背景に政府の地主制に対する緩和政策が展開され，とくに戦時経済体制下には農地法制化も不完全とはいえ進められたことが要因として考えられる。

　ここで，戦前段階の農地法制化の経緯をみよう。1924年に小作調停法が立法化[25]され，26年には自作農創設維持補助規則（農林省）が制定される。この補助規則に基づく自作農創設維持事業は，農地の賃貸借の引き渡しによる対抗力や法定更新などを規定内容として立法化された1938年の農地調整法に引き継がれる。しかし，これら一連の農地法制化は地主に対しては微温的性格がきわめて強く，そのため地主・小作関係を全面的に解消するものではなかった。

　自作農創設維持事業は，農地の取得・維持資金を融資する制度であり，その事業実績は大阪においても低調であった。たとえば，1926年から46年にかけての自作農の創設事業実績は，関係者8,462人，面積約172町歩であり，また自作農維持事業実績は，関係者1,112人，面積約31町歩にすぎなかったのである。このように，自作農創設維持補助規則とそれを引き継いだ農地調整法は，自作農の広範な創設と維持には大きな効果を発揮しえなかったが，小作人の耕作権保護には一定の役割を果たしたといわれている。それは，戦前，土地所有権の絶対優位が保障されていたなかで，①農地賃借権の第三者に対する効力規定と，②小作契約の解約，契約の更新拒絶の制限を法制化したものであり，その意義として「民法の土地所有権中心主義は，農地についても，ともかく不十分ながらその一角をくずされることになった」[26]といわれて

いる。

　戦時経済体制が強まると，大阪のような大都市部では物価高騰と食糧不足が深刻化し，農村部では労働力・農業資材・農業資金の不足により農業生産の後退，疲弊化が進んだ。そのため，政府は国民食糧を確保し物価を抑制する必要に迫られ戦時諸法令を整備したが，農地関連法制もそれによるものである。

　1938年制定の国家総動員法に基づく価格統制（物価・賃金）の一環として，1939年には小作料が統制対象とされた。次いで41年には臨時農地管理令が制定され，農地のかい廃が制限され，耕作の強制，作付の統制[27]とならんで農地価格も統制の対象とされた。農地価格は，賃貸価格の田は40倍，畑は64倍とされ，大阪では反当たり田が914円（全国627円），畑が627円（全国364円）に価格統制された。また，農地かい廃目的の権利移動を許可制（地方長官）としたが，大阪では，軍需産業・軍事施設の拡幅・増設の影響で農地かい廃が進み，臨時農地等管理令下でも年平均800町歩以上の農地かい廃がみられた[28]。

　以上のように，戦時経済体制に基づく政策展開とはいえ，一連の農地法制化は寄生地主制そのものを解体するには至らなかったが，法令による国の農地統制のもとで地主機能の抑制・弱体化に一定の効果をもたらしたのも事実である[29]。しかし，寄生地主制を根本から解体しそれに終止符を打つのは，戦後の農地改革である。

2．農地改革の実施と農地所有構造の変化

（1）農地改革の実施過程

　経済改革，労働改革，教育改革など戦後の民主的改革のなかで，農地改革はもっとも徹底した改革とされる。それは，戦前の半封建的・寄生地主的土地所有を基本的に解体し，多数の小作農を自作農化するなど，農民的土地所有を創出するにとどまらず，その後の日本の経済・社会の発展，農村の民主

第1章　農地改革前後の農地所有と利用構造の特徴

化にとってきわめて重要な役割を果たしたからである[30]。

　農地改革は，第1次改革案が不徹底であるとの連合軍総司令部（GHQ）の指導を受けたあと，それを全面的に見直して第2次改革として実施された[31]。法的枠組みとしては，自作農創設特別措置法（以下，「自創法」）で農地改革の具体化が規定され，改正農地調整法で農地改革の推進と小作人の保護規定が盛り込まれた。

　ところで，第1次改革案は，不在地主の所有地をすべて小作人に解放するとはいうものの，在村地主の保有面積を5haまで容認したこと，自作農創設に不適当な土地は強制譲渡から除外したこと，地主の耕作予定地も解放の対象にしなかったことなど不十分な改革内容であった。このため，第1次改革案は有名無実化したが，第2次改革では小作地の解放が徹底して実施されたのである（**表1-7**，参照）。

　第2次改革の買収対象農地には，当然買収と認定買収とがある。当然買収

表1-7　第1次農地改革と第2次農地改革の要点

	第1次農地改革 〈1945年12月18日成立〉	第2次農地改革 〈1946年10月11日成立〉	
要点 （農地関係）	①不在地主の所有地全部，在村地主の所有地平均5町歩以上のものを強制的に小作人に売り渡し。 ②自作農創設に不適当な土地は強制譲渡から除外。 ③地主の耕作予定農地は対象外。	〈当然買収〉 ①不在地主の所有地全部。 ②在村地主保有の全国平均1町歩（但し北海道4町歩）以上の小作地。 ③在村地主で自作を兼ねる場合は，その者が所有する自作地との合計面積が全国平均3町歩（但し北海道12町歩）を超える小作地。	〈認定買収〉 ①耕作の業務が適正でない自作地で全国平均3町歩を超えるもの。 ②買収のがれのための仮装自作地。 ③会社等法人その他の団体の自作地で耕作の業務が適正でないもの。 ④会社等法人その他の団体の所有する小作地。 ⑤権利のあるものが耕作していない不耕作地。 ⑥地主が自発的に買収を申し出た農地。
備考	・5ヶ年計画。 ・小作料の金納化。	・期間は2ヶ年。 ・遡及買収（1945年11月3日以後）。 ・国家直接買収方式。 ・農地以外の農業用付属施設の買収・売渡，未墾地・牧野の解放。 ・農地移動統制の強化，小作料統制の徹底。	

21

農地は，①不在地主の所有農地の全部，②在村地主の保有農地で全国平均1町歩（ただし，北海道4町歩）以上の小作地，③在村地主で自作を兼ねる者は，その者の所有する自作地との合計面積が全国平均3町歩（ただし，北海道12町歩）を超える小作地とした。大阪では，もともと耕作規模が零細なため，在村地主の保有限度面積を6反歩，在村地主の自作地（小作地含む）保有限度面積を1町9反歩とした。この大阪の保有限度面積は，全国のなかでもっとも低い面積基準の都府県の1つである。

　認定買収農地は，①耕作の業務が適正でない自作地で全国平均3町歩（大阪府は1町9反歩）を超えるもの，②買収のがれのための仮装自作地，③法人その他の団体の自作地で耕作の業務が適正でないもの，④法人その他の団体の所有する小作地，⑤権利のあるものが耕作していない不耕作地，⑥地主が自発的に買収を申し出た農地とした。このほか，農地改革推進上の効果的措置として，ため池や小作人の居住家屋などの農地以外の付属施設も買収（売渡）するとともに，未墾地・牧野の解放も規定したのである。

　一方，自創法第16条に規定される農地の売渡しの相手は，自作農として農業に精進する見込みのある者（「第1適格要件」）と買収時期において当該農地につき耕作の業務を営む小作農およびその他命令で定むる者（「第2適格要件」）とされたが，実質的には現に耕作している小作農への売渡しが優先された。売渡し対象の耕作者の範囲基準は，原則2反以上の耕作者に限定されたが，耕作面積が2反以上でも家庭菜園を理由にした一時「耕作者」や耕作方法がきわめて疎略な「耕作者」，さらに高齢「耕作者」などは売渡しの認定から除外されたケースもある[32]。

（2）農地改革後の農地所有構造の変化

　第2次農地改革のもとで，1950年の夏頃までには解放されるべき小作地の大半が解放された。「農地等開放実績調査」（農林省農地局）によると，全国で解放された約193万町歩の農地は全農地の約4割，小作地の約8割にあたり，残された約52万町歩の小作地は全農地の約1割にまで低下したのである[33]。

第1章　農地改革前後の農地所有と利用構造の特徴

表1-8　農地改革にともなう農地等開放実績（大阪府：1950年）

	買収関係		売渡関係	
	面積（町歩）	戸数（人）	面積（町歩）	戸数（人）
農地	［合計］　　20,711 ［小作地計］20,533 不在村　　　8,099 在　村　　10,229 法　人　　　1,861 その他　　　344 ［自作地計］　178 ［宅地］　　　558	［個人地主］ 在村　　　15,957 不在村　　19,632 ［法人団体］ 在村　　　1,493 不在村　　　505	［合計］　　20,266 ［宅地］　　　559	［合計］　　80,936 在村　　　67,830 不在村　　13,106
農業用 施設	［建物］516棟　　3 ［ため池］　　329 ［その他］　　103		［建物］516棟　　3 ［ため池］　　288 ［その他］　　　81	

資料：大阪府農地部農地課編『大阪府農地改革史』1952年，および財団法人農政調査会『農
　　地改革資料集成第11巻』1980年，より作成。
注：1）農地の売渡面積（1950年3月2日時点）を除いて，1950年8月1日時点である。
　　2）買収関係農地の「自作地計」の内訳は，不適正経営自作地45町歩，仮装自作地27
　　　　町歩，法人団体の不正自作地25町歩，買収申出自作地69町歩，不耕作地13町歩
　　　　である。
　　3）買収農地のうち買収遡及（1945年11月23日以後）面積は516町歩，関係地主は
　　　　709戸である。
　　4）買収対象農地ではないが，いわゆる自作地創設の土地に供された財産税物納による
　　　　所管換地（「物納農地」）は731町歩である。また，所管換えされた物納宅地は1.6
　　　　町歩，同山林は0.06町歩，同雑種地は0.17町歩，同建物は0.01町歩である。

　この結果，全農家のうち小作農は29％から5％に低下し，自作農は31％から
62％へと一気に上昇したのである[34]。
　　農地改革は大阪ではどのような結果をもたらしたのであろうか。**表1-8**は，
大阪の農地等開放実績を総括表として示したものである。それによると，買
収面積は，小作地2万533町歩，自作地178町歩であり合計で2万711町歩で
ある。また，買収対象となった個人地主は3万5,589人，法人団体は1,998団
体にのぼっている。一方，売渡面積は2万266町歩であり，売渡しの相手は
合計で8万936人に達している。
　　このように，農地改革は大阪においても強力に実施された。買収された小
作地は全農地の約47％と半数近くを占め，小作地全体の約77％に相当したの
である。売渡しの相手は，ほとんどが従前の小作地を耕作していた小作農で
あり大阪の1人当たりの売渡面積は2.6反（全国平均4.0反）となっている。

23

表 1-9　農地改革前後の自小作別・専兼別農家数の変化（大阪府）

単位：戸，％

	農家数合計	自小作別農家数					専兼別農家数		
		自　作	自作兼小　作	小作兼自　作	小　作	土　地非耕作	専　業	兼　業	うち第2種兼　業
1946 年〈農地改革前〉	82,670[100.0]	21,558[26.1]	10,921[13.2]	13,163[15.9]	36,929[44.7]	99[0.1]	40,678[49.2]	41,992[50.8]	16,729[20.2]
1950 年〈農地改革後〉	92,090[100.0]	56,666[61.5]	21,865[23.7]	6,895[7.5]	6,436[7.0]	228[0.2]	46,622[50.6]	45,468[49.4]	24,744[26.9]

資料：前掲『都道府県農業基礎統計』1983 年，より作成。
注：[ ]内は農家数合計（総農家数）に対する構成比である。

　買収・売渡し対価は，1945年の自作収益価格を基準（賃貸価格の田40倍，畑48倍）とし，このほか地主には報償金として田は賃貸価格の11倍，畑は同14倍（ただし，大阪府は1町9反を限度）が支払われた[35]。また，売渡価格は，30年以内の年3.2％の均等年賦払いとされたが，大阪の場合には一括払いが全体（総額）の98.8％に達している。

　なお，売渡未済農地は，①売渡保留農地（土地区画整理施行地区内の買収農地で政府が5年間保有する農地，いわゆる「5年線農地」という），②買受希望のない農地，③売渡相手の未資格者の農地，④分筆手続き上の農地などである。

　以上の結果，戦前において農家の74％を占めていた小作農および自小作農は，農地改革がほぼ終了した1950年には38％に半減し，それに替わって，自作農は26％から62％へと上昇し，以降も自作農割合は高まるのである（表1-9，参照）。

　農地改革の実施は，戦後の大阪農業の展開にとって大きな起点となった。それは，農民的土地所有を基礎に多数の自作農を創出した点で重要な意義をもつが，一面では経営耕地規模の零細性という農政課題も残すこととなった。たとえば，農家1戸当たりの耕地面積は，農家数も増加したことにもよるが，戦前段階の約7反から農地改革後は約5反へと規模が零細化したのである。すなわち，大阪における農家階層構成は自作農体制のもとで，当時すでに半

第 1 章 農地改革前後の農地所有と利用構造の特徴

表 1-10 農地改革前後の市町村別農地面積・小作地面積と小作地率の動向（大阪府）

単位：ha，%

地域名・市町村名		1945 年 11 月 23 日時点			1950 年 8 月 1 日時点		
		農地面積 （A）	うち小作地 （B）	小作地率 （B/A）	農地面積 （C）	うち小作地 （D）	小作地率 （D/C）
豊能	豊中市	1,265	892	70.5	1,231	198	16.1
	池田市	[558]	[281]	[50.4]	[387]	[91]	[23.5]
	箕面市	847	368	43.4	843	158	18.7
	豊能町	236	99	42.1	237	25	10.5
	能勢町	894	386	43.2	888	123	13.9
三島	吹田市	1,261	885	70.1	1,242	180	14.5
	高槻市	2,177	1,341	61.6	2,187	397	18.1
	茨木市	2,067	1,042	50.4	2,059	288	14.0
	摂津市	723	506	70.0	722	91	12.7
	島本町	172	93	53.9	172	6	3.6
北河内	守口市	602	526	87.5	602	123	20.5
	枚方市	2,254	1,340	59.4	2,248	328	14.6
	寝屋川市	1,358	866	63.8	1,237	218	17.6
	大東市	757	623	82.3	757	56	7.4
	門真市	907	614	67.7	902	129	14.3
	四條畷市	334	225	67.5	332	55	16.4
	交野市	639	375	58.6	638	78	12.2
中河内	東大阪市	2,581	1,910	74.0	2,534	299	11.8
	八尾市	1,855	1,253	67.6	1,849	297	16.1
	柏原市	851	488	57.3	849	90	10.6
大阪市		3,020	2,268	75.1	2,904	758	26.1
南河内	松原市	882	627	71.1	880	163	18.5
	富田林市	1,340	782	58.4	1,329	220	16.6
	河内長野市	942	510	54.1	942	192	20.3
	羽曳野市	1,078	580	53.8	1,070	177	16.6
	藤井寺市	446	375	83.9	446	96	21.6
	大阪狭山市	429	230	53.6	428	68	15.8
	太子町	365	217	59.3	365	72	19.8
	河南町	520	264	50.7	516	87	16.9
	千早赤阪村	173	112	64.8	167	50	29.8
	美原町	549	217	39.5	549	79	14.4
泉北	堺市	3,816	2,250	59.0	3,802	542	14.3
	泉大津市	358	190	53.2	358	77	21.4
	和泉市	1,701	800	47.1	1,683	139	8.2
	高石市	173	98	56.7	173	25	14.2
	忠岡町	132	77	58.4	134	29	21.4
泉南	岸和田市	1,761	896	50.9	1,761	113	6.4
	貝塚市	805	339	42.2	765	85	11.1
	泉佐野市	1,031	647	62.8	1,032	143	13.9
	泉南市	791	438	55.4	770	105	13.7
	阪南市	567	265	46.6	559	65	11.7
	熊取町	430	215	50.0	425	60	14.1
	田尻町	96	60	62.5	96	21	22.3
	岬町	247	166	67.4	242	72	29.7
大阪府		43,689	26,557	60.8	43,178	6,669	15.4

資料：財団法人農政調査会『農地改革資料集成第 11 巻』1980 年，より作成。
注：1）各市町村は 1997 年時点の区域で再計算した。ただし，高槻市には旧樫田村を含まない。
　　2）池田市のデータについて 1945 年と 50 年は同数値で明らかに誤記入とみられるため，参考値として 1945 年の欄は 1940 年（『大阪府統計書』），また 1950 年の欄は同年の『農業センサス』による数値を示した。

25

数に達していた兼業農家の存在とともに，耕作規模の零細性に特徴づけられるのである。

　大阪の小作地解放率は全国とほぼ同水準とはいえ，多数の中小・零細地主の存在，戦前からの小作地率の高位性に起因して，6,725haの小作地が残存小作地となった（以下では，面積単位をhaと表示する）。大阪の農地改革残存小作地率は，1950年当時15.4％であり，これは都道府県のなかではもっとも高い値である[36]。そして，この農地改革残存小作地は，その後一貫して解消されてきたとはいえ，こんにちなお存在しているものもある。

　ここで，1950年当時の市町村別小作地率（1997年時点の市町村で再計算）を表1-10からみると，大阪市（26.1％）や藤井寺市（21.6％），守口市（20.5％）というように都市部で率が高い反面，千早赤阪村（29.8％），岬町（29.7％）といった純農村地域においても率の高い地域もある。しかし，いずれにしても，農地改革によって創出された自作農を中心に戦後大阪農業の展開の起点になったことは歴史的事実である。

3．農地改革後の農地問題の特徴

（1）農地訴訟の激化とその要因

　農地改革は，全国的には比較的スムースに実施されたといわれているが，大阪では，都市周辺部を中心にして地主層の激しい抵抗が繰り広げられた。それは，買収対象農地をめぐる農地訴訟やその後の創設自作地の転用問題として発現するなど，旧地主・旧小作人の対立関係が農地改革後も継承されることになる。とりわけ農地性・非農地性の是非で争われた農地訴訟問題は，戦前の都市的土地利用と農業的土地利用の対立関係を背景にして，戦後の農地改革を契機に再び引き起こされた問題だけに注目される。それは，都市縁辺部の農地が区画整理事業などにより宅地の予定地にされる一方で，その実態は戦時経済体制下で食糧生産のために小作人が農業的に利用していたという複雑な事情も絡んで問題化したのである。

第1章　農地改革前後の農地所有と利用構造の特徴

　大阪では，農地改革の実施過程にみられる地主層の抵抗活動には，大きく分けて2つの形態が確認される。その1つは，農地改革そのものの違憲論[37]をはじめとして，不在地主の範囲の縮小，在村地主の保有地の拡大，農地買収対価の増額，金納小作料の引き上げ，土地引き上げの合法化などを要求事項に掲げて抵抗活動が展開された。いま1つは，都市およびその周辺部の地主組織（「大阪市宅地確保同盟」など）を中心に，区画整理地区内の農地を農地解放から除外するよう要求して抵抗活動が展開された。とくに後者は，大阪における地主抵抗のもっとも特徴的な形態とされる[38]。

　自創法では，「旧都市計画法第12条第1項の規定による土地区画整理を施行する区域にあるもの」（第5条4号指定）を買収除外と規定していたが，その規定の解釈をめぐって，地主が農地解放を求める小作人（耕作者）と激しく対峙したのである。地主層は，買収・売渡に対する異議申立，訴願，訴訟というかたちで抵抗活動を行った[39]。それに対して，小作人を中心にした耕作農民は，農民組織（「農地確保同盟」など）を結成し，小作地の無条件解放を求め，地主層の異議申立，訴願，訴訟に対抗したのである。

　表1-11および**表1-12**は，大阪の農地買収・売渡計画に対する異議申立および訴願の件数とその内容を示したものである。それによると，まず異議申立の理由は，「非農地性」（32.1％），「対価不適当」（29.6％），「不在地主否認」（12.8％），「自作希望」（11.4％），「農地面積誤謬」（5.3％）と多岐にわたるが，なかでも「非農地性」の割合がもっとも高いことが注目される。また，訴願の申立理由についても，とりわけ「非農地性」（58.9％）を理由にしたものが多い。このように，大阪における農地買収・売渡計画に対する異議申立や訴願の主流は，非農地性を最大の理由にして提起されたものである。

　ところで，自創法の買収除外規定については，その基準がきわめて不明確であったとされる。そのため，これにかかわって第1次（1947年1月6日），第2次（1947年3月24日），第3次（1947年11月26日）と計3回にわたって通達[40]が出されているが，最終の第3次通達により，現況農地であれば原則として買収対象とされ，そのほとんどが小作人に解放されたのである。こ

27

表 1-11　農地買収・売渡計画に対する異議申立状況
　　　　（大阪府：1950 年末時点）　　　　単位：件，%

		件数	比率
申立理由	不在地主否認	516	12.8
	自作希望	460	11.4
	農地面積誤謬	215	5.3
	対価不適当	1,198	29.6
	非農地性	1,296	32.1
	非小作地	418	10.3
	その他	847	21.0
決定状況	容認	785	19.4
	棄却	899	22.2
	却下	2,124	52.5
	再調査	367	9.1
総　　数 〈取り下げ数〉		4,043 〈154〉	100.0

資料：前掲『大阪府農地改革史』より作成。
注：1）申立理由は数種の理由，また決定状況には2通りの
　　　決定があるため総数とは一致しない。
　　2）比率はそれぞれ総数に対する割合である。
　　3）なお，宅地・農業用施設等の買収・売渡に関する異
　　　議申立は，2,329 件（うち取り下げ 149 件）である。

表 1-12　異議申立決定後の訴願状況
　　　　（大阪府：1949 年度末時点）　　　単位：件，%

		件数	比率
申立理由	不在地主否認	264	6.9
	自作希望	454	11.8
	農地面積誤謬	105	2.7
	対価不適当	361	9.4
	非農地性	2,262	58.9
	非小作地	182	4.7
	その他	215	5.6
決定状況	容認	334	8.7
	棄却	3,303	86.0
	却下	3	0.1
	再調査	203	5.3
総　　数		3,843	100.0
参考［全国総数］		25,123	—

資料：前掲『農地改革資料集成第 11 巻』より作成。
注：比率はそれぞれ総数に対する割合である。

の対応に地主層は納得せず，引き続き抵抗運動を展開したのである。訴願が
却下されると，地主側はそれを不服として農地訴訟に踏み切った。農地訴訟
は，1950年末時点で475件に及ぶが，理由別では，**表1-13**に示したように，「特

第 1 章　農地改革前後の農地所有と利用構造の特徴

表 1-13　理由別農地関係訴訟状況
　　　　（大阪府：1950 年末時点）　単位：件，%

訴訟内容	件数	比率
売渡不服	3	0.6
小作地取り上げ	51	10.7
在村不在村問題	43	9.1
農地性・非農地性	87	18.3
法定買収不服	42	8.8
認定買収不服	136	28.6
死亡者名義買収不服	14	3.0
仮換地土地の買収不服	8	1.7
農地面積誤謬	45	9.5
特別価格請求	138	29.1
憲法違反・所有権侵害	22	4.6
農業用施設買収不服	33	7.0
水利権・耕作権問題	24	5.1
農地潰廃に絡むもの	3	0.6
総　　数	475	100.0

資料：前掲『大阪府農地改革史』より作成。
注：1）複数理由のため総数とは一致しない。
　　2）比率はそれぞれ総数に対する割合である。

別価格請求」138件（29.1%）とともに，「認定買収不服」136件（28.6%），「農地性・非農地性」87件（18.3%）などが主要なものとなっている。

　その後の農地訴訟形態を整理すると，①農地等買収計画・同処分取消訴訟，②無効確認訴訟，③土地明渡し，建物撤去，登記抹消請求訴訟，④農地買収対価増額訴訟，⑤国家賠償請求訴訟などである。その提起内容の特徴としては，農地改革の実施当初は農地委員会や大阪府知事を相手にした農地買収計画・同処分取消訴訟が主であったが，1957年以降は土地明け渡し・建物撤去および登記抹消請求訴訟（所有権取得時効中断目的）が比較的多いとされている[41]。

　農地訴訟件数が全国一とされた旧大阪市東住吉区（農地委員会，のち農業委員会）では，表1-14のように，農地改革で買収・売渡された農地の実に約80%が農地訴訟地であった。そして，当該地域ではこの農地訴訟が最終的に決着（和解を含む）をみるのは，農地改革の実施からおおよそ30年が経過した1981年のことであった[42]。

29

表 1-14 　異議申立・訴願・訴訟状況（大阪市旧東住吉区）

		件数（面積）	
異議申立 （1947〜52 年）		却下	633 件
		容認	117 件
		総数	750 件
訴願 （1947〜52 年）		棄却	482 件
		承認	36 件
		総数	518 件
訴訟 ［提起・終了］ （1948〜81 年）		（農地	21,985 a）
		（宅地	202 a）
		（建物	84m²）
		（池	100 a）
【参考】 農地等買収・売渡の実績	〈買収〉	農地	7,782 a
		宅地	352 a
		建物	334 m²
		池	1,440 a
	〈売渡〉	農地	26,481 a
		宅地	352 a
		建物	334 m²
		池	1,189 a

資料：梶本尚司『農地訴訟史』（1982 年）より作成。
注：1）大阪市旧東住吉区とは，1943 年時点の行政区域を示す。
　　2）訴訟の終了とは，判決確定・取下・和解である。
　　3）参考として掲載した農地等買収・売渡の実績は，自作農創
　　　設特別措置法（1947〜51 年度），強制譲渡令（1952 年度），
　　　農地法（1955〜58 年度）の実績である。

（2）創設自作地の転用問題

　農地改革の実施過程では農地の権利移動と転用は極力抑制されていたとは
いえ，その動向をみると，1947年から50年にかけて耕作目的の権利移動は
2,156件，323町歩，農地転用は1,254件，464町歩にのぼっている[43]。農地転
用の内訳は，権利移動をともなうものが843件，262町歩，権利移動をともな
わないものが411件，202町歩である。

　戦前から戦後にかけて小作地から自作地に転換された農地（「創設自作地」）
には，権利移動，転用行為などに厳格な統制（規制）が加えられていた。戦
前の場合には，農地調整法と臨時農地管理令のもとで統制され，その統制は
第1次農地改革に引き継がれた（ただし，耕作目的の権利移動は除外された）。
このなかで転用譲渡が行われた場合には，2年以内にかぎり旧所有者は差益

第1章　農地改革前後の農地所有と利用構造の特徴

額（買入価格と売渡価格の超過額）を求償（農地調整法第7条第2項）することができると規定されていたが，実際には農地価格統制の影響でほとんど実例がなかったとされている[44]。第2次農地改革では，創設自作地の所有者が耕作をやめるときには，国の先買方式（自創法第28条）により買収・売渡を行うことができると規定されていたが，ポツダム政令後は強制譲渡方式に切り替えられている。

　以上のように，創設自作地には，一般農地に比べて厳格な統制が適用されていたのであるが，農地改革の終了を受けて1952年に制定された農地法では，売渡後10年以内に創設自作地が転用される場合にかぎりその残存年数に応じた割合で売買価格と取得価格の差の一部を徴収する方式（「差益還元方式」）が採用された[45]。

　ところで，大阪では，旧地主らは農地改革に対して農地価格補償要求を引き続き掲げ，また創設自作地の売買時の差益還元をも要求して，活発な運動を展開していた。このようななかで，とくに農地訴訟の多発地域においては，訴訟対象農地の転用の際に，転用同意のための「捺印料」[46]が旧小作人から旧地主に支払われるケースがみられたのである。この「捺印料」は，「当初売却代金の1割前後であったが，その後約5割を要求するものもあった」[47]とされるなど大阪では創設自作地の転用問題として発現したのである。

　この問題は，訴訟対象農地の転用申請に，必要添付書類として旧地主の同意書を大阪府が行政指導で求めていたことから事態をいっそう深刻化させた。このため，旧地主の同意書廃止を求めて耕作農民（旧小作人）らの猛烈な反対運動が起こり，これらの運動は，農民組合など農民組織の支援も得て，集会，デモ行進，行政庁への要請活動などのかたちで展開された[48]。とりわけ農民集会では，「農地の転用禁止に関する特別決議」[49]（1956年2月，「農地転用ストライキ」ともいう）も行われるなど大阪市全域およびその周辺部にも広がりをみせ，運動は行政庁など関係先に向けて展開された。

　大阪で表面化した創設自作地の転用問題は，最終的には農林省農地局の旧地主の「同意書不必要」の見解（1956年5月9日）によって終息したのであ

るが，それは，主要には大阪市都心部において，戦後復興が一段落したあと，公共開発・都市開発優先の政策展開のもとで農地転用を引き起こしたことがもっとも大きな要因とされる。しかし，それはまた本来農業に利用されるべき創設自作地が，高価格で転用売却されるなかで，旧地主（旧所有者）の感情をも著しく刺激したことも要因の1つであるとみられている。

　ここで，事態の終息後の大阪における農地転用面積のうち創設自作地面積の割合をみると，1958年42.8％，59年43.2％，60年42.8％というように，4割を超えて推移していることがわかる[50]。このことは，農地改革が終了しておおむね10年が経過するなかで，創設自作地も一般農地と変わりなく転用されていることが伺い知れるとともに，その後の高度経済成長にともなう都市化・工業化の進行は，農地転用をいっそう増加させる事態となる。

注
1）大阪府農地部農地課編『大阪府農地改革史』1952年，p.195。なお，大阪の地主制の形成過程については，大阪府農業会議編『大阪府農業史』1984年，を参照。
2）大阪府内務部「農業調査結果概要」1929年，による。
3）大阪府『大阪府百年史』1968年，pp.481-484。
4）同上，pp.501-506。
5）前掲『大阪府農地改革史』，p.195。なお，面積単位については，本文中に換算値を表示したが，正確には以下のとおりである。1町は0.9917ha（9,917.36m²），1反は9.917a（991.736m²）である。ちなみに，10反（約100a）で1町（約1ha）となる。
6）同上，p.337。
7）同上，p.179。
8）前掲『大阪府百年史』，p.555。
9）大阪府「大阪府統計書（昭和10年度）」1937年。なお農産物価額（畜産除く）は全体で4,638万円であり，また畜産物価額は1,383万円であった。
10）大阪市は，1955年に第3次の市域拡張で202.31km²となり，現在に至っている。
11）前掲『大阪府農地改革史』，p.231。なお，区画整理を契機に地主の小作地引き上げ問題が指摘されている（同，p.280）。
12）大阪社会労働運動史編集委員会『大阪社会労働運動史戦前編（下）第2巻』1989年，p.1393。

第 1 章　農地改革前後の農地所有と利用構造の特徴

13）大阪府は小作争議件数で 1 位，2 位を争う全国的な争議多発地域であること
　　が指摘されている（大阪社会労働運動史編集委員会『大阪社会労働運動史戦
　　前編（上）第 1 巻』1986年，p.671）。

14）江戸時代における商人財閥による新田開発（町人請負新田）である。近藤二
　　郎『大阪の農業と農民―近郊農業の発展過程―』富民社，1995年，pp.26-34，
　　参照。

15）前掲『大阪社会労働運動史戦前編（上）第 1 巻』，p.235。

16）前掲『大阪府農地改革史』，p.271。

17）前掲『大阪社会労働運動史戦前編（上）第 1 巻』，pp.673-674。

18）前掲『大阪社会労働運動史戦前編（下）第 2 巻』，p.1392。また，「事実上はむ
　　しろ増加の傾向にあって，争議の性質は極めて深刻化し問題の解決は困難に
　　なるに至ったに過ぎなかった」という指摘もある（同上，pp.1392-1393）。こ
　　のほか，農地制度資料集成編纂委員会『農地制度資料集成第 2 巻』御茶の水
　　書房，1969年，pp.143-148，参照。

19）前掲『大阪府農地改革史』，p.273，および前掲『大阪社会労働運動史戦前編（下）
　　第 2 巻』，p.1580。

20）大阪府農務課「昭和12年度小作料減免状況」によると，大阪府平均（反当た
　　り収穫量2.362石）では，契約小作料1.382石，実納小作料0.957石，減免率は
　　30.8％であると報告されている（前掲『大阪府農地改革史』，pp.282-286）。また，
　　永久減免の場合は，契約小作料の約10％内外で決着している。なお，1 石は
　　約180ℓで，重量では約150kgである。

21）小作争議の性格として，農地かい廃の事態に際し耕作権を主張しかつその放
　　棄を前提として代償を要求するというものもあると指摘されている（前掲『大
　　阪府農業史』，pp.53-56）。

22）小作争議の激化のなかで，大阪府では小作人を中心に1928年全国農民組合大
　　阪府連合会（日本農民組合・全日本農民組合）が結成されている。他方，地
　　主組合は1924年大日本地主会（のち大日本農政協会に名称替え）を設立して
　　いる。

23）『広辞苑第六版』岩波書店，2008年。

24）同上。

25）日中戦争前から小作調停利用者は増加しつつあること，農民運動の盛んな地
　　域ほど調停が多いこと，が指摘されている。小作争議は国家当局の弾圧を招
　　く恐れがあるだけに，小作人側は小作調停法を利用して法的に対抗せざるを
　　えなかった側面もある（前掲『大阪社会労働運動史戦前編（下）第 2 巻』，
　　pp.1393-1394）。なお，大阪府下の小作調停法による調停受理件数は，1924年
　　から35年にかけて694件（関係地主数2,169人，関係小作人数 1 万2,117人，関係
　　面積4,614町歩，以上いずれも延べ数）に達しており，そのうち調停成立件数

33

は530件（76.4％）である。このほか小作調停法によらない小作官の法外調停件数は，同期間に70件に及んでいる（前掲『大阪府農地改革史』，pp.275-276）。

26) 渡辺洋三『土地と財産権』岩波書店，1977年，p.25。

27) 大阪府では1942年府令で作付統制が実施され，①稲，麦，サツマイモ，ジャガイモ，大豆などの食糧農作物以外の作付制限，②不急作物（花き・果菜類・観賞樹など）の食糧農産物への作付転換が行われた。また，戦争末期には休閑地利用も推進されたが，食糧事情の極度の悪化のために大阪府下で約2,700町歩の休閑地が利用されたといわれている。休閑地には，土地会社・電鉄会社の買収遊休地，軍需目的の未利用地，大規模土地所有者の放任小作地なども含まれていたとされている（前掲『大阪府農地改革史』，p.321）。

28) 前掲『大阪府農地改革史』，p.313。

29) 前掲『土地と財産権』，p.26，および前掲『大阪府農地改革史』，p.195，参照。

30) 農林省構造改善局農政部農政課「日本の農地改革と農地制度」1977年，p.1。

31) 指導とは，連合軍司令部の「農地改革についての覚書（農民解放指令）」（1945年12月9日）である。

32) 前掲『大阪府農地改革史』，p.380。

33) 調査は1945年8月1日時点で農林省農地局農地課による全国調査である。調査結果内容は，財団法人農政調査会『農地改革資料集成第11巻（農地改革実績編）』1980年，に掲載されている。

34) 石井啓雄「戦後農地行政の歩み」『AFF（農林省広報）』1977年12月，pp.22-24。また農地改革の経過ならびに農地改革の結果などについては，農地改革記録委員会『農地改革顛末概要』財団法人農政調査会，1951年が詳しい。

35) 前掲『大阪府農地改革史』，pp.423-424。

36) 全国平均の残存小作地率は9.9％である。なお，大阪府に次いで率が高い都府県は，滋賀県15.3％，福井県15.3％，東京都15.1％，奈良県14.8％，京都府14.0％などと近畿府県が比較的多い。いずれも前掲『農地改革資料集成第11巻（農地改革実績編）』より算出した。

37) 農地改革違憲論に関しては，「農地改革は買収対価を含めて憲法第29条第3項に違反しない」という最高裁判決（1953年12月23日）が示され，地主側の全面敗訴となっている。

38) 財団法人農政調査会『農地改革事件簿記録』1956年によれば，大阪における「都市計画をめぐる農地紛争」として収録されている（同書，pp.550-614）。

39) 「異議申立」とは市町村農地委員会の買収・売渡計画に不服の場合に該当農地委員会に申し立てるもので，その決定が不服の場合は都道府県の農地委員会か知事に対し「訴願」手続きを行う。「訴願」決定に不服の場合は裁判所へ行政不服の「訴訟」（「農地訴訟」）を起こすことになる。

40) 第3次通達は，「3次官通達」（農林省・内務省各次官，戦災復興院次長）と

第1章　農地改革前後の農地所有と利用構造の特徴

　　もいわれるもので，諮問委員会（「大阪府特殊農地指定委員会（都市計画関係
　　農地審議会）」）の機構整備，買収農地の売渡基準を詳細に明示したものである。
41）梶本尚司編『農地訴訟史—旧大阪市東住吉区の農地改革と農地訴訟—』1982年，
　　pp.66-68，および大阪市・大阪市地区農業委員会連合会『農業委員会30年のあ
　　ゆみ』1981年，pp.70-72。
42）農地関係訴訟提起件数（知事・農業委員会，国を含む）は，1990年時点，延
　　べ件数で1,944件あり，そのうち終結件数は1,927件，継続件数は17件である。
　　終結件数のうち，勝訴は763件，敗訴は218件，取り下げは946件である（大阪
　　府農業会議『農業委員会法施行40周年記念誌』1990年，p.31）。
43）前掲『大阪府農地改革史』，pp.513-514。
44）加藤一郎「創設自作地の転用問題」『昭和後期農業問題論集⑧土地価格論』農
　　山漁村文化協会，1982年，p.254。なお原収録は，全国農業会議所『農地制度
　　研究資料』1959年である。
45）同上，p.240。
46）「承諾料」ともいわれている。また，一方で，農地転用税の創設が国会の内外
　　で政治問題化していた時期でもある。同上，p.241。
47）前掲『大阪社会労働運動史高度経済成長期（上）第4巻』1991年，p.1293。
48）全日農大阪府連20年史刊行委員会編『全日農大阪府連20年史』1978年，pp.79-
　　84。また，農地改革などをめぐる大阪の農民運動については，農は平和の基
　　刊行委員会編『農は平和の基』全日本農民組合大阪府連合会，1986年，参照。
　　とくにこのなかの大橋良夫・山口和男・西野恒次郎・北野元一ほか「大阪の
　　農民運動（第2部）」が詳しい。
49）決議文では，「今後も農地の転用に旧地主の同意書が要るというような行政指
　　導が続く限り，たとえ公共用の目的であろうとも農地の潰廃転用には一切応
　　じない」（東住吉区農地訴訟対策協議会第2回大会）と述べられている。前掲『全
　　日農大阪府連20年史』，p.82。
50）大阪府立大学農学部農業経営学研究室「大阪府下における農地移動と農家態様」
　　（研究報告第13号）1963年，p.16，より算出した。

35

第2章

農地の基本動態と農地諸問題

1．都市化の進展と農業生産基盤の変容

（1）都市化の進展と土地利用の変化

1）都市化の進展とその特徴

　戦後大阪の農業は，産業構造の再編と急激な都市化・工業化の過程で，農地のかい廃が進行し，同時に農地の利用率も低下するなど，総じて縮小・後退の一途を辿ってきた。また，農民の兼業化・脱農化も進み農家数も著しく減少している。わが国における都市化とは，工業が高度に発展するなかで産業集積と人口集中が進み，それにともなって新たな土地需要の拡大を背景にして，都市的土地利用が農業的土地利用を駆逐しつつ，その利用形態が拡大・拡散する現象といえる。本章で取りあげる大阪は，戦前段階は全国最大の産業集積地であり，戦後段階は経済の高度成長過程で，太平洋ベルト地帯の重要な一翼を担った地域である。

　大阪において都市化が凄まじい勢いで進行したのは1950年代後半であり，なかでも本格的な展開をみせるのは1960年代である。戦後復興期は，荒廃した都市の再建と大阪経済の復興に力点がおかれたことから，基本的には大阪の土地利用形態に大きな変化はみられなかった。たとえば，大阪市では，むしろ「都会地転入抑制緊急措置令」に基づき人口転入を抑制していたほどである。この戦後復興期は，農地改革が実施され，農民的土地所有に基づく自作農が広範に形成された時期でもあるが，重化学工業重視の産業経済政策とそれにともなう都市開発・地域開発が緒につきだした頃から，農地の所有と

37

表 2-1　大阪府・大阪市の人口と世帯数の動向

単位：人，世帯

年次		大阪府		大阪市	
		人口	世帯数	人口	世帯数
	1950 年	3,857,047	881,536	1,956,136	471,208
	1960 年	5,504,746	1,308,542	3,011,563	734,271
	1970 年	7,620,480	2,191,763	2,980,487	891,966
	1980 年	8,473,446	2,774,652	2,648,180	938,541
	1990 年	8,734,516	3,091,912	2,623,801	1,050,560
	2000 年	8,804,806	3,483,072	2,598,589	1,168,191
増減数	50〜60 年	1,647,699	427,006	1,055,427	263,063
	60〜70 年	2,115,734	883,221	△31,076	157,695
	70〜80 年	852,966	582,889	△332,307	46,575
	80〜90 年	261,070	317,260	△24,379	112,019
	90〜00 年	70,290	391,160	△25,212	117,631

資料：大阪府統計協会『大阪府の人口（基礎資料編）』1993 年，同『大阪府統計
　　　年鑑』各年，大阪市立大学経済研究所編『データでみる大阪経済 60 年』1989
　　　年，より作成。
注：1）各年は国勢調査である。
　　2）大阪府の人口・世帯数に関しては，1958 年 4 月 1 日に京都府桑田群樫田
　　　村（人口 889 人）が高槻市，同年 4 月 1 日に京都府亀岡市の一部区域（人
　　　口 386 人）が豊能町に編入されている。
　　3）大阪市の 1955 年は，市域拡張のため編入された 6 ヵ町村を含む。

利用をめぐって事態が急変したのである。

　表2-1は，大阪府と大阪市の人口と世帯数の動向をみたものである。それ
によると，大阪府の年代別人口増加数は，1950年代165万人，60年代212万人，
70年代85万人，80年代26万人と増え続け，90年代には 7 万人の増加にとどま
っている。世帯数もほぼこれに準じて増加しているが，とくに1950年代から
60年代にかけての人口増加は著しく，この時期の都市膨張の異常さが伺い知
れる。ここで，注目しておかなければならないのは，大阪市の人口が1960年
代以降減少基調に転じていることであり，都心部からの人口流失が顕在化し，
「大都市の衰退問題」ともかかわって論議[1]を呼んだのである。

　人口の膨張とともに，産業の集中・集積も急速に進行した。たとえば，製
造業の事業所数（ 4 人以上）は，1950年 1 万1,581カ所から，60年 2 万6,846
カ所，70年 4 万1,795カ所へと急増しており，従業員数もこの20年間に約2.6
倍に増加している。さらに，人口の集中化にともない住宅確保の必要性から，
住宅建設も盛んに行われ，1950年代から70年代にかけて新設住宅着工数は延

べで215万戸に及んでいる。また，産業基盤や生活基盤としての道路・鉄道をはじめとして公共施設の整備も活発に行われたのである。

2）土地利用の変化

　大阪府の1965年当時の総面積は約18万4,000haであり，他の都道府県に比して行政面積は小さいが，それでも1950年代後半には農地面積（4万6,000ha）と森林・原野面積（6万7,000ha）の両者を合わせた土地利用面積は60％余りを占めていた。その意味では，農地を含むみどり資源はこんにちよりもかなり豊富であったとみられ，都心部の大阪市とその周辺の一部の市を除いて，大阪府下各地では里山的な景観や田園風景が広範囲にみられた。その後の土地利用の変化を，**表2-2**から確認することにしよう。

　1965年といえば，すでに高度経済成長の高揚期であるが，それでも農用地

表2-2　土地利用区分別面積の動向（大阪府）

単位：ha，（　）は％

		1965年	1972年	1980年	2000年
農用地		38,135 (20.7)	26,956 (14.5)	21,897 (11.8)	15,252 (8.1)
森林・原野		68,074 (37.0)	65,952 (35.5)	59,246 (31.8)	58,514 (30.9)
水面・河川・水路		8,649 (4.7)	10,536 (5.7)	10,134 (5.4)	10,155 (5.4)
道　路		8,690 (4.7)	10,681 (5.8)	13,056 (7.0)	16,309 (8.6)
宅　地		30,677 (16.7)	44,208 (23.8)	52,439 (28.1)	58,368 (30.8)
	住宅地	－	23,211 (12.5)	27,002 (14.5)	31,496 (16.6)
	工業用地	－	7,488 (4.0)	6,740 (3.6)	5,559 (2.9)
	事務所・店舗等	－	13,509 (7.3)	1,897 (10.0)	21,313 (11.3)
その他		29,772 (16.2)	27,190 (14.7)	29,644 (15.9)	30,685 (16.2)
計		183,997 (100.0)	185,496 (100.0)	186,416 (100.0)	189,286 (100.0)

資料：大阪府土木部，同都市整備部総合計画課調べによる。
注：「農用地」は農地・採草放牧地の合計であるが，大阪府では1986年以降，採草放牧地は計上されていない。

は20.7％を占め，また森林・原野は37.0％で両者を合わせると60％近くに達していたが，2000年では農用地が8.1％，森林・原野が30.9％に減少し，合わせて40％近くをかろうじて維持する状況になっている。なかでも農用地は急減しており，それだけに，この間の農業・農地の縮小・後退の激しさをこの表は物語っているといえよう。

　土地利用の急激な変化は，他方で宅地や道路などの都市的土地利用の拡大をもたらした。2000年には宅地だけで30％を超え，それに道路（8.6％）を加えると，都市的土地利用は約40％近くとなり，土地利用面では農業と森林・原野の合計と肩を並べている。同年を地域別（地域図は，前掲**図序-1**，参照）にみると，「農業と森林・原野の構成比」対「宅地や道路などの都市的土地利用の構成比」は，大阪府北部地域で「52.6％対30.3％」，大阪市を含む中部地域で「14.9％対62.2％」，南部地域で「45.9％対30.9％」となっており，とりわけ大都市を含む中部地域での都市化の著しさが伺い知れる。

　このような土地利用面における顕著な変化は，急激な都市化・工業化のもとでの農地かい廃（＝農地転用）の証でもある。工業用，住宅用，公共用，商業用といったさまざまな都市的土地利用が都心部から周辺部に波及・拡大し，都市の肥大化が進むのである。しかし，この過程で，第1には，地価の高騰と過密化，住宅難，公害，交通難，生活環境破壊といった都市問題・土地問題を引き起こし，それがいっそう深刻化するにとどまらず，第2には，都市周辺部においても無秩序な地域開発や市街地化によって，農地と宅地の混在するいわゆるスプロール現象が進行し，地域における土地利用の混乱を惹起させるのである。

　都市の膨張は，このような問題を引き起こしながら，農業的土地利用と都市的土地利用の対抗関係をいっそう激化させ，次第に後者が前者を包摂していく過程でもある。また，この過程は，農業の生産基盤を脆弱化させるとともに，農家の農地所有および利用構造にも大きな影響を及ぼすことになる。

（2）農業生産基盤の変容とその特徴

1）農地かい廃の進行と農地利用の変化

　農業の基本的生産手段である農地については，農地そのものの絶対量とその利用という側面から検討する必要がある。まず**図2-1**は，1956年以降の耕地の拡張とかい廃面積をみたものであるが，それによると，著しい農地かい廃の進行状況がわかる。この農地かい廃面積の約94％は人為的かい廃（主に都市的土地利用への転換）によるものであり，それに対し開墾を中心とした拡張面積は1975年前後を除いていずれも低調であり，年平均では約69ha程度である。以下では，年代ごとの農地のかい廃状況の特徴を整理し，農地利用の変化（**表2-3**，参照）も加味しながら，述べることにしたい。

　1950年代の農地かい廃状況は統計データの制約から後半期しか判別できな

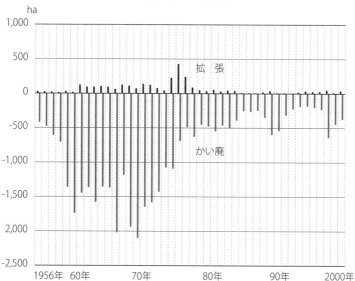

図2-1　耕地の拡張・かい廃面積の推移（大阪府）

資料：農林水産省経済局統計情報部『農林水産累年統計（大阪）』1980年，近畿農政局大阪統計情報事務所編「大阪農林水産統計年報」各年，より作成。

表 2-3　農作物作付面積および耕地利用率の推移（大阪府）

単位：ha，%

年次		作付延べ面積	稲	麦類	甘藷・馬鈴薯	雑穀・豆類	野菜	果樹	工芸農作物	耕地利用率
実数	1950	72,900	32,000	21,900	5,390	1,240	8,400	2,060	1,710	185.0
	1955	72,000	36,100	12,700	3,700	1,441	12,100	2,580	3,380	153.2
	1960	63,800	33,600	7,850	2,117	1,071	14,000	3,580	1,230	141.5
	1965	45,800	26,200	1,090	1,071	470	12,000	4,550	112	120.2
	1970	32,200	18,000	35	669	241	8,500	4,610	38	107.7
	1975	24,100	13,100	1	379	143	5,830	4,520	13	101.3
	1980	23,500	11,100	2	466	221	6,350	4,340	10	107.3
	1985	22,100	10,300	28	444	241	6,150	3,960	8	111.1
	1990	18,700	8,480	47	264	193	5,410	3,240	3	103.3
	1995	16,200	7,800	20	248	85	4,080	2,900	-	94.2
	2000	13,100	6,690	0	206	93	3,060	2,200	-	86.9
指数	1950	114	95	279	254	116	60	58	139	-
	1960	100	100	100	100	100	100	100	100	-
	1970	50	54	0	32	23	61	129	3	-
	1980	37	33	0	22	21	45	121	1	-
	1990	29	25	1	12	18	39	91	0	-
	2000	21	20	0	10	9	22	61	0	-

資料：農林水産省経済局統計情報部「農林水産累年統計（大阪府）」1980 年，近畿農政局大阪統計情報事務所編「大阪農林水産統計年報」各年，より作成。
注：1）馬鈴薯（バレイショ）は 1990 年以降，「甘藷・馬鈴薯」に含まず，「野菜」に含まれる。
　　2）「その他」作物を掲載していないため，作付面積の合計は，作付延べ面積とは一致しない。耕地利用率は，「作付延べ面積÷耕地面積×100」で算出される。
　　3）指数は 1960 年＝100 とした。

いが，年平均数百ha程度とみられる。耕地面積もこの年代は大きな変化もなく推移したとみられ，作付延べ面積も耕地面積を大幅に上まわる約7万haに達していた。この年代の基本的特徴は，農業生産基盤である農地を基本的に維持しながら，裸麦や大麦・小麦など麦作を中心に水田裏作利用も活発に行われ，耕地利用率も150％を超えていたのである。農地改革により創設された戦後自作農を中心に積極的な農地利用が行われた時期といえる。また，商品化率の高い野菜や果樹，工芸作物の作付面積も増大させていた。とはいえ，農地かい廃は，1950年代後半に増加の兆しをみせるが，それでも1960年代以降に比べていまだ本格的な展開には至っていなかったといえる。

　1960年代になると，農地かい廃の速度は加速され大幅に進むことになる。この年代の農地かい廃面積は1万4,708haでもっとも多い年代である。また，

第 2 章　農地の基本動態と農地諸問題

離農農家も約 2 万戸（農家全体の22.5％減）に達した。年平均の農地かい廃面積は1,500haであり，かい廃率も年3.3％に及んだのである。この年平均の農地かい廃規模は，大阪府下の守口市や門真市，あるいは摂津市といった市域面積にも匹敵するほどであり，「あと30年もすれば，大阪の農地はすべてなくなる」と懸念されたのはこのころであった[2]。

　このような農地の著しい減少に加え，いま 1 つ重要な点は，作付延べ面積も急落し，耕地面積のラインにかぎりなく近づくようになる。すなわち，そのことは，水田裏作利用の大幅な後退を要因とする米の単作化と農地利用の粗放化を意味するものであるといえる。しかし，その一方で，農業基本法農政下での選択的拡大に基づく行政の農業振興施策と，他方では集落や農民の創意工夫によって，ミカン，ブドウ，クリなどの果樹作が進展し，また野菜の高度集約的栽培の取り組みや，野菜と米の輪作化（とくに泉南地域）の確立など営農方式の新たな展開も各地でみられた[3]。

　1970年代になると，前年代に比較して農地かい廃は鈍化するものの，それでもかい廃面積は 1 万haを超えている。この時期の特徴は，新都市計画法の施行（1968年）にともなう「線引き」の実施，都市開発と農地転用の進行のなかで，米過剰による生産調整の実施など生産抑制的な農政の展開（総合農政）も進められたことである[4]。このため，耕地利用率も100％余りの水準に低迷し，果樹作を除いて各部門の作付面積はいずれも減少局面に入るのである。

　1980年代の農地かい廃は，明らかに横ばい傾向に転じたが，それでもこの年代を通じて約4,000haの農地がかい廃されている。「80年代の農政の基本方向」のなかで農政理念としては，農業の体質強化と農村活力の高揚，緑資源の維持培養を掲げたが，大阪では農地の減少に歯止めがかからず，むしろ供給過剰と輸入自由化（オレンジ）を背景に実施されたみかん廃園対策[5]の影響により果樹作も大幅な後退をみせる。

　1990年代になると，とりわけ市街化区域内農地に対する税制・制度改変（新生産緑地法の制定）の影響を受けて，農地かい廃面積は一転増加に転じる。

43

また，耕地利用率も100％を割り込みさらに90％を下回るなど農地の荒廃化・遊休化が懸念される状況を迎えるのである。

　以上のように，著しい農地かい廃は，戦後の農地改革によって生み出された自作農体制に大きな動揺を与え，離農農家の激増のみならず，農業生産基盤をも根底から掘り崩す要因になるのである。

２）農業生産基盤をめぐる諸問題

　都市の膨張と農地のかい廃は，農業生産基盤にさまざまな否定的影響を与えた。以下では，その内容を要約しながら述べることにしたい。

　第1には，農業生産に不可欠な農業用排水路を破壊・分断し，また農業生産に重要なかかわりをもつため池をもかい廃したのである。大阪府は全国のなかでため池の比較的多い都道府県の1つであるが，その動向をみると，1955年の1万6,200面から1992年には1万1,621面へと約30％も減少していることがわかる。また，内訳がわかる15年間（1978〜92年）では，かい廃数は964面に及ぶが，そのうち民間によるものが3分の2（638カ所），公共によるものが3分の1（326カ所）を占めており，民間用途へのかい廃も進んでいたといえる[6]。

　第2には，農業生産基盤の縮小と脆弱化が急速かつ無秩序に進行したため，農地の集合性・集団性が失われ，残された農地が宅地や工場に囲まれるなど農家の営農環境も急速に悪化したのである。工場や生活廃水による農業用水の汚濁，農地への汚水流入と土壌汚染，大気汚染，光公害，ゴミの不法投棄など農作物への悪影響も広範囲にみられるようになり，農家の営農意欲を著しく喪失させる状況を生み出した。なかでも公害の影響による農業被害（水質汚濁・大気汚染など）は，1960年代から70年代の高度経済成長期に深刻化したのであり，たとえば，1970年にはその被害件数は大阪府で64件を数えたのである[7]。

　第3には，農地の遊休化・荒廃化が顕在化したことである。大阪府企画部統計課の調べによると，休耕地は1970年代前半には経営耕地面積の10％以上

を占めるようになり，1973年のピーク時には約16％にも達したのである[8]。1970年とは，米の減反政策が始まり，さらに新都市計画法の施行にともない「線引き」が実施された。これらが農地の遊休化・荒廃化に少なからず影響を及ぼしたことは明らかであろう。現に，1978年の「不耕作農地実態調査」（大阪府農業会議）によると，不耕作地は市街化区域だけでなく，市街化調整区域・農業振興地域にも及んでいること，その主要な要因としては，人手不足，耕作不便に加えて，米の生産調整，生産環境の悪化が指摘されている[9]。なお，その後の動向を「農業センサス」からみると，耕作放棄地は1980年312ha，85年343ha，90年747haと増加し，95年には571haと減少するものの，2000年には741haと再び上昇に転じる。また，2000年の耕作放棄地率は全国の5.1％に比べ大阪府は6.2％と１ポイントほど高い。

　第４には，都市の膨張と都市開発・地域開発は農地価格の高騰を招来するとともに，農地そのものをも投機の対象にした。それはとくに1970年代に顕在化した。実需をはるかにこえる土地（農地・林地など）の取得が急増し，折しも「日本列島改造論」のブームに乗じて大量の土地（農地）が全国で買い占められた。大阪も例外ではなく，1975年時点で買収された土地は少なくとも「1,002haに及んでいる」ともいわれている[10]。このうち農地は56.7％と半数以上を占めており，その農地を区域別にみると，市街化区域が約半数を占めているなか，市街化調整区域に約２割，農業振興地域（ただし農用地区域除く）にも約３割が買収されたのである。土地買収資本は，不動産業，住宅産業，観光業，運輸・通信業，建設業などさまざまな業種に及んでおり，これらの農外資本は土地買い占めに狂奔したのであった。

　以上のように，都市の膨張と都市開発の活発化は，大阪農業の生産基盤に否定的な影響を与えざるをえなかった。それと同時に，都市問題・土地問題も一段と深刻化し，土地利用の整序化，総合的・計画的な土地利用と都市基盤整備のあり方，そして農業と農地保全のあり方が，とりわけ1960年代後半以降に問われることになる。

2．農地の基本動態とその特徴

（1）農地法・農地制度の機能と骨格

　農地改革がほぼ一段落したあと，その成果を基本的に維持する目的で1952年に制定されたのが農地法である。農地法は，農地調整法，自作農創設特別措置法，強制譲渡令など当時存在した農地制度のほとんどを総括的に引き継ぎ，その後の日本の農地制度の根幹としての機能と役割を果たす。農地法の基本的性格は，自作農主義（耕作者主義）を規定していることであるが，構造政策の展開にともなってこれまではほぼ10年ごとに農地法は改正されている（**表2-4**，参照）。とくに1970年改正では，目的条文に借地等による農地の効率的利用の促進を追加規定したものの，耕作者の地位の安定と権利保護を基本原則にしていることには変化はなかったが，2009年改正では目的条文も含め大幅改正された（詳しくは，本書，補論Ⅰ，参照）。一方，農地法は，農地の転用規制とともに不耕作目的や投機目的の農地取得・権利移動を排除するなど，とりわけ都市圧の影響の強い日本においては，農地の保全と有効利用をすすめるうえで重要な役割を担っている[11]。

　2009年農地法改正前の基本的骨格は，おおむね以下のような構成で成り立っていた。すなわち，①耕作目的の農地等の権利移動の調整（第3条），②小作地所有の調整（第6条，第7条など），③賃貸借契約の解約等の調整（第19条，第20条），④標準小作料制度（第24条），⑤和解の仲介制度（第43条），⑥農地転用の調整（第4条，第5条）などである。この①から⑤が農業内部での農地の利用関係の調整および耕作者の権利保護などを規定したものであり，⑥が農外部門との農業上の土地利用関係の調整を規定したものである。ただし，両者は前述したように並列的な位置づけではなく，農地の確保・保全，農業生産力の維持，農業経営の安定，農外部門からの投機的土地取引を排除するうえで，相互に関連した関係にある。このような規定は土地としての性格と農地の公益的役割による[12]。なお，農地法は，農地の一筆統制を旨

第2章　農地の基本動態と農地諸問題

として，現況主義，属地主義，世帯主義（農家単位）の原則に基づいて運用
されている。

　農地の権利移動については，その目的と性格により，おおむね次の3つに
区分することができる。第1は，農地の売買，贈与，交換など耕作目的の農
地の所有権移転（農地法第3条，農業経営基盤強化促進法）である。第2は，
賃貸借，使用貸借など耕作目的での貸し借りにともなう権利の設定・移転（農
地法第3条，農業経営基盤強化促進法など）である。第3は，転用目的（農
地を農地以外のものにすること＝利用転換）にかかわる権利移動である（農
地法第5条）。

　農地の権利移動については，以上のように3分類することができるが，土
地利用形態においては，上述の前二者が農業目的であり，後者が農業外目的
であることから，同じ権利移動であっても性格は全く異なる。ただ転用目的
であっても権利移動をともなわない土地利用の転換（農地法第4条），すな
わち農地所有者（農家）がみずから転用する場合であり，一般的に「自己転
用」と呼ばれているが，これは土地利用形態では非農業的土地利用として農
地法第5条との関連性が強い。

　また，以上をふまえるならば，土地市場レベルでは，農業内部の売買や貸
借という農地市場と，非農業的土地利用にかかる土地市場（大阪ではとくに
都市的土地市場）の2つに分けることができる。

　以下では，耕作目的での農地の権利移動の動向（所有権移転と賃借権の設
定等）と転用目的での動向を中心にして，大阪における農地の基本動態につ
いて検討することにしたい。

（2）農地の基本動態とその特徴

1）農地の移動と転用の基本動向

　図2-2および図2-3から自作地有償所有権移転面積，賃借権設定面積およ
び農地転用面積に関する基本動向を大阪府と全国をそれぞれ対比させながら
検討することにしよう。

47

表2-4　農地法等の主要改正内容（要点）の推移

	農地法制定 1952年	農地法改正 1962年	農地法改正 1970年	農用地利用増進法制定 農地法改正 1980年	農業経営基盤強化促進法制定 農地法改正 1993年	農地法改正 1998年
目的 （第1条）	自作農主義「農地はその耕作者みずから所有することが最も適当であると認め…」	－	借地等による農地の流動化を追加。『土地の農業上の効率的な利用を図るため…』	－	－	－
農業生産法人 （第2条）		農業生産法人の創設：①法人形態②事業内容③構成員資格要件④借入地面積制限⑤議決要件⑥雇用労働力制限⑦配当制限	左記の要件のうち④⑤⑥⑦を廃止し、これにかわり業務執行役員に関する要件を設定	農地法：業務執行役員に関する要件を緩和（常時従事者が業務執行役員の過半数を占めればよい）	農地法：事業要件の拡大（農業に関連する事業を追加）構成員要件の拡大（農協等及び一定限度内で物資の供給を受ける者を追加）	－
農地等の権利移動の制限（第3条）	知事許可。但し、使用貸借又は賃貸借については農業委員会許可		原則として知事許可。同一市町村内の個人が権利を取得する場合は農業委員会の許可。農作業常時従事要件を明記	増進法（適用除外）。農地法：原則として農業委員会許可	基盤強化法（適用除外）。農地法：農地保有合理化法人が農地等の権利を取得する場合届出で可	
上限取得面積 （第3条）	都府県平均3ha（北海道12ha）	自家労力による場合3haを超えても可	上限取得面積を撤廃	－	－	－
下限取得面積 （第3条）	取得前都府県原則30a（北海道2ha）	－	取得後都府県原則50a（北海道2ha）	増進法（適用除外）	基盤強化法（適用除外）	
農地等の転用の制限（第4，5条）	知事許可。但し、5,000坪を超える場合は農林大臣許可。1966年のメートル法への移行に伴い、5,000坪を2haに引き上げ	－	市街化区域内の農地等については知事への届出で可	増進法（適用除外）。農地法：市街化区域内の農地等については農業委員会への届出で可	基盤強化法（適用除外）	農地転用許可基準の法定化。4ha以下の転用はすべて知事許可
小作地の所有制限（第6，7条）	在村地主は都府県平均1ha（北海道4ha）所有可、不在地主は所有不可		挙家離村の場合は不在地主も在村地主なみの所有可	増進法（適用除外）	基盤強化法（適用除外）	
賃貸借の法定更新（第19条）	期間満了1年前から6ヶ月までに通知しない場合従前と同様の条件で法定更新			増進法（適用除外）	基盤強化法（適用除外）	
賃貸借の解約等の制限（第20条）	知事の許可を得なければ賃貸借の解除・解約・合意による解約等は不可		書面に基づく合意による解約および10年以上の定めのある賃貸借については知事許可不要	－	－	－
小作料の規制	統制小作料(第21条)定額金納制(第22条)		統制小作料制廃止、標準小作料制度新設	農地法：定額金納制の緩和	－	－

資料：財団法人農政調査会『農業構造政策と農地制度』1998年などにより作成。
注：1）各項目の（　）内は農地法の条文を示している。
　　2）なお、1975年農業振興地域の整備に関する法律の改正（農用地利用増進事業の創設）により、農地等の権利移動の制限（第3条），下限取得面積（第3条），小作地の所有制限（第6，7条），賃貸借の法定更新（第19条）が適用除外となった。

農地法改正 2000年	農業経営基盤強化促進法改正 2003年	農業経営基盤強化促進法改正 2005年	農地法改正 2009年	農地法改正 2012年	農地中間管理事業法制定 2013年	農地法改正 2015年
–	–	–	目的変更。「農地を効率的に利用する耕作者による地域との調和に配慮した農地の権利の取得を促し」に改正	–	–	–
法人形態に株式会社組織を追加，事業要件の拡大，構成員要件の拡大，業務執行役員要件の緩和	基盤強化法：認定農業者たる農業生産法人の構成員議決権要件の緩和					農業生産法人の名称を農地所有適格法人に改称。農外の議決権を2分の1未満まで拡大。理事等の農作業従事要件は1人以上に緩和
–	–	基盤強化法：遊休農地の利用増進のための特定法人貸付事業を規定	一般の法人なども貸借による権利取得可	耕作目的での権利移動の許可権限がすべて農業委員会	農地中間管理権の取得と農用地利用配分計画による貸付等の制度化	–
–			農地確保のため学校・病院等の公共事業を許可対象。違反転用に対する罰則強化	–	–	農地は4haを超える場合も都道府県知事許可。農地転用にかかわる事務権限を委譲する指定市町村の創設
–	–	–	小作地所有制限の廃止	–	–	
–	–	–		–	–	
–	–	–		–	–	
–	–	–	標準小作料制度廃止	–	–	

図2-2　自作地有償所有権移転・賃借権設定・農地転用面積の動向（大阪府）

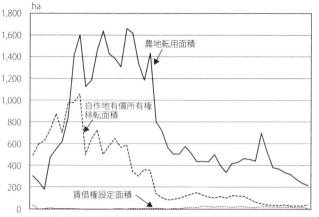

資料：農林省農地局農政課「農地年報」，同「農地の移動」，農林水産省「農地の移動と転用」，大阪府農林水産部「大阪府における農地動態調査」より作成。
注：1）耕作目的有償所有権移転面積は，農地法第3条と1983年より農用地利用増進法（農業経営基盤強化促進法）を含む。
　　2）賃借権は農地法第3条による設定面積と1979年は農用地利用増進事業，また1980年以降は農用地利用増進法（農業経営基盤強化促進法）による利用権（賃借権）設定を含む。

　まず自作地有償所有権移転面積（農地売買）は，大阪府は1960年前後がピークであり，以降漸減しながら1970年代後半以降は低迷気味で推移している。これに対し，全国は1960年代から70年代前半に大きなピークを形成し，以後減退するものの，1970年代後半以降になると一定の水準を維持しながら推移する。

　他方，賃借権設定面積は，明らかに様相が異なっている。全国は，1975年を境に急上昇し，1980年代になって減速するものの依然増加傾向を示している。農地法の改正（貸借の規制緩和）と一連の農地流動化のための法整備によるものであるが，大阪府の場合には，一貫して停滞状態にある。

　次いで農地転用面積は，大阪府は1960年代から70年代にかけて4つの大きなピークを形成しているのに対し，全国は1970年代前半がもっとも大きなピークである。このことは，大阪府では，全国に先行して農地転用が活発化し

第2章　農地の基本動態と農地諸問題

図2-3　自作地有償所有権移転・賃借権設定・農地転用面積の動向（全国）

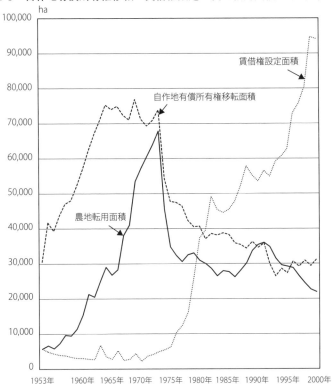

資料：農林省農地局農政課「農地年報」，同「農地の移動」，農林水産省「農地の移動と転用」により作成。1972年以降は沖縄県を含む。

注：1）耕作目的有償所有権移転面積は，農地法第3条と1981年以降は農用地利用増進法（農業経営基盤強化促進法）を含む。賃貸借は，農地法第3条による設定面積であり，1975年以降は農用地利用増進事業，1980年以降は農用地利用増進法（同）を含む。

　　2）農地転用面積の1966年以前は第4条と第5条の許可分のみである。1981年以降には，農用地利用増進法（同）による農業施設用地の転用含む。

それも期間が長期化していたといえる。しかし，1970年代後半に入ると，全国と同様に1990年代前半を除いてほぼ下降気味に推移している。

　以上のように，全国と対比した場合，大阪府の特徴は，第1に，農地転用は高度経済成長期の全期間にわたり活発化していたものの1970年代後半以降は全国とほぼ同様の様相を示していること。第2に，農地売買と賃貸借，なかでも賃貸借については全く異なった様相を示していること。第3に，注目

すべき点は，1960年前後からの農地転用と農地売買との間にはあとで述べるように明らかに一定の相関関係が読み取れること，などである。

以上のことを念頭におきながら，以下では，最初に農地の耕作目的の所有権移転を取りあげ，その動向と特徴を述べることにしたい。

2）耕作目的の所有権移転の動向と特徴

表2-5は，耕作目的の所有権移転面積の推移を自作地有償所有権移転（以下，「自作地有償」），自作地無償所有権移転（以下，「自作地無償」），小作地所有権移転（以下，「小作地」）の3項目に分けてみたものである。「自作地有償」は一般的に農地売買のことであり，「自作地無償」は同一世帯間に多い所有権移転（贈与）である。また「小作地」は現に耕作している者（小作人）への譲渡と考えてよい。耕作規模の拡大という点では，「自作地有償」の動向が注目される。

この表によると，まず「自作地有償」面積は1950年代後半から60年代がもっとも多く，70年代以降になると漸減する。この農地売買の特徴としては，第1に，農家の階層分解が進み，一方では零細兼業農家や高齢農家の農地売却と，他方では規模拡大農家の農地買入れが一定程度進展していたと考えられる。1960年当時の農地売却サイドの売渡理由[13]をみると，「高齢化・病気等で労力不足」（47.9%），「生活資金などの確保」（34.4%），「農業廃止・兼業化・経営縮小」（8.8%）といったように，担い手の不足と高齢化，生活資金の確保を主な理由に挙げているものが多い。

第2には，前述のように，農地転用の波及効果（「玉突き現象」）によるものであり，転用売却後の「代替取得」のための農地買い入れである。これには，転用売却により減少した農地を確保したいという営農継続の理由と土地資産として保有しておきたいという理由の両面がある。とくに新都市計画制度下の「線引き」以後は，事業用資産の買換特例を利用するなど後者の傾向を強めることになる[14]。

この「代替取得」は，農地価格が相対的に安い地域での買入れとなる場合

第2章　農地の基本動態と農地諸問題

表2-5　耕作目的の所有権移転面積の推移（大阪府）

単位：ha，（　）内は件数

| 年次 | 自作地 | | 小作地 |
	有償	無償	
1953〜54 年	1,096	45	302
1955〜59 年	3,918	385	385
1960〜64 年	3,909	545	265
1965〜69 年	2,893	370	290
1970〜74 年	1,527	310	105
1975〜79 年	510	290	40
1980〜84 年	644	795	35
1985〜89 年	593	270	25
1990〜94 年	294	246	39
1995〜99 年	172	101	10
1960〜99 年 合計	10,754 (113,015)	3,092 (20,605)	838 (10,136)
〈累計〉 1953〜99 年	15,770 (159,038)	33,525 (23,828)	1,499 (16,461)

資料：農林省農地局農地課「農地年報」各年，同「農地の移動」1967〜
　　　71 年，農林水産省構造改善局農政課「農地の移動と転用」1972 年
　　　以降各年，大阪府農林部「大阪府農林統計要覧（30 年版）」および
　　　同農林水産部「大阪府における農地動態調査」各年，より作成。
注：自作地有償所有権移転面積には，農用地利用増進法（農業経営基盤強
　　化促進法）による所有権移転面積（1983 年以降）を含む。

　が多く，その結果その地域の農地価格を必要以上に押し上げるとともに，農地の利用調整にも困難さを抱え込む要因にもなるのである[15]。ちなみに，1974年から92年にかけての大阪府の「自作地有償」面積のうち，３割は「市町村外居住者（入作者）」の農地取得であり，このすべてが「代替取得」ではないにしても農地所有の広域化が伺えるのである[16]。なお，１件当たりの「自作地有償」面積を算出すると約9.5aであることから，ほぼ１反程度の売買であるといえる。

　一方，「自作地無償」面積はあまり大きな変動はなく推移しており，年平均にすると50 〜 70ha（多い年で100ha強）である。同一世帯間の生前贈与を主にしているが，すでに分家している者への贈与も含まれていると想定される。１件当たりの「自作地無償」面積は14.3aであり，それほど面積的には大きくはない。

　農地法では耕作権を保護していることから，小作地の所有権移転は原則として現耕作者である小作人への譲渡に限定される。「小作地」面積は，地主・

53

小作人の話合いにより賃借権契約を解約（農地法第20条）し，小作人に所有権の全部またはその一部を移転した面積である。1953年以降の累計では，件数で1万6,461件，面積で1,499haにものぼる。

小作地の解約には耕作目的とかい廃目的とがある。その動向を示したのが，**表2-6**である。それによると，耕作目的とかい廃目的がほぼ半々で推移しながら累計面積では3,000ha余りが解約されている。前述のように，大阪府は賃借権の設定が低調であることから，この解約された小作地の多くは，いわ

表2-6　農地法第20条の目的別解約面積の動向（大阪府）

単位：ha，（　）内は件数

年次	解約面積	耕作目的	かい廃目的
1953〜54年	38	22	17
1955〜59年	221	102	119
1960〜64年	486	180	305
1965〜69年	631	263	368
1970〜74年	578	237	341
1975〜79年	290	144	146
1980〜84年	300	153	147
1985〜89年	222	127	95
1990〜94年	354	247	108
1995〜99年	133	86	55
1960〜99年 合計	2,994 (31,876)	1,436 (13,994)	1,566 (17,782)
〈累計〉 1953〜99年	3,253 (34,456)	1,561 (15,162)	1,701 (19,294)

資料：表2-5と同じ。

表2-7　賃貸借の解約等にかかる離作補償状況〈許可・通知〉（大阪府）

年次	総数 (件数)	離作補償状況（構成比）				
		合計	貸付地一部 無償譲渡	代替地貸付	離作料支払い	
					金銭	その他
1975〜79年	3,345	100.0	31.1	0.8	54.5	3.7
1980〜84年	3,181	100.0	24.3	0.6	53.1	2.8
1985〜89年	2,478	100.0	22.0	0.3	54.2	2.7
1990〜94年	3,590	100.0	47.7	0.6	33.8	3.4
1995〜99年	1,618	100.0	30.6	0.9	37.7	3.2
合計	12,592	100.0	32.1	0.6	47.0	3.2

資料：農林水産省構造改善局農政課「農地の移動と転用」各年，より作成。

第2章　農地の基本動態と農地諸問題

ゆる農地改革残存小作地と考えられる。その意味では，農地改革によって解放されなかった小作地の解消ともいえるが，その方法は農地かい廃を契機に解消される場合も少なくないのである。

　大阪は，農地改革残存小作地率の高位性とともに，耕作権意識の強い都府県の1つとみられているが，それは小作地の解約の際に地主が離作料（作離料）を支払うことが慣行化していることからも伺え知れる。「農地を貸すと簡単には戻らない」という農家意識がそのことを雄弁に物語っている。

　ここで，表2-7をみよう。これは，賃貸借の解約の際の離作補償状況をみたものであるが，その多くが離作補償の対象となっていること，その形態は地主から小作人への小作地の無償譲渡ないしは金銭支払という方法がとられていることが確認できる。この離作補償は，通常では地主が5分，小作人が5分という割合に即して支払われているようである[17]。ちなみに，全国では離作補償は「ない」は7割から9割を占めているが，大阪ではそれはトータルで3割にも満たない。

　以上のように，「自作地有償」（一般的な農地売買）は1960年代まで活発化していたが，1970年代に入ると減少傾向を示す。「自作地有償」は，本来買い入れ農家の経営規模拡大を意味しているが，大阪では転用売却後の代替取得を目的としたものも少なくないとみられ，そのことは農地転用の減少にともなって農地売買も減少する傾向にあることからも伺える。一方，「自作地

単位：件数，%

| | 設置時期別状況
（構成比） | | | 参考（全国）
離作料支払なし
（構成比） |
なし	1950年 7月以前	1950年8月〜 70年9月	1970年 10月以降	
9.9	79.0	16.2	4.7	69.9
19.2	79.6	16.7	3.7	80.1
20.7	76.8	15.5	7.7	85.6
14.5	78.6	15.1	6.3	87.4
27.6	73.5	18.8	7.7	93.0
17.1	78.0	16.2	5.8	…

無償」は農家世帯員間の「贈与」を中心としていることから，一定の水準で
所有権移転が行われている。また，賃貸借そのものが低迷しているなかで，「小
作地」の所有権移転の動向からは，農地改革残存小作地が着実に減少してい
ると考えられる。

3）農地貸借の動向と特徴

　農地の基本動態を検討するなかで，大阪府においては新たな農地の賃貸借
はきわめて低調であることは，前述したとおりである[18]。それは，貸手側の
耕作権（離作補償）発生への懸念や農地の資産的保有意識とともに，都市圧
とその影響などが主要因として考えられる。

　表2-8は，農地法ならびに農業経営基盤強化促進法（旧農用地利用増進法）
に基づく農地貸借の動向をみたものである。このなかで農地法の「賃借権設
定」は，1953年以降の累計でさえ，件数で1,990件，面積で282haにとどまっ
ている。耕作権の発生がともなわない「利用権設定」は，1975年に農業振興

表2-8　賃貸借（利用権）等の設定面積の動向（大阪府）

単位：ha，（　）は件数

年　次	農地法第3条		農業経営基盤強化促進法		
	賃借権設定面積	使用貸借権設定面積	利用権設定面積	うち賃借権	利用権の終了面積
1953～54年	41	1	—	—	—
1955～59年	43	40	—	—	—
1960～64年	11	9	—	—	—
1965～69年	16	1	—	—	—
1970～74年	39	14	—	—	—
1975～79年	35	269	[7]	[7]	—
1980～84年	29	641	96	82	[20]
1985～89年	24	466	151	96	107
1990～94年	29	163	141	78	123
1995～99年	16	82	164	82	110
1960～99年合計（件数）	199 (1,184)	1,644 (3,725)	599 (3,424)	344 (1,981)	360 (2,243)
累計（件数）	282 (1,990) 〈53～99年〉	1,689 (4,015) 〈53～99年〉	559 (3,424) 〈79～99年〉	344 (1,981) 〈79～99年〉	360 (2,243) 〈82～99年〉

資料：表2-5と同じ。
注：「農業経営基盤強化促進法（旧農用地利用増進法）」の利用権設定面積は1972年以降，
　　また利用権の終了面積は1982年以降である。

第2章　農地の基本動態と農地諸問題

地域の整備に関する法律（「農振法」）の改正により事業化され，1980年に農用地利用増進法として法制化され，同法は1993年農業経営基盤強化促進法に引き継がれる。しかし，大阪では農地の基盤整備が進んでいないこと，都市化地帯でもあり施設型・集約型農業を中心にしていること，土地利用型の担い手が不足していることなどから，「利用権設定」も総じて低調であるといえる。各年末の大阪府の利用権設定のストック面積は，1990年代以降おおむね100ha前後で推移しているとみられている。なお，1970年代後半からの「使用貸借権設定」面積の増加は，主に農業者年金制度にかかわる経営移譲年金受給のための貸借（世帯間での貸借中心）が主な理由である。

　上述のように，農地貸借は低調といえるが，ここで，農業センサスより借地（小作地）面積の動向をみておくことにしよう（**表2-9**，参照）。それによると，借地（小作地）面積は1950年当時6,191haであったものが，1980年になると752haへと大幅に縮小しており，借地率も14.4％から4.1％にまで低下している。同様に，借地農家（小作農）も全農家のなかで約4割から1割程度に減じている。ただ，1990年代の借地面積は800haから900ha台へと増

表2-9　借地（小作地）面積と借地率・借地農家率の動向〈大阪府・全国〉

単位：ha，%

年次	大 阪 府			全国		
	借地面積	借地率	借地農家率	借地面積	借地率	借地農家率
1950年	6,191	14.4	(38.2)	660,067	10.7	(37.6)
1960年	3,232	9.1	(22.1)	353,485	6.7	(24.5)
1965年	2,155	7.2	(17.0)	274,111	5.3	(19.7)
1970年	1,863	7.4	18.9	296,785	5.8	27.0
1975年	996	5.0	11.6	245,412	5.1	20.4
1980年	752	4.1	8.3	262,694	5.6	16.9
1985年	744	4.5	6.3	320,931	7.0	18.9
1990年	825	5.7	8.1	411,237	9.4	20.5
1995年	803	6.5	13.6	510,618	12.4	22.1
2000年	947	8.4	17.1	627,979	16.2	25.4

資料：農林水産省「農業センサス」各年，より作成。
注：1）借地率＝借地面積÷経営耕地面積×100，借地農家率＝借地農家数÷総農家数×100により算出した。
　　2）1950年，1960年，1965年の借地農家率は，自小作・小自作・小作農家を対象にしており，農地借入のある一部の自作農家（所有農地割合90％以上）は含まれていない。
　　3）全国数値には，1970年以前は沖縄県を含まない。

加の気配をみせ，借地率もやや高まる傾向にある。これに対し，全国では
1970年代まで借地率は低下傾向を示していたが，1980年前後を境にして上昇
に転じ，面積も大幅に増加している。このことは貸借による農地流動化の進
行が伺い知れるとともに，全国的には貸借を基軸に借地型農業の展開がみて
とれよう。

　ところで，賃貸借にともなう小作料は，1970年の農地法改正まで統制小作
料制が適用されていた。大阪では新たな賃貸借が少ないなかで，そのほとん
どが農地改革残存小作地に適用されていたとみられる。ここで，1960年・61
年当時の小作料の設定状況をみると，「田畑ともに95％以上公定（統制）小
作料が守られている」[19]と報告されているように，統制小作料制の遵守度
合は高かったようである。統制小作料制が廃止（ただし，従前の小作地は
1980年まで最高額統制が継続）されたあとは，市町村農業委員会が標準小作
料を定めることになり，大阪では1980年までに全ての農業委員会で標準小作
料が策定されていた[20]。ちなみに，1998年の大阪府下の標準小作料は，中田
10a当たり，1万4,000円～2万2,000円の範囲内である。なお，この標準小作
料制度は2009年農地法改正により廃止され，現在は参考小作料の提示制度に
移行している。

　以上のように，かつて大阪府は都道府県のなかで小作地率（借地率）がも
っとも高かったが，その後の解消にともなって，面積および率ともに小作地
は大幅に減少している。農地流動化政策の展開にもかかわらず，大阪では農
地貸借の進行はあまりみられず，次に検討する農業外への流動化（農地転用）
がむしろ支配的である。

4）農地転用の動向と特徴

　本章の第1節で述べたように，戦後の大阪における農地動態のなかでもっ
とも特徴的なことは，膨大な農地がかい廃（農地転用）されたことである。
大阪における農地問題の核心は，まさにこの農地の転用問題といっても過言
ではない。

第2章　農地の基本動態と農地諸問題

表2-10　農地転用面積の推移（大阪府）

単位：ha，（　）は件数

年　次	転　用 面積計	農地法 許可・届出	4条転用	5条転用	許可・届出 不要
1947～49 年	228	―	―	―	―
1950～54 年	1,065	[449]	―	―	[114]
1955～59 年	2,775	2,538	[187]	[1,689]	265
1960～64 年	6,785	5,961	754	5,205	823
1965～69 年	7,415	6,126	1,343	4,785	1,289
1970～74 年	6,376	5,119	1,528	3,590	1,257
1975～79 年	2,883	2,207	994	1,213	676
1980～84 年	2,338	1,742	802	940	597
1985～89 年	2,065	1,828	950	878	237
1990～94 年	2,532	2,280	1,496	784	252
1995～99 年	1,523	1,327	767	560	196
1960～99 年 合計	31,917 〔100.0〕	26,590 〔83.3〕 (361,322)	8,634 〔27.1〕 (143,323)	17,954 〔56.2〕 (218,189)	5,327 〔16.7〕
累計	35,985 〈47～99 年〉	29,577 (388,541) 〈53～99 年〉	8,821 (146,739) 〈57～99 年〉	19,423 (237,727) 〈57～99 年〉	5,706 〈53～99 年〉

資料：表 2-5 と同じ。
注：1）1955 年の農地転用面積は許可関係のみである。
　　2）［　］内は，以下のとおり。「農地法許可・届出」および「許可・届出不要」は 1953
　　　　年以降。「4 条転用」と「5 条転用」は 1957 年以降である。
　　3）累計の欄は各項目ごとの合計で，転用面積の計とは一致しない。
　　4）1960～99 年の合計の〔　〕内は構成比％である。

　表2-10は，戦後大阪府下の農地転用の動向をみたものである。それによ
ると，1947年から99年にかけての転用累計面積は3万5,985haであり，単純
計算ではあるが，農地改革当時の農地面積の約8割にあたる。5年ごとの転
用面積の合計では，1960年代前半・同後半と70年代前半が多く，新都市計画
法の施行にともなう「線引き」直後の70年代前半は，60年代に匹敵する農地
転用がみられた。しかし，1970年代後半以降は，減少ないしは横ばい傾向を
示している。

　ここで比較が可能な1960年から99年をみると，「許可・届出」が83.3％，「許
可・届出不要」が16.7％を占めている。「許可・届出」が多いが，その主流
は「5条転用」（56.2％）である。「許可・届出不要」の多くは，権利移動を
ともなう公共関連転用であるため，性格的には「5条転用」に近いと考えら

59

れる。この「5条転用」と「許可・届出不要」の合計は，全体の4分の3近くを占めており，非農家主体による利用転換とみなしうるものである。しかし，その動向には，注目すべき特徴がみられる。それは，「5条転用」と「許可・届出不要」の面積が低下傾向にあるのに対し，「4条転用」の面積が1980年代前半を境にして増加に転じていることである。それらのより詳細な分析は，第3章で行うこととするが，「4条転用」の面積増加は農地転用における質的変化の一端を読みとることができる。

　以上のように，農地の基本動態を，所有権移転動向，貸借動向，転用動向という3つの側面から検討してきたが，端的にいえば，それは農地の利用転換を基調にしたところの都市的土地市場の拡大に影響された農地動態（農地の商品化）といえるものである。そこで次節では，新都市計画法による「線引き」以前，「線引き」以後に分け，地価動向も踏まえながら農地をめぐる諸問題について言及することにしたい。

3．農地価格の動向と農地諸問題

（1）新都市計画法・「線引き」以前の動向

1）農地価格の動向

　1950年の土地台帳法の改正により賃貸価格制度が廃止されるのにともなって，農地価格の統制も失効することになった。これにより，1941年以来，統制下にあった農地価格は，農業収益と農地の需給事情（農地市場）に規定されて基本的に決まることになる。しかし，戦後のとくに高度経済成長期以降の工業重視・農業軽視のもとでの都市拡大と無秩序な地域開発の進行は，新たな土地需要を創出しながら地価を際限なく上昇させる。農地かい廃が著しい都市地域を中心にして，農地価格（転用価格）も高騰し，それが周辺の農村地域の農地価格にも波及しながら価格を上昇させる。大阪における農地価格も，都市の膨張と都市開発が活発化する時期とまさに歩調を合わせながら上昇をみせるが，以下では，新都市計画法施行にともなう「線引き」以前の

第2章　農地の基本動態と農地諸問題

表2-11　農地売買価格（耕作目的・転用目的）の動向〈大阪府・全国〉

単位：千円／10a，（　）内は全国(100)対比

年次	大阪府						全国		
	耕作目的（中田）				転用価格（田）		耕作目的（中田）		転用価格（田）
	自作地価格		小作地価格				自作地価格	小作地価格	
1956 年	159	(108)	100	(103)	455	(153)	147	97	297
1957 年	212	(136)	136	(130)	438	(145)	156	105	301
1958 年	264	(156)	164	(146)	862	(233)	169	112	370
1959 年	314	(175)	211	(177)	773	(195)	179	119	395
1960 年	480	(242)	331	(261)	1,256	(277)	198	127	453
1961 年	1,182	(499)	749	(490)	2,587	(481)	237	153	537
1962 年	1,316	(516)	1,069	(648)	3,313	(523)	255	165	633
1963 年	1,601	(591)	—	(　—)	3,397	(488)	271	176	696
1964 年	2,465	(740)	1,581	(712)	4,245	(494)	333	222	860
1965 年	3,341	(974)	1,885	(842)	5,152	(415)	343	224	1,242
1966 年	3,816	(999)	2,145	(883)	6,204	(423)	382	243	1,467
1967 年	5,175	(1054)	2,815	(911)	7,935	(437)	491	309	1,816
1968 年	6,303	(1028)	3,580	(913)	9,289	(425)	613	392	2,185
1969 年	8,773	(1126)	4,829	(980)	12,729	(461)	779	493	2,760
1970 年	12,449	(1218)	6,532	(1060)	18,681	(541)	1,022	616	3,452

資料：全国農業会議所「田畑売買価格累年統計」1975 年，より作成。
注：1）耕作目的の「自作地価格」は自作地を自作地として売る場合の価格，「小作地価格」は貸付小作地をその小作人に売る場合の価格，「転用価格」は使用目的変更（転用）の売買価格である。
　　2）大阪府の「自作地価格」「小作地価格」の1956～64年は，近畿都市地域の価格であり，1965年以降は大阪府の平均価格である。
　　3）大阪府の「転用価格」の1956～64年は，近畿都市地域で公共転用を除く平均価格であり，1965年以降は大阪府の住宅転用平均価格である。全国平均の「転用価格」も1956～64年は公共転用を除く平均価格，1965年以降は住宅転用平均価格である。

農地価格の動向について検討することにしよう。

　表2-11は，大阪府の耕作目的の自作地価格と小作地価格，それに転用価格の動きをみたものである。それによると，第1に，耕作目的と転用目的という全く異質な価格の存在が確認できること，第2に，転用価格は1960年前後を基点にして急上昇していること，それに引きずられて，第3に，耕作目的の自作地価格，小作地価格も同様に上昇していること，第4に，全国の農地価格（転用価格）に比べ大阪府はきわめて高いことが注目される。そして，「線引き」当時の1970年には，10a当たりの自作地価格は1,245万円，小作地価格は653万円，また転用価格は1,868万円となり，全国対比でもその差が拡大しており，なかでも自作地価格は12倍の開きが生じている[21]。

61

なお，小作地価格は自作地価格のほぼ半分の水準で推移しているが，その価格差が耕作権に付随する離作補償額を意味していると考えられる。この小作地価格も本来の小作料に基づき形成される土地価格水準に比べれば著しく乖離しながら上昇しているといえる[22]。

２）農地価格の高騰要因

　戦後日本の地価高騰の特徴を概観すると，３つの画期がある[23]。すなわち，第１次地価高騰期が高度経済成長初期の1960年代前半であり，第２次地価高騰期が高度経済成長末期の1970年代前半である。そして，第３次地価高騰期がいわゆるバブル期の1980年代後半である。この地価高騰の特徴としては，第１次の地価上昇率がもっとも高位とされるとともに，第１次は工業地価格において，第２次は住宅地価格において，第３次は商業地価格において，それぞれの上昇率がもっとも高いという傾向をもつ。大阪府下の農地価格もほぼこの特徴に即して上昇しているが，なかでも1960年代前半に急上昇をみせている[24]。以下では，農地価格の高騰要因について農地転用との関連性に着目して検討することにしたい。

　耕作目的で売買される農地価格は，理論的には，通常その土地を所有することによって入手される所得額（土地純収益：地代）を，一般利子率で除した額（「収益還元価格」）で算出されるが，前掲表2-11に示された農地価格は，明らかにそのこととは無関係に際限なく上昇している[25]。それを，まず図2-4から確認しよう。

　この図は，大阪府下全市町村について1960年代における農地転用率と1970年の農地価格・転用価格の関連性をみたものであるが，その相関は一目瞭然であろう[26]。すなわち，農地転用率が高い市，たとえば，大阪市，東大阪市，豊中市，吹田市などはいずれも転用価格が高水準であり，同様に農地価格も高水準であることがわかる。それに対して，農地転用率が相対的に低い町村での転用価格と農地価格は，ともに大阪府平均をも下まわる位置にある。

　このように，大阪における農地価格の高騰は，農業の内的要因，すなわち

第2章 農地の基本動態と農地諸問題

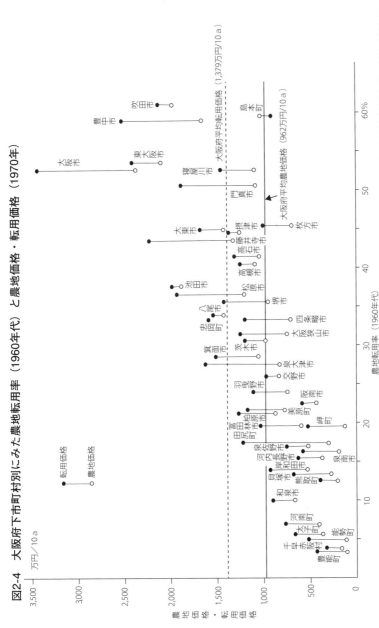

図2-4 大阪府下市町村別にみた農地転用率（1960年代）と農地価格・転用価格（1970年）

資料：農林水産省「農業センサス」1970年、大阪府農林部「大阪府耕地異動調査」各年、農林省大阪統計調査事務所「大阪農林水産統計年報」1960年より作成。
注：1）農地転用率は、1960年代農地転用面積÷1960年耕地面積×100で算出。なお、「農業センサス」には守口市の農地価格・転用価格、忠岡町の農地価格の記載がない。
　　2）農地価格は耕作目的の自作地価格、転用価格は宅地用のいずれも田である。

表2-12　高度経済成長期大阪府下の主要な開発事例
（地域開発・住宅開発・道路開発等）

年次	大阪府下の主要開発事例
1955 年	堺臨海工業地帯造成事業開始 阪名道路工事着手
1957 年	名神高速道路整備計画決定
1960 年	長期幹線道路計画として「十大放射三環状線計画」策定 〈十大放射線〉第2阪神国道，大阪池田線，御堂筋線，十三高槻線，大阪 　　上野線，築港枚岡線，名阪道路，大阪千早線，松原和泉大津線，第2阪 　　和国道。 〈三環状線〉大阪内環状線，大阪中央環状線，大阪外環状線
1962 年	阪神高速道路1号線外3路線都市計画決定 泉北臨海工業地帯造成事業開始
1963 年	名神高速道路（栗東～尼崎間）開通
1964 年	千里ニュータウン都市計画決定（1,160ha）
1965 年	泉北ニュータウン都市計画決定（1,557ha） 金剛東団地都市計画決定（138ha） 日本万国博覧会の開催決定（1967年会場・関連事業開始）
1967 年	東大阪流通業務地区・団地都市計画決定（48ha）
1968 年	北大阪流通業務地区・団地都市計画決定（73ha）
1970 年	鶴山台団地都市計画決定（78ha） 光明池団地都市計画決定（128ha）

資料：大阪府土木部『60年のあゆみ』1989年，より作成。

農業収益をベースに形成されるのではなく，農業外的要因，つまり都市的土地市場の包摂としての農地転用の影響のもとで引き起こされているといえる。

　そこで，1960年代には，大阪府下でどのような都市開発・地域開発が進められていたのか，その実情をいま少し検討しよう。表2-12は，大阪府下における高度経済成長期の主要な開発事例をとりまとめたものである。それによると，工業団地や流通団地の整備，主要幹線道路・高速道路の建設・整備，住宅団地の造成，万博関連事業の整備など，大阪府下各地で大規模かつ広範囲に都市開発・地域開発が展開されているが，それらが主に1960年代に集中している。都市の膨張と拡散は，上述のような開発政策を引き金にしながら進行し，それが農地転用の激化と転用地価の高騰を誘引し，その影響を受けるかたちで農地価格も高騰するという価格形成メカニズムになっている。

　ところで，高度経済成長期の都市開発・地域開発は農業・農村地域の存立に配慮することなく進行したため，大阪府下各地では開発の是非とそのあり方をめぐり農民との間に激しい対立と軋轢も生まれた。その動向は，大阪府

の土地収用法の申請件数（非農地も含む）からも伺い知れる。それは，1960年代後半から1970年代前半に集中しており，この10年間で1,384件にものぼったのである[27]。それは，1976年までの累計分1,520件の91.0％に当たる。農民の組織的な抵抗運動は，千里ニュータウン（1964～70年：計画人口15万人）や泉北ニュータウン（1965～83年：計画人口18万人）などの大規模住宅開発地域でみられ，土地を買収される農民は，計画区域の縮小，営農継続の保障，買収価格の引き上げなどといった要求を掲げて，激しい抵抗運動を繰り広げた[28]。これらの運動は，結果的には農民の要求を一定程度受け入れるかたちで終息したものの，開発計画そのものを撤回するには至らなかった。

（2）新都市計画法・「線引き」以降の動向

1）「線引き」以降の農業・農地の動向

　都市の肥大化は，スプロール現象とともに，住宅難・交通難，公害の発生，農村・農地の荒廃化などさまざまな問題を引き起こしながら，都市問題・土地問題をいっそう深刻化させた。このような問題状況を受けて，都市の健全な発展と秩序ある整備をはかることを基本理念として制定されたのが，新都市計画法である。新都市計画法は1968年に制定[29]され，翌年6月14日に施行されたが，同法の制定・施行は，大阪農業にきわめて大きな影響をもたらした。

　新都市計画法は，整備，開発，保全を必要とする区域について都市計画区域に指定し，その区域を市街化区域と市街化調整区域に区分して，その区分に応じて整備，開発，保全することを目的としている。市街化区域は既成市街地およびおおむね10年以内に優先的かつ計画的に市街化をはかるべき区域とし，市街化調整区域は市街化を抑制すべき区域として，それぞれの区域に応じた開発許可制度（開発行為の制限）を設定したのである（**表2-13**，参照）。そして，農地転用制度では，農林漁業の調整を了した地域として市街化区域を許可制から届出制とし，市街化調整区域は引き続き許可制としたのである。

　このような都市計画制度のもとで，大阪府は「線引き」作業を開始し，

表 2-13　都市計画における土地利用規制の概要

	線引した都市計画区域	
	市街化区域	市街化調整区域
規制の目的	都市の健全な発展と秩序ある整備	
	無秩序な市街化の防止及び計画的市街化	
	優先的計画的市街化の推進	市街化の抑制
規制の態様	①開発行為（主として建築物の建設の用に供する目的での土地区画の形質の変更）の規制	
	②用途地域における建築規制 ③農地転用は届出制	②農地転用は許可制（市街化調整区域許可基準）
適用除外	①1,000m² 未満のもの ②国県等の行うもの ③公益上の必要な建築物の建築の用に供するもの	①国県等の行うもの ②公益上の必要な建築物の建築の用に供するもの ③農林漁業の用に供する一定の建築物並びに農林漁業者住宅の用に供するもの
許可基準	①用途地域等の目的に適合するもの ②排水施設等の構造能力が適当であること ③地盤対策について安全であること ④用途地域の目的を害するおそれがないこと又は公益上やむをえないもの	①原則開発行為規制，但し以下のものは例外的に認める ・日常生活用品等の販売のための店舗等の建設の用に供するもの ・一定の農林水産物の処理に必要な建築物の用に供するもの ・開発区域面積 5 ha（かつて 20ha）以上の開発で一定のもの

資料：大阪府農林部「資料」1982 年，より作成。

1970年6月20日に区域区分を画定した。その結果は，大阪府面積（18万5,547ha）の92.1％にあたる面積が都市計画区域（17万944ha）に編入され，そのうち市街化区域は8万6,169ha（46.4％），市街化調整区域は8万4,775ha（45.7％）となった[30]。大阪府における「線引き」の特徴としては，府域のほとんどが都市計画区域に編入されたこと，それも府域面積の約半数が市街化区域に設定されたことである。この「線引き」により，大阪府の農業と農地はどのような区域に組み込まれたのであろうか。

表2-14は，「線引き」直後の区域区分別にみた農家数と耕地面積の状況である。それによると，農家と耕地のほとんどが都市計画区域内に編入され，そのうち市街化区域には農家の59.4％，耕地の45.2％が，また市街化調整区域には農家の37.4％，耕地の49.5％が入ることになった。また，作目別（作付面積）では，水稲の55.9％，野菜の69.9％，果樹の8.7％，花き・植木の32.4％が市街化区域に取り込まれる結果となった[31]。作物のなかでは比較的平坦地に多い野菜と水稲のウエイトの高さが注目される。

第2章　農地の基本動態と農地諸問題

表2-14　新都市計画法「線引き」当時の区域区分別農家数・耕地面積の状況
（大阪府：1970年）

単位：戸，ha

| | | 合計 | 都市計画区域内 | | 都市計画区域外 |
			市街化区域内	市街化調整区域内	
	専業	6,550	3,359	3,052	139
	第1種兼業	9,124	4,466	4,385	273
	第2種兼業	49,904	31,135	17,059	1,710
農家数合計		65,578 (100.0)	38,960 (59.4)	24,496 (37.4)	2,122 (3.2)
	田	25,000	13,095	19,759	1,146
	畑	1,720	1,011	668	41
	樹園地	5,180	308	4,357	515
耕地面積合計		31,900 (100.0)	14,414 (45.2)	15,784 (49.5)	1,702 (5.3)

資料：大阪府農林部耕地課「大阪の土地改良」1972年，より作成。
注：1）農家数は大阪府農業調査結果（1970年2月），耕地面積は農林省近畿農政局大阪統計情報事務所（1969年12月）の調査結果に基づき大阪府農林総務課が推計したものである。
　　2）（　）内は構成比・％である。

　以上のように，大阪農業の大半が都市計画区域に編入され，また農家の約6割，農地の約半数が市街化優先の区域に入ることになった。このようななか，市街化区域内で営農する農家は，農業継続の見通しと固定資産税（都市計画税含む）の取り扱いに強い不安を抱いたのであるが，その不安は現実となり，「線引き」後わずか数年にして農地の宅地並み課税が強行実施される。

2）区域区分別にみた農地問題の特徴

①市街化区域内における農地問題の特徴

　膨大な農地が市街化区域に編入された要因としては，主に次の3点が考えられる。第1に，農地転用は許可制から届出制に緩和され，農地の利用転換に規制がかからなくなったこと，第2に，宅地並み課税の実施はないという農家意識が広がっていたことである[32]。そのような状況認識のなかで，少なくない農家が市街化区域への編入を希望したという側面は否定できないとしても，第3に，行政サイドが都市の肥大化を過大に予測したことも見逃せない事実である。その背景には，「線引き」当初においても高度経済成長路線を下敷きに大阪府都市計画ビジョンを描いていたからである。すなわち，

1985年の大阪府人口予測を960万人と見込んでいたが，実際には870万人であって，約90万人の大幅な誤差が生じていたのである[33]。そのため，市街化に必要な農地転用面積をかなり多めに見積られたことは否定しがたく，結果として市街化区域に過大な農地が取り込まれたといえる。

　市街化区域内における農地問題とは，次のように整理することができる。

　第1には，都市計画制度に基づく「線引き」により市街化区域が広範囲に設定され，それに応じて過大な農地が同区域内に編入されたことである[34]。そのことは，「線引き」後25年以上も経過した1996年においてさえ，大阪府下では約5,000ha（「線引き」直後の約35％）の農地が市街化区域内に残存していることからも明らかである。

　第2には，市街化区域の設定の段階で，農地法の基本ともいうべき農地の転用規制（「許可制」）が，市街化区域内において「届出制」に改変されたことである。農地転用規制がめざす本来の「農地そのものの維持・防衛と農業の確立そのものを保障しているという役割」からみて，農地行政にとっては重大な後退ともいうべき改変であった[35]。この改変により，売却・利用転換が「自由」な市街化区域内農地は，都市の土地市場に包摂されることになった。

　さらに第3には，線引きが完了した数年後，土地・住宅政策の有効手段として農地の宅地並み課税が強引に実施され，強化されたことである。ただし，これについては，関係する農民および農業諸団体の猛烈な反対運動と，地方自治体などの理解[36]によって，宅地並み課税「還元制度」が生まれ固定資産税の軽減がはかられた（表2-15，参照）。その後は，地方税法改正による宅地並み課税「減額措置」制度（1976〜81年度），「長期営農継続農地」制度（1982〜91年度）へと軽減措置は引き継がれる。

　これらの軽減措置は，一定要件のもとで営農意欲のある農家にとっては重税から免れるものの，市街化区域内の農業・農地を長期的・計画的・安定的に保全する措置としては限界をもっていたといえる。その限界とは，第1に，宅地並み課税の根本的な見直しがなされていないこと，第2に，営農を支援

68

第2章　農地の基本動態と農地諸問題

表 2-15　市街化区域内農地をめぐる税制・制度の経過（1992 年まで）

年次	税制および制度の動き	備　考
1968 年	新都市計画法制定（6/15）	
1969 年	新都市計画法施行（6/14）	
1970 年		・大阪府で都市計画に基づく市街化区域，市街化調整区域の線引き決定（6/20）。
1971 年	昭和 46 年度地方税法改正（3/24） 　A 農地は昭和 47 年度，B 農地は 48 年度，C 農地は 51 年度から全国を対象に宅地並み課税実施。	
1972 年	昭和 47 年度地方税法改正（3/31） 　A 農地の宅地並み課税を 1 年間見送り。	
1973 年	昭和 48 年度地方税法改正（4/25） 　三大都市圏特定市の市街化区域内の A 農地は 48 年度，B 農地は 49 年度から宅地並み課税実施。C 農地および三大都市圏以外の市街化区域内農地の取り扱いは 51 年度に向け検討。	・大阪府の関係市では，課税対象農地に対して宅地並み課税「還元制度」を実施（市が宅地並み課税と農地課税の差額分を農業者に還元する措置）。
1974 年	生産緑地法制定（5/27）	
1975 年	租税特別措置法改正（3/31） 　「農地等相続税納税猶予制度」を創設。	
1976 年	昭和 51 年度地方税法改正（3/31） 　地方自治体の宅地並み課税「減額措置」を 3 年間に限り制度化。	・大阪府の関係市では，「減額」条例を制定し制度実施。「減額措置」適用対象外農地に対しても市独自の「農業緑地保全制度」を創設。
1979 年	昭和 54 年度地方税法改正（3/31） 　「減額措置制度」を 56 年度まで延長。	
1982 年	昭和 57 年度地方税法改正（3/31） 　三大都市圏特定市の市街化区域内農地に対して宅地並み課税実施（3.3m² 当たり評価額 3 万円未満の農地を除く）。「減額措置」制度をやめ「長期営農継続農地」制度（宅地並み課税徴収猶予制度）を創設。	・大阪府の関係市では，「長期営農継続農地」の申告・認定を実施。
1991 年	平成 3 年度地方税法改正（3/26） 　「長期営農継続農地」制度を 1991 年末で廃止。改正される生産緑地法により，「生産緑地地区」農地は農地課税，「生産緑地地区」外農地は平成 4 年度以降宅地並み課税。 租税特別措置法改正（3/30） 　「農地等相続税納税猶予制度」を改正し，1992 年以降「生産緑地地区」農地（都市営農農地等）に限り制度継続。ただし，終生営農を条件。 生産緑地法改正（4/19），同施行（9/10）	・大阪府で「生産緑地地区」指定希望の申し出受付（10/21～12/20）。その後再受付（1992 年 3/18～3/31）。
1992 年		・大阪府で「生産緑地地区」指定（指定告示：8/18，11/30）

注：1）法律では A，B，C 農地の名称はなく，便宜的に使用されている。それによれば，3.3 m² 当たり「A 農地」は宅地の平均価額以上（単価評価額 1 万円未満除く）または 5 万円以上の農地，「B 農地」は宅地の平均価額の 2 分の 1 以上で平均価額未満の農地（単位評価額が 5 万円以上の農地および 1 万円未満の農地を除く），「C 農地」は宅地の平均価額の 2 分の 1 未満または 1 万円未満の農地である（地方税法附則 19 条の 3）。
　　　2）「減額措置」制度とは市長が農地課税審議会の議を経て条例の定めるところにより農地の宅地並み課税を減額することができるという制度である。また，「長期営農継続農地」制度とは，宅地並み課税のうち「長期営農継続農地」として市長の認定を受けた農地に対し，各年度の税額と農地課税相当額との差額を徴収猶予し，5 年ごとに引き続き市長の認定を受けたときは，当該期間に係る差額相当額分の納税を免除する，という制度である。

69

し助長する措置（農業振興・農家支援策）が準備されていないこと，第3に，農地の計画的保全・利用は担保されていないこと（農家の転売・転用の自由が優先）といった点が指摘できよう[37]。

いずれにしても，以上のような税の軽減措置を受けた市街化区域内の都市農家は，押し寄せる都市化の波と営農環境の悪化に常に悩まされながらも，農地を所有し利用を継続することになる。

②市街化調整区域内における農地問題の特徴

大阪の農業・農地は，区域区分別では市街化区域と分け合うかたちで，農家の約4割，農地の約半数が市街化調整区域に組み込まれた。市街化調整区域は，市街化を抑制すべき区域ではあるが，「線引き」の見直しによっては市街化区域に編入されうる区域でもある。

新都市計画法は，「線引き」の基本方針のなかで，市街化区域に含めない農地としては，①団地規模が20ha以上の集団的優良農地（地域平均以上の収量），②国の直轄・補助による土地基盤整備事業の実施中または完了した農地（ただし，施行後5年，新都市計画法後は8年を除く），③農林漁業の維持保全施設用地の3つを明記している。そして，つとめて市街化区域に含めない農地としては，①20ha以上の集団的農地をはじめとして，②農林漁業金融公庫の融資事業の実施・完了地区，③野菜生産出荷安定法の指定産地地域，④土地基盤整備事業を計画中の地区等農林漁業関係施策対象農地などとしている。それはいい換えれば，上記の農地は市街化調整区域に含める農地であり，それ以外の農地は，宅地化すべき農地として市街化区域に含めることを新都市計画法は掲げたともいえる。

大阪府下の農地は，総じて区画が零細であり分散化していること，都市化・スプロール化の影響により集団農地が少ないこと，ほ場整備など土地基盤整備が進んでいないことなどから考えると，市街化調整区域への編入条件はかなり厳しい状況にあったともいえる。このため，大阪府では市街化調整区域には，開発が見込めない農地を中心に設定することとし，それは主要な果樹

地帯（ミカン・ブドウなど），野菜地帯（指定産地・特定産地）に加え，山間部の水田地帯などが市街化調整区域の主な構成地域となった。

市街化調整区域内での開発行為は，市街化を抑制する立場から制限されているとはいえ，開発規制除外を認めていることなど農地保全にとっては見過ごせない問題点として指摘できる（前掲**表2-13**，参照）。たとえば，国や都道府県等公共団体が行うもの，公益上必要な建築物の建築に要するもの（中小企業団地，危険物の貯蔵場，ゴミ・し尿処理場など）のほかに，とくに注目されるのは20ha以上（その後の基準は 5 ha以上）の大規模開発（宅地開発など）も運用上は許可される。このことは，公共関連施設や大規模な住宅開発など地価の相対的に安い市街化調整区域内への進出に道を開いているという点で，農地を保全するうえで大きな問題を残すことになった。このように，農地転用が制限されるべき地域とはいえ，現実には転用が進行しているのである（第 3 章および補論Ⅰ，参照）。

ところで，農政サイドの「領土宣言」ともいわれた農業振興地域の整備に関する法律（以下，「農振法」）が制定されるのは，新都市計画法より 1 年遅れの1969年である。農振法は，一定の地域を農業の振興をはかるべき地域として明確化し，都市計画との調和をはかりながらその地域の農地を確保し，集中的に公共投資などの施策を講じることを目的にしている。法律では，都道府県知事は農林大臣の承認を受けて農業振興地域整備基本方針を策定し，この方針に基づいて市町村と協議のうえ，農業振興地域を指定し，市町村は知事の認可を受けて農業振興地域整備計画（農用地区域，生産基盤の整備・開発，近代化施設整備など）を定めることとされている[38]。そして，農業振興地域・農用地区域の農地に対しては，原則農地転用を認めないことにしている。

市街化区域は農業振興地域に含めることができないため，大阪府下では，当初から対象となる地域が限定されるなかで地域指定が行われた。大阪府の農業振興地域整備基本方針は1971年 3 月15日に告示され，同年に豊能町と千早赤阪村がはじめて農業振興地域に指定された[39]。1970年代半ばには合計16

71

地域（16市町村）が指定され，指定面積は 2 万3,862ha（うち農用地面積
1 万873ha），そのうち農用地区域の設定面積は4,217ha（うち農用地
4,134ha）となった。「線引き」直後の時点では，市街化区域内の農地面積よ
りも，農業振興地域内の農地面積の方が少なかったのである。その後，1979
年に堺市，1985年に枚方市，1997年に八尾市が地域指定され，2004年度時点
では19地域（21市町村）に達している[40]。この農業振興地域・農用地区域の
農地は，大阪農業の重要な生産基盤を構成しているが，そのほとんどが市街
化調整区域とオーバーラップしていること，都市部の農地かい廃にともなう
「代替取得」の対象地になっていること，土地利用の規制緩和が一貫して進
行していることなど，同地域の農地の維持・保全を進めるには課題も少なく
ない。

　かくして，大阪府下には，新都市計画法の制定とその後の線引きによる都
市計画区域（市街化区域・市街化調整区域）の設定，さらに農振法の制定に
よる農業振興地域（農用地区域）の指定が相次いで行われ，土地の利用と規
制を軸にさまざまな適用を受ける農地が作り出されることになった。次項で
は，区域区分別にみた農地の価格動向とその特徴について述べることにした
い。

3）区域区分別にみた農地価格の動向と特徴

　図2-5は，新都市計画法の施行にともなう「線引き」後の農地価格と転用
価格の動向を，市街化区域内（耕作目的，転用目的）と市街化調整区域内（耕
作目的：農用地区域内と農用地区域外，転用目的）に分けて合計 5 つの価格
の動きをみたものである。それによると，1990年代に入る頃まではすべての
価格において上昇がみられ，とりわけ第 3 次地価高騰期（1980年代後半以降）
における上昇傾向が注目される。しかし，バブル経済の崩壊以降は，価格が
下落しているものの，その価格水準は，依然として高位である。たとえば，
2000年の農地価格（耕作目的：田）は，10a当たり農用地区域内で2,177万円，
農用地区域外（市街化調整区域内）で4,496万円である。新都市計画法の「線

第2章 農地の基本動態と農地諸問題

図2-5 「都市計画」線引き後の農地売買価格（大阪府：区域別耕作目的・転用目的）の動向

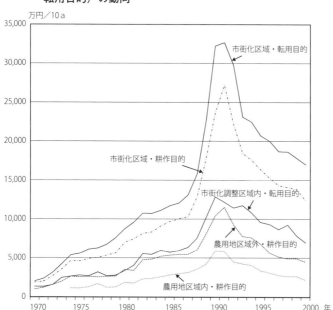

資料：全国農業会議所「田畑売買価格等に関する調査結果」各年，より作成。
注：1）都市計画の線引きが完了した市町村の集計結果である。いずれも田で，農用地区域内外は市街化調整区域で農業振興地域内である。
　　2）耕作目的は自作地を自作地として売る場合の価格であり，転用目的は使用目的変更による住宅用価格を取りあげた。

引き」以前から農業内部の論理（農業収益）からかけ離れて都市地価の論理で農地価格が変動していたことはすでに述べたが，その後の動向もそのことをより色濃くしているといえる。

　ここで，図2-6をみよう。これは，大阪圏の全用途平均公示価格と大阪府下の農振・農用地区域内及び農用地区域外（いずれも市街化調整区域内）の農地価格の対前年変動率の動きをみたものである。その特徴は，1970年代は公示地価に比べ農地価格の変動幅が比較的大きく上下に揺らいでいたが，1980年代になると，ほぼ軌を一にして変動していることが明らかである。このように，大阪府下の農地価格は，まさに都市地価（転用価格）に強く影響を受けながら変動しているのである。

73

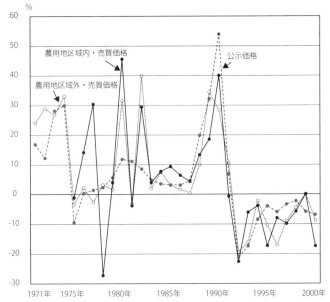

図2-6 農地売買価格と公示価格の対前年変動率の推移（大阪府）

資料：全国農業会議所「田畑売買価格等に関する調査結果」各年，国土庁土地鑑定委員会編「地価公示」各年，より作成。
注：農用地区域内外の売買価格は，都市計画の線引きが完了した市町村の集計結果で，市街化調整区域で農業振興地域の整備に関する法律（農振法）にもとづく農用地区域内と農用地区域外の耕作目的の売買価格（田：10aあたり）である。また，公示価格は全用途平均で大阪圏の価格である。

　以上のように，利用目的が異質な農地価格と転用価格が並進して上昇し，下落している事態が，むしろ異常といわなければならない。農地価格の上昇と高価格化は，農業収益の悪化と農業の将来展望が不安定化するなかで，農家の農地所有意識とその利用，したがってまた営農活動や後継者への農地継承に対してもさまざまな影響を与えざるを得ない。そして，そのことは，農地の資産的保有傾向をいっそう高め，本来の農民的な農地の所有と利用意識を著しく変容させるのである。

第2章　農地の基本動態と農地諸問題

注

1）たとえば，宮本憲一「都市経済・財政と土地政策―宅地並み課税をめぐって―」
　　全国農業協同組合中央会『宅地なみ課税をめぐる諸説』1981年，参照。

2）全日農大阪府連20年史刊行委員会『全日農大阪府連20年史』1978年，p.18。

3）畜産については，都市畜産の三大部門として，酪農，養鶏，養豚を中心に都
　　市型畜産の展開がみられた。川島利雄「都市農業における経営問題」南清彦・
　　梅川勉・和田一雄・川島利雄編『現代都市農業論』富民協会，1978年，p.126。

4）米の生産調整（減反・転作）については，需給状況により目標面積も変動す
　　るが，とくに大阪府の目標面積は市街化区域内農地との関係で傾斜配分（「上
　　乗せ」）されている。目標面積のピークは，1998～99年（緊急生産調整推進
　　対策）であり6,100ha（田面積の49.3%）である。

5）廃園対策（「うんしゅうみかん園地再編対策」1988年度）では，大阪府の割当
　　面積は600ha（みかん栽培面積の26.3%）であり，園地再編内容は廃園または
　　植林か，他作物・他果樹への転換であるが，ほとんどが廃園（伐採）対応と
　　なっている。

6）大阪府農林水産部耕地課資料「府下のため池かい廃の推移」1992年。

7）大阪府農業会議『大阪の農業　昭和55年』1980年，p.25。なお，産業排水を原
　　因とするカドミュウム汚染問題が八尾市や大阪市で発生し大きな社会問題を
　　引き起こした。

8）大阪府企画部統計課『大阪の農業』1974年，p.5。

9）大阪府農業会議『不耕作農地実態調査および仮登記農地実態調査結果の概要』
　　1978年。

10）大阪府農業会議『農外資本による買収土地の利用開発実態調査結果（昭和51年）』
　　1976年。ただし，調査報告は24市町村である。その後の農業振興地域内の3
　　事例（3件：61.9ha，15ha，7.1ha）についての追跡調査（仮登記で買収）では，
　　未開発のまま放置されている状況が報告されている（前掲『不耕作農地実態
　　調査および仮登記農地実態調査結果の概要』）。

11）関谷俊作『改訂・体系農地制度講座』全国農業会議所，1994年，p.16。また，
　　農地法・農地制度の沿革，役割などについては，原田純孝『農地制度を考え
　　る―農地制度の沿革・現状と展望』全国農業会議所，1997年，参照。

12）土地とは，「①地球の一部としての自然であり，②人類の発生以前から存在し，
　　③人間にとって存立の絶対的基盤であり，④労働の生産物でなく，⑤有限で，
　　⑥本来，無価値な物」と定義されている。農業制度問題研究会編『土地問題
　　百話』新日本新書，1982年，p.14およびp.19。

13）農林省農地局農地課「農地年報」1960年。

14）特定の事業用資産の買換え特例（1970年1月1日以降）といわれるもので，
　　たとえば，市街化区域内農地（転用）を売却し，市街化区域外農地を取得す

75

る場合に適用される。

15) 松本一実「農地法による所有権移転統制をめぐる諸問題―京都府南部の実態に即して―」『農業法研究』18号，1983年，大阪府農業会議「大阪南部における出入作の実態（調査報告書）」1986年，参照。なお，農地の代替取得であっても現地で積極的に営農している農家も少なくない（大阪府農業会議『「専業的出作農家」の農地利用等に関する事例調査結果（報告書）』1988年，参照。

16) 大阪府農業会議「入作農地等の把握調査（1988年）」によると，市町村外居住者の農地所有面積は耕地面積の約10％に達しており，とくに北河内地区や南河内地区では15％を超えている。

17) 大阪府農業会議「田畑売買価格等に関する調査結果」各年，参照。

18) 農地貸借の形態ではないが，大阪府下では1960年代に農協主導（水稲）の全作業請負（たとえば，「藤井寺農協（方式）」，部分作業受託は1952年以降実施）がみられたのである（大阪府農業協同組合中央会『大阪府下農協における水稲農作業受委託実施事例』1982年，pp.113-114）。なお，統計上での作業委託農家率（水稲）では，全国は60.0％に対し大阪は27.5％である（「1995年農業センサス」）。

19) 大阪府農業会議「田畑売買価格と小作料調査の結果」1956年，p.6。当時の大阪府平均の小作料は10a当たり田1,163円，畑683円であった。

20) 標準小作料制度は，2009年の農地法改正により廃止された。

21) たとえば，大阪府の耕地10a当たりの生産農業所得（農業純生産）は，1960年3.2万円，1970年7.5万円であり，1960年（「100」）対比で1970年は「234」である。これに対し自作地価格は1960年（「100」）対比で1970年は「2593」に上昇している。生産農業所得は，近畿農政局大阪統計情報事務所編「大阪農林水産統計年報」各年による。

22) 小作地価格と農地価格の関連性およびその詳細な動向分析については，硲正夫「農地価格の動向について」『経済学雑誌』第45巻第1号，1961年，pp.1-41，参照。

23) 経済学教育学会『経済学ガイドブック』青木書店，1993年，pp.176-178。

24) 大阪府下耕作目的の自作地価格の各年別上昇倍率は，1960年代18.3倍，70年代2.9倍，80年代2.5倍となっている。また，対前年上昇率では，100％を超えた年は1961年，また50％以上100％未満の年は1960年と64年である。

25) たとえば，1970年当時の大阪府下の10a当たりの土地純収益（地代負担能力）は，米1,421円，タマネギ1万7,944円，秋キャベツ2万4,983円である。仮に利子率5％で資本還元（理論地価）すれば，米の場合は2万8,420円，タマネギの場合は35万8,880円，秋キャベツの場合は49万9,660円となる（前掲「大阪農林水産統計年報」1970～1971年より算出）。

26) 農地価格と転用価格は「農業センサス（1970年）」数値である。前掲**表2-11**の

農地売買価格とは相違しているが，各市町村を分析対象とするため「農業セ
ンサス」数値を用いた。なお，全国の農山村地域では農業収益を基礎に農地
価格の形成がみられる地域も少なくない。

27) 大西敏夫「農業生産基盤の変容と農地の転用動態（第3章）」大阪府農業会議
編『都市農業の軌跡と展望—大阪府都市農業史—』1994年，p.114。

28) 農民の抵抗運動の詳しい経緯については，前掲『全日農大阪府連20年史』を
参照。また，千里ニュータウンなどの開発と農民運動の具体的な事例につい
ては，西野恒次郎『私の言行録　大阪・北摂の農民運動とともに』1993年が
詳しい。

29) 新都市計画法制定の経緯と問題点を分析したものに，石田頼房『都市農業と
土地利用計画』日本経済評論社，1990年，がある。とくに「区域区分制度と「線
引き」の実態（第2章第2節）」を参照。

30) 大阪府農業会議『大阪府農業史』1984年，p.558。また，線引きをめぐる農家・
農業諸団体の動きについては，岡田忠彦他「新「都市計画法」の制定・区域
区分と都市農業（第7章）」前掲『都市農業の軌跡と展望—大阪府都市農業史—』
を参照。なお，大阪府では1996年までに「線引き」見直しを3回（1980年，
1987年，1994年）実施しており，1996年時点では大阪府域面積（189,170ha）
のうち，都市計画区域99.7％，都市計画区域外0.3％となっている。また，都市
計画区域のなかで市街化区域は府域の49.5％，同市街化調整区域は50.2％とな
っている。

31) 大阪府農業会議「近郊農業と地域計画（研究会関係資料）」1973年，p.46より
算定。各数値は，1970年時点の推計値である。

32) 新都市計画法の法案審議（1968年5月10日，参議院農水委員会）の過程で，
建設大臣は市街化区域には宅地並み課税をしないと明言していた（渡辺洋三
『土地と財産権』岩波書店，1977年，p.147，参照）。

33) 前掲『全日農大阪府連20年史』，p.242。

34) 全国的にも必要面積の3倍以上の過大な農地が市街化区域内に囲い込まれた
のである（原田純孝「市街化区域における宅地と農地—都市縁辺部における
宅地開発と農地保全の法制度の理論的検討作業をかねて—（下）」『農政調査
時報』第376号，1988年，参照）。

35) 石井啓雄「農地面積の動向と農地の転用問題」（『国土利用と農地問題（食糧・
農業問題全集11−A）』（今村奈良臣・河相一成編）農山漁村文化協会，1991年，
p.30。

36) 宅地並み課税の実施が確定（1973年度地方税法改正）した時点の市街化区域
内農地の平均課税額を推計（負担軽減措置を経て完全実施年度）すると，10a
当たり「A農地」は1972年度835円から76年度26万8,208円に，「B農地」は1972
年度787円から77年度11万848円に跳ね上がる（大阪府農業会議「農地の固定

資産税関係資料」1975年）。

37）橋本卓爾「宅地並み課税問題と都市農業（第8章）」前掲『都市農業の軌跡と展望—大阪府都市農業史—』，pp.287-289。

38）前掲「新「都市計画法」の制定・区域区分と都市農業（第7章）」前掲『都市農業の軌跡と展望—大阪府都市農業史—』，pp.253-254。

39）なお，1999年農振法が改正され，農林水産大臣の承認とされていた都道府県の農業振興地域基本方針について協議（一部同意）に改められ，また，知事の許可とされた市町村農業振興計画について協議（一部同意付き協議）に改められた。改正の趣旨は，「農政改革大綱」（農林水産省，1998年），「地方分権推進計画」（閣議決定，1998年）による。

40）2004年度の面積は，農業振興地域が3万2,621ha，うち農用地区域面積が5,440haである。

第3章

農地転用の動態と都市農家の特徴

1. 農地転用制度の変遷と仕組み

　農地転用が国家統制の対象とされるのは，第2次世界大戦の戦時経済体制下である。1941年に制定された臨時農地等管理令がそれであり，その主旨は，戦争遂行に必要な国民食糧を確保するために農地のかい廃を極力抑制することにあった（**表3-1**，参照）。具体的には，農地の転用を許可制（地方長官）とし，転用行為を規制することによって，農地の確保・保全をはかることを主眼としたのである。戦後は，臨時農地等管理令の廃止にともなって一時的に転用は自由となったが，改正農地調整法（1946年）の制定で権利移動がともなう転用のみが統制対象となり，次いで第2次農地改革（1947年）で全面的な転用統制が行われる[1]。そして，この転用統制は農地法に引き継がれる（農地転用制度の詳細は補論Ⅰ，参照）。

　戦時経済体制下に創設された農地転用制度は，戦後の農地制度の重要な枠組みの1つとなるが，この転用制度（許可制）は農地を確保・保全し農民経営の安定を保障するうえで重要な意義をもつ。それは，とりわけ都市近郊地帯では，土地利用をめぐって農業的土地利用と非農業的土地利用との競合関係が著しいゆえに，転用規制は農業・農地保全のための防波堤的な役割を果たすのである。

　都市化・工業化が進展し，農地転用が増加基調を示すなかで，農林省は1959年に農地転用許可基準（次官通達）を制定している。この許可基準は，一方で農業外部の土地需要の要請に一定程度応えつつも，他方で農業内部の

79

表 3-1 戦前・戦後の農地転用制度の変遷〈関係法令・通達関係〉
（新都市計画法の「線引き」前後まで）

年（月日）	関係法令・通達	内 容	備 考
1941 年 （2.1）	臨時農地等管理令	農地転用は地方長官の許可制（但し 5,000 坪以上は農林大臣許可）	
1946 年 （2.1）	農地調整法	転用目的の権利移動のみ地方長官の許可制	
1947 年 （2.22）	農地調整法改正	農地転用は地方長官の許可制（50 坪未満は農地委員会の承認制）	
1949 年 （6.20）	農地調整法改正	農地転用は都道府県知事許可制（5,000 坪以上は農林大臣の承認）	
1952 年 （10.21）	農地法	農地転用は都道府県知事許可制（5,000 坪以上は農林大臣許可）	統制の対象は農地，採草放牧地，開拓地。但し権限に基づく場合は採草放牧地許可不要，権利の設定移転を伴う場合は開拓地農林大臣許可。
1959 年 （10.27）	農地転用許可基準制定 （農林事務次官通達）	①農地確保の必要性の強弱の度合に応じ農地を 3 種類に区分（第 1 種・第 2 種・第 3 種）し，②農業以外の土地利用計画との調整を了した地域の取り扱いを規定。	
1969 年 （10.22）	市街化調整区域における転用許可基準制定 （農林事務次官通達）	①農地保全の必要性の指標として農地を甲種と乙種（第 1 種・第 2 種・第 3 種）に区分し，②保全のグレードの低いものから転用許可。	
1970 年 （10.1）	農地法改正	市街化区域内農地等の転用は届出制に移行。	
1970 年 （2.19）	水田転用についての農地転用許可に関する暫定基準制定 （農林事務次官通達）	水田転用の許可基準緩和。	米の生産調整に伴う措置。
（7.17）	同上暫定基準改正		暫定基準は 1976 年 3 月 31 日まで適用の時限措置。

資料：農林省農林経済局統計調査部「現行農地制度下における小作事情に関する調査」1957 年，岡田敏幸「最近における農地転用の実態と運用改善の状況」全国農業会議所『農政調査時報』第 436 号，1993 年などにより作成。

注：年次の（ ）内は月日であり，各年月日とも施行日・通達日である。

優良農地の保全をはかることを基本理念としている。その仕組みは，「保全の必要性の度合に応じて農地を区分し，その必要性の低い区分の農地から順に転用を認める」[2] というものである。

　農地転用制度は，農地を防衛する意味で重要な役割をはたすものの，開発優先の政策展開のもとでは，土地（転用）需要を完全に抑制することができ

第3章　農地転用の動態と都市農家の特徴

なかった。そのもっとも重要な転機が，新都市計画法の制定にともない市街化区域内の農地転用を許可制から届出制に改変・移行したことにある。すなわち，市街化区域内農地は，転用規制の対象外とし，市町村農業委員会（かつては知事）に事前に届け出れば，いつでも転用を可能（「自由」）にしたのである。他方，市街化調整区域は，引き続き許可制とし，1969年に「市街化調整区域における転用許可基準」が制定される。その許可基準の仕組みは，農地を甲種・乙種（第1種・第2種・第3種）に区分し，甲種農地（優良農地）の転用は原則認めないが，乙種農地はグレードの低いものから順次許可するというものである[3]。都市計画上，市街化調整区域は，市街化を抑制する区域とし，同時に農地転用も，上述のように引き続き許可制としたが，公共転用は許可不要としていること，開発適用除外を広く認めていること，さらに，市街化区域の予備的な性格（「線引き」見直しにより市街化区域に編入の余地あり）も有していることから，農地を確保・保全するには問題点も少なくない（**表3-2**，参照）。さらに，農地転用統制（規制）は，米の生産調整（過剰解消）にともなう暫定措置として1970年に一時的に緩和され，また，その後も景気対策や農村活性化対策の一環として緩和されつづけてきている。

　大阪の農地を転用制度の側面からみると，新都市計画法に基づく「線引き」以後は，届出制（市街化区域）と許可制（市街化区域外）という2つの制度のもとで，また許可制も市街化調整区域の許可基準（市街化調整区域内）と一般基準（都市計画区域外）の2つの基準が適用されてきたのである。なお，1998年の農地法改正により従来の転用許可基準が法定化され，同年11月1日から施行されているが，本章ではおおむねその施行以前を検討対象にしている[4]。

　次節の2では，まず農地転用の基本動態を分析し，3では市街化区域と市街化区域外に分けて農地転用の動態と特徴を考察する。さらに，4では，都市農業と都市農家の変貌と特徴について述べることにする。

81

表3-2　農地転用許可制度の概要（1989年時点）

	農地法第4条	農地法第5条
許可を要する場合	農地の所有者または耕作者が自らその農地を転用する場合（農地法第4条第1項）	農地の所有者または耕作者以外の者が，新たに権利の設定・移転を受け，農地を転用する場合（農地法第5条第1項本文）
申請者	農地を転用する者	転用目的で権利を取得する者並びに転用する者のために権利を設定・移転する者の双方 ※単独申請は競売，公売，特定遺贈等
許可を要しない場合	①国・都道府県が転用する場合 ②市街化区域内の農地について，あらかじめ農業委員会に届け出て転用する場合 ③地方公共団体（都道府県を除く）が道路・河川等または土地収用法第3条各号に掲げる施設に転用する場合 ④農地を自己の農地の保全もしくは利用の増進のため，または2a未満の農地を自己の農業用施設に供する場合 （法第4条第1項ただし書，農地法施行規則第5条各号）	①国・都道府県が転用する場合 ②市街化区域内の農地について，あらかじめ農業委員会に届け出て転用する場合 ③地方公共団体（都道府県を除く）が道路・河川等または土地収用法第3条各号に掲げる施設に転用する場合等 （法第5条第1項ただし書，農地法施行規則第7条各号）

資料：大阪府農林水産部「農地法関係事務処理の手引き」1989年，より転載。
注：1）従来，農地転用許可権者は，2ha以下は都道府県知事，2ha超は農林水産大臣であったが，1999年の農地法改正により，農林水産大臣権限を4ha超とした（施行は1999年11月1日である。ただし，2ha超4ha以下の場合は，当面農林水産大臣との協議が行われる）。なお，2015年には4ha超も都道府県知事の許可となった。
　　2）農地転用許可基準は，これまで通達によったが，1998年の農地法改正で法定化（法律に明文化）された。本書では改正以前の経緯を検討対象にしているため，この改正以前の内容を掲げている。
　　3）市街化区域の農地転用は市町村農業委員会への届出（ただし，1980年9月末日までは知事への届出）である。

2．農地転用の基本動態とその特徴

（1）農地転用の基本動態

　戦後大阪府下の農地転用面積を年代ごとに示すと，1950年代は3,745ha，60年代は1万4,200ha，70年代は9,259ha，80年代は4,404haであり，90年代は4,035haとなっている。経済の高度成長が本格化した1960年代の農地転用が全体の約4割を占めており，この年代がもっとも突出していることがわかる。

第 3 章　農地転用の動態と都市農家の特徴

以降，農地転用面積は減少基調に入るが，ここで年代（ただし1960年代以降）
ごとの農地転用率（各年代の農地転用面積/各年代の初年次の耕地面積）を
算出すると，1960年代31.5％，70年代31.0％，80年代20.1％，90年代22.3％と
なっており，70年代は60年代に比べて転用面積自体は少ないが，転用率では
ほぼ同率となっている（**表3-3**の大阪府の欄，参照）。

　都市開発は，通常都心部を中心に外延的に広がる傾向がみられるが，その
ことについて農地転用の側面から検討することにしたい。**表3-3**から，大阪
市を中心とした距離ベルト別農地転用率の動向をみると，第１には，都心部
ほど転用率が高いこと，第２には，1960年代から70年代にかけては大阪市を
含め「10km圏内計」，さらに「10 〜 20km圏計」，「30 〜 40km圏計」，「40
〜 50km圏計」で転用率が高まりをみせていることが特徴的である。また，
農地転用がもっとも活発化した1960年代には，大阪市，東大阪市，堺市，枚
方市の４市では転用面積が1,000haを超え，また1970年代では，前４市と高
槻市を加えた５市で500ha以上の転用がみられた。

　戦後大阪における都市の膨張は，大阪市を軸にして，周辺市（衛星都市）
を巻き込みながら進行した。このため周辺市のなかには農地転用面積の累計
が市域面積のおおよそ半数（累計農地転用面積/現行政区域面積）に及ぶと
ころもみられる。たとえば，門真市（69.1％）を筆頭に，摂津市（50.7％），
寝屋川市（48.5％），藤井寺市（46.7％），松原市（44.3％），守口市（42.8％）
などがそれである。

　このような周辺市を巻き込んで進展する1960年代の農地転用にはどのよう
な特徴がみられたのか。以下では，1960年の前後５年間にわたる転用状況に
注目し述べることにしたい。

　1958年から62年にかけての農地転用面積は合計で5,603haであり，そのう
ちの多くが農地法許可（85.6％）とはいえ，注目されるのは国や大阪府とい
った許可不要の公共転用も毎年100 〜 200haに達していることである。この
時期には，千里ニュータウン（計画発表は1958年）をはじめとした大規模な
公共住宅開発が準備され，東海道新幹線や主要幹線道路整備などの国土開発

表3-3 市町村別農地転用面積と距離ベルト別農地転用率の推移（大阪府）

単位：ha，%

		農地転用面積						農地転用率			
		1958～59年	1960～69年	1970～79年	1980～89年	1990～99年	合計	1960年代	1970年代	1980年代	1990年代
10km圏内	大阪市	260	1005	630	174	177	2,246	52.6	93.0	64.1	96.7
	豊中市	77	616	349	117	91	1,249				
	守口市	40	319	128	28	30	545				
	門真市	42	393	262	79	73	849				
	東大阪市	135	1131	639	291	263	2,458				
	計	553	3,463	2,007	690	633	7,346	54.6	73.7	50.3	65.5
10～20km圏	池田市	17	140	82	36	44	320				
	箕面市	13	222	215	98	97	645				
	吹田市	54	613	263	101	99	1,130				
	茨木市	97	628	380	158	163	1,427				
	摂津市	19	294	259	120	63	755				
	寝屋川市	60	635	310	99	94	1,199				
	大東市	43	359	197	70	78	747				
	四条畷市	6	137	96	43	49	331				
	交野市	4	186	137	63	82	472				
	八尾市	69	686	454	183	183	1,576				
	柏原市	8	162	174	72	83	499				
	松原市	23	326	212	93	84	738				
	羽曳野市	18	257	196	97	119	687				
	藤井寺市	23	179	135	39	39	415				
	美原町	18	143	92	85	49	387				
	堺市	117	1424	686	387	360	2,975				
	高石市	16	82	50	22	26	196				
	計	606	6,472	3,941	1,766	1,714	14,499	35.9	37.1	24.6	28.8
20～30km圏	豊能町	0	13	16	18	10	57				
	高槻市	72	907	511	144	127	1,761				
	島本町	4	91	44	13	8	160				
	枚方市	44	1011	553	232	210	2,050				
	富田林市	19	273	183	128	104	707				
	河内長野市	14	200	189	110	94	607				
	太子町	1	27	27	37	50	142				
	河南町	2	40	32	45	54	173				
	大阪狭山市	1	153	80	45	49	328				
	岸和田市	30	344	393	281	242	1,290				
	泉大津市	14	85	113	43	45	300				
	和泉市	18	247	300	326	219	1,110				
	忠岡町	4	35	31	14	11	95				
	計	225	3,426	2,472	1,436	1,222	8,781	23.6	22.7	17.0	17.8
30～40km圏	能勢町	1	48	48	36	38	171				
	千早赤阪村	0	9	26	13	20	68				
	貝塚市	10	143	153	82	81	469				
	泉佐野市	18	220	189	131	138	697				
	熊取町	1	65	102	78	36	282				
	田尻町	2	17	12	5	6	42				
	計	33	502	531	344	320	1,730	11.5	12.8	9.5	9.9
40～50km圏	泉南市	29	142	147	82	78	478				
	阪南市	15	136	125	61	50	387				
	計	44	278	272	143	128	865	18.9	21.5	13.9	14.4
岬町（50km以上）		2	59	37	24	18	140	19.3	14.8	10.8	9.3
大阪府		1,463	14,200	9,259	4,404	4,035	33,361	31.5	31.0	20.1	22.3

資料：大阪府農林水産部「大阪府における農地動態調査」各年，近畿農政局大阪統計情報事務所編「大阪農林水産統計年報」各年，より作成。

注：1）距離ベルトは大阪市役所（中心点）から直線距離によって市町村を分類し，境界線上の市町村は面積の2分の1以上あるいは市街地（1970年人口集中地区）の2分の1以上が含まれる方の圏内に含めている。

　　2）各年代ごとの農地転用率は，1960年・1970年・1980年・1990年時点の耕地面積を基準に算出した。なお，大阪市の農地転用率がきわめて高いが，実数値にもとづきそのまま掲載している。

84

第3章　農地転用の動態と都市農家の特徴

も活発化し，大阪府下各地では競って開発ラッシュを迎えるのである。

　農地転用の面積規模が大きい市（1958～62年：300ha以上）は，大阪市のほかに，豊中市，吹田市，高槻市，枚方市，堺市といった大阪市周辺の都市が主である。また，大阪市，豊中市，吹田市，守口市では，僅か5年間で農地の30％が喪失していることから，おびただしい土地利用の転換が進行していたと考えられる。さらに，東海道線（国道1号線）や国道大阪高槻京都線，阪名道路，府道堺河内長野線など，主要幹線道路の整備・拡幅にともなって，枚方市，寝屋川市，枚岡市（現東大阪市），富田林市などでは工場や住宅が建設され，農地転用の拡大・拡散がみられた。しかし，その反面，能勢町，東能勢町（現豊能町），太子町，河南町，千早赤阪村などの農村の色彩の強い地域では，都市化の影響も少なく農地転用はきわめて緩慢であった。

　以上のように，1960年前後の農地転用は，一部の農村地帯を除いて，大阪市を中心に周辺の市部を巻き込みながら，広域化の様相を呈していたのである。そして，この時期を起点にして拡大した農地転用の区分別・用途別の動向と特徴を次に検討しよう。

（2）農地転用の区分別・用途別の動向と特徴

　表3-4から農地転用面積を区分ごとにみると，以下のようである（資料の制約上，1960年以降を取りあげる）。1960年から99年にかけての区分別転用面積は，「農林水産大臣」許可3,131ha（9.8％），「知事」許可1万1,854ha（37.2％），「届出」1万1,503ha（36.1％），「国有および開拓」67ha（0.2％），「国および大阪府」2,784ha（8.7％），「市町村等」2,557ha（8.0％）となっている。ここで注目されるのは，1960年代の「知事」許可（66.3％），「農林水産大臣」許可（18.3％）の構成比の高さとともに，「許可・届出不要」のうちの「国および大阪府」（12.5％）の構成比の高さである。「農林水産大臣」許可は大規模転用であり，1960年代の1件当たりの転用規模は4.6ha（460a）と大きい。それに対し，同年代の「知事」許可の1件当たりの転用規模は8.1aであり，約1反程度といえる。

85

表 3-4　転用区分別農地転用面積の推移（大阪府）

単位：ha, （　）内は％

年　次	計	許可		届出	許可・届出不要		
		農林水産大臣	知事		国有農地および開拓地	国および大阪府	市町村等
1952〜59 年	3,421 〈100.0〉	450 〈13.2〉	2,511 〈73.4〉	—	27 〈0.8〉	237 〈6.9〉	—
1960〜69 年	14,200 (100.0)	2,602 (18.3)	9,420 (66.3)	—	52 (0.4)	1,768 (12.5)	357 (2.5)
1970〜79 年	9,259 (100.0)	376 (4.1)	1.295 (14.0)	5,616 (60.7)	7 (0.1)	616 (6.7)	1,348 (14.6)
1980〜89 年	4,404 (100.0)	75 (1.7)	561 (12.7)	2,993 (66.6)	2 (0.0)	212 (4.8)	620 (14.1)
1990〜99 年	4,035 (100.0)	78 (1.9)	578 (14.3)	2,954 (73.2)	6 (0.1)	188 (4.7)	232 (5.8)
1960〜99 年 合計	31,898 (100.0)	3,131 (9.8)	11,854 (37.2)	11,503 (36.1)	67 (0.2)	2,784 (8.7)	2,557 (8.0)
〈総計〉 1952〜99 年	35,318 〈100.0〉	3,581 〈10.1〉	14,365 〈40.7〉	11,504 〈32.6〉	95 〈0.3〉	3,021 〈8.6〉	2,557 〈7.2〉

資料：農林省農地局農地課「農地年報」各年，および大阪府農林水産部「大阪府における農地動態調査」各年，より作成。

注：1 ）1952〜59 年は区分不明のため計とは一致しない。総計も同様である。このため各構成比は〈　〉で表している。また，それぞれ四捨五入の関係で計が一致しない場合がある。

2 ）許可関係の「農林水産大臣」は 1966 年 4 月 1 日以前は 5,000 坪以上が許可対象，以降は 2 ha 以上が許可対象である。

3 ）許可・届出不要の「市町村等」には，土地区画整理事業，土地開発公社，住宅都市整備公団，電気事業者，2 a 未満の農業用施設等への転用が含まれている。

　以上のように，農地転用にみられる1960年代の特徴としては，第 1 に，転用面積そのものがきわめて膨大であること，第 2 に，その転用規模も相対的に大きいこと，第 3 に，国や大阪府による公共転用も盛んに行われていたことが指摘できる。

　1970年代になると，転用面積は減少傾向を示すなかで「届出」が農地転用の中心となり，また「許可・届出不要」の主流は「国および大阪府」から「市町村等」に移行するという特徴をもつ。なお，市街化区域の農地転用が許可制から届出制に移行するなかで，農地転用にどのような変化がみられるのかは，本章 3 で述べることとする。

第3章　農地転用の動態と都市農家の特徴

表3-5　用途別農地転用面積の推移（大阪府）

単位：ha，（　）内は%

年　次	計	農業用施設	住宅	工場	公共施設	学校	道水路	その他
1947〜49 年	228 (100.0)	—	86 (37.9)	67 (29.4)	21 (9.1)	33 (14.3)	11 (4.9)	10 (4.4)
1950〜59 年	3,745 〈100.0〉	34 〈0.9〉	1,901 〈50.8〉	883 〈23.6〉	201 〈5.4〉	155 〈4.1〉	266 〈7.1〉	294 〈7.9〉
1960〜69 年	14,200 (100.0)	182 (1.3)	7,799 (54.9)	2,237 (15.8)	498 (3.5)	381 (2.7)	1,153 (8.1)	1,950 (13.7)
1970〜79 年	9,259 (100.0)	133 (1.4)	2,775 (40.8)	855 (9.2)	545 (5.9)	725 (7.8)	690 (7.5)	2,539 (27.4)
1980〜89 年	4,404 (100.0)	57 (1.3)	1,530 (34.8)	51 (11.6)	144 (3.3)	202 (4.6)	393 (8.9)	1,565 (35.5)
1990〜99 年	4,035 (100.0)	38 (1.0)	1,258 (31.2)	409 (10.1)	141 (3.5)	28 (0.7)	280 (6.9)	1,881 (46.6)
1960〜99 年 合計	31,898 (100.0)	408 (1.3)	14,361 (45.0)	4,013 (12.6)	1,358 (4.2)	1,335 (4.2)	2,515 (7.9)	7,935 (24.9)
〈総計〉 1947〜99 年	35,869 〈100.0〉	442 〈1.2〉	16,349 〈45.6〉	4,963 〈14.2〉	1,550 〈4.2〉	1,522 〈4.2〉	2,792 〈7.8〉	8,239 〈23.0〉

資料：表 3-4 と同じ。

注：1）1950〜59 年は用途区分が一部不明なため計とは一致しない。総計も同様である。
　　　このため各構成比は〈　〉で表している。また，それぞれ四捨五入の関係で計が一
　　　致しない場合がある。
　　2）各用途は，「農業用施設」が農業用倉庫，家畜舎等，「住宅」が農家住宅，一般個人
　　　住宅，分譲住宅，賃貸住宅，貸家・共同住宅，「工場」が工鉱業用地（建設業の資
　　　材置場等を含む），電気・ガス・水道用地，「公共用地」が官公舎，病院，公園・緑
　　　地，処理場等，「学校」が学校用地（運動場を含む），「道水路」が道路・水路用地，
　　　堤防・河川等，「その他」が商業・サービス業施設用地，レジャー施設，植林等で
　　　ある。

　転用農地はどのような用途に利用されているのか，**表3-5**をみることにし
よう。それによると，1960年から99年にかけては，「住宅」転用が45.0％と
もっとも多く，次いで商業・サービス業やレジャー施設を中心とする「その
他」転用が24.9％でつづき，次に「工場」転用（12.6％），「道水路」転用（7.9
％），「公共施設」転用（4.2％），「学校」転用（4.2％）となっている。「農業
用施設」転用はわずかに1.3％である。年代別では，1960年代は「住宅」転
用と「工場」転用が主流であったが，1970年代になると両者はともにウエイ
トを低下させ，「その他」転用が比重を高めているのが特徴的である。そして，
1990年代に入ると，「その他」転用が全転用面積の半数近くを占めるまでに
なっており，こんにちでは「その他」転用が主要な転用用途といえる。
　ここで，1960年前後（1958 〜 62年）の用途別転用状況に注目し市町村別

87

に分類すれば，おおよそ次の3つの形態に分けることができる。第1は，住宅転用型のタイプに属する市町村である。これには，河内長野市（住宅転用率80.3％），豊中市（同78.5％），美陵町（現藤井寺市，同75.9％），吹田市（同62.7％）などがあてはまる。第2は，工場転用型のタイプに属する市町村であり，泉佐野市（工場転用率49.8％），河内市（現東大阪市，同49.4％），泉南町（現泉南市，同45.5％），八尾市（同43.0％），島本町（同41.5％），大東市（同38.5％），枚方市（同35.5％），守口市（同35.0％），和泉市（同32.2％），三島町（現摂津市，同26.7％）などがそれにあたる。第3は，前2者の中間型に属するタイプの市町村で，池田市，茨木市，高槻市，寝屋川市，布施市（現東大阪市），枚岡市（現東大阪市），松原市，堺市，岸和田市，門真町（現門真市）などがそれに含まれる。この中間型の地域では，主要幹線道路の沿線に工場が進出し，その背後地に住宅転用が進行するという傾向をもつ[5]。また，住宅開発の特徴としては，工場地帯周辺には貸家・アパート形態が，また住宅地域では分譲形態が多いという傾向もみられたのである。

　大規模転用である「農林水産大臣」許可は，主に1960年代に集中している。この年代は，民間住宅開発や工場建設を中心としており，件数では564件に達している。また，人口急増にともなう深刻な住宅不足の解消のため，1950年代半ばから60年代にかけて大量の府営住宅（約6万4,000戸）が建設され，そのために787haの用地が買収取得されているが，そのなかで農地は490ha（62.3％）と6割以上を占めている[6]。このように，大規模な住宅用地をはじめとして，工場などの用地需要もその土地の多くが農地によってまかなわれたのである。

　以上のように，1960年代の農地転用は，面積及び規模においてもっとも激しく展開されたのであり，第2章で述べたように地価も急騰をみせた時期であった。戦前の農地問題とは地主的土地所有のもとでの地主と小作人との対抗関係に集約されるが，戦後のそれは都市化・市街地化を軸にして都市的土地利用と農業的土地利用との激しい対抗関係に焦点が移行したともいえる。そして，1970年代に入ると，新都市計画法の制定とその施行にともなう「線

第3章　農地転用の動態と都市農家の特徴

引き」により，大阪府下の農地は新たな装いのもとで利用転換が進むことになる。

3．区域別にみた農地転用の動態と特徴

（1）市街化区域内における農地転用の動態と特徴

　ここでは，市街化区域内における農地転用の動向と特徴について述べるが，データの関係で，起点となる年次は「線引き」の翌年の1971年である。また，必要に応じて，それ以前の転用動向および市街化区域外の動きにも触れ，さらに全国動向などとも対比しながら考察することにしたい。

　改めて述べるまでもなく，農地転用とは，農地を農地以外に利用転換することであるが，農地法では転用主体により法第4条転用（以下,「4条転用」）と法第5条転用（以下,「5条転用」）に区分される（前掲**表3-2**，参照）。前者は農地の所有権者が自らの権限で農地を利用転換するもので，一般的には「自己転用」ともいわれ，後者は農地の非権利者がその農地を利用転換するために買い受け（所有権移転），または借り受ける（賃借権等の権利設定・移転）ものである。農地の人為的かい廃として両者はともに都市的土地利用への転換ということからすれば同じ意味ではあるが，転用主体における経済的性格からすれば明らかに相違している。また，「届出不要」とは，公共転用が主であり，国や地方公共団体が権利を取得して転用する場合や土地収用法により収用し転用する場合などで，その性格はおおむね「5条転用」と同質のものといえる。このほかに，営農用としての農家の2a未満の農業用施設転用も農地法では許可・届出不要となっている。

1）転用区分別の動向と特徴

　表3-6は，市街化区域内における農地転用を区分別にみたものである。それによると，主に以下のような特徴をもって推移している。

　1971年から99年の市街化区域内の転用面積は合計で1万3,135haであり，

89

表 3-6　市街化区域内・転用区分別農地転用面積の推移（大阪府）

単位：ha，（　）内は%

年　次	計	農地法第4条	農地法第5条	届出不要	公共関係	市街化区域内転用比率（%）
1971〜74 年	4,125 (100.0)	1,043 (25.3)	2,275 (55.2)	807 (19.6)	737 (17.9)	86.7
1975〜79 年	2,419 (100.0)	859 (35.5)	1,095 (45.3)	463 (19.1)	425 (17.6)	83.9
1980〜84 年	1,826 (100.0)	678 (37.2)	755 (41.3)	393 (21.5)	233 (12.7)	78.2
1985〜89 年	1,602 (100.0)	830 (51.8)	670 (41.8)	102 (6.4)	74 (4.6)	77.6
1990〜94 年	1,991 (100.0)	1,363 (68.4)	509 (25.6)	120 (6.0)	93 (4.7)	79.2
1995〜99 年	1,172 (100.0)	704 (60.1)	378 (32.3)	87 (7.6)	86 (7.3)	76.9
計	13,135 (100.0)	5,477 (41.7)	5,682 (43.3)	1,971 (15.0)	1,647 (12.5)	81.7

資料：表 3-4 と同じ。
注：1）市街化区域内の農地転用届出制は，1970 年 6 月 20 日以降であるが，1970
　　年は区分が不明なため，1971 年以降を掲載した。
　　2）市街化区域内での農林水産大臣許可面積は含めていない。また，四捨五入
　　　の関係で計とは必ずしも一致しない。
　　3）「届出不要」は国有農地，開拓農地，国・大阪府・市町村，土地開発公社，
　　　土地収用法・都市計画事業施行者・土地改良事業，土地区画整理事業によ
　　　るもの，および 2 a 未満の農業用施設等によるものである。そのうち「公
　　　共関係」とは，公共転用である。
　　4）市街化区域内転用比率は大阪府全転用面積に占める市街化区域内農地転用
　　　面積の構成比である。

　大阪府全転用面積の81.7%を占めている。この転用面積の合計は，「線引き」
直後の市街化区域内全農地面積の実に 9 割にあたる。

　転用区分別では「5 条転用」が多く，全体の43.3%を占めており，また「4
条転用」は41.7%，「届出不要」は15.0%（うち公共関係が12.5%）となって
いる。市街化区域内の農地転用の主体は，合計では「5 条転用」や「届出不
要（公共関係）」といった農業外の，いわば開発サイド（55.8%）が比較的
多いといえる。なお，「5 条転用」には農家が土地の権限（所有権）を保持
しながら賃貸する場合も考えられるが，この点は統計レベルでは判別できな
い[7]。

　次に転用面積を年次ごとにみると，1970年代後半には明らかに減少を示し，

第3章　農地転用の動態と都市農家の特徴

1980年代に入るとほぼ横ばい傾向がつづいていたが，1990年代に入ると一転増加に転じる。1970年代から80年代の動向については，3つの要因が考えられる。まず1つには，開発の対象となる農地そのものの縮減であり，2つには，転用地価の上昇であり，3つには，固定資産税の軽減措置（減額措置制度・長期営農継続農地制度）や相続税納税猶予制度のもとでの営農の義務づけである。これらのことが農地の転用を抑制気味に推移させていた主な要因と考えられる。このような背景のなかで，地方公共団体や民間デベロッパーは，地価の相対的に安い市街化調整区域に開発適地を求めることになり，実際，前掲表3-6のように，農地転用面積全体のなかで市街化区域内の転用割合は1970年代後半以降低下傾向を示している。そして，市街化区域内の1990年代に入っての転用増大は，1991年の制度改変にともない固定資産税の軽減や相続税納税猶予制度の適用が受けられなくなった農地が他の用途に利用転換されたことによるものである。

　ここで注目したいのは，農地転用主体の変化である。「5条転用」と公共関係中心の「届出不要」が1970年代後半ないし80年代前半以降から面積・構成比とも減少しているのに対し，自己転用である「4条転用」は一定の面積水準を維持しながら構成比を高めていることである。とりわけこの傾向は，土地価格が急上昇する1980年代後半に顕著にみられ，1990年代には60％を超える状況が生まれている。市街化区域内農地転用の全国動向は，「5条転用」の割合が傾向的に低下しているものの，依然として開発サイドの土地需要を背景に「5条転用」が支配的である[8]。

　そこで，大阪府の市街化区域内の4条転用率を全国および東京都と対比しながら検討することにしよう（図3-1，参照）。大阪府の4条転用率は，全国よりもかなり高い水準で推移しているが，とりわけ1980年代後半以降，全国との差を広げながら上昇させている。東京都とは1980年代後半まではほぼ同様の足取りをたどっていたが，それ以降大阪府の4条転用率は東京都よりも10から20ポイント程度高めに推移している。なお，1971年から2000年までの累計比率では，東京都（40.4％）は大阪府（37.1％）よりも3ポイント程

91

図3-1 市街化区域内「4条転用率」の推移（大阪府・東京都・全国）

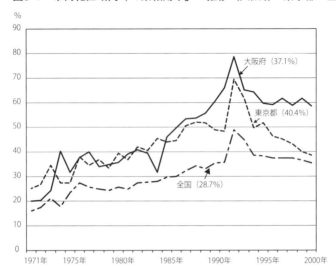

資料：大阪府農林水産部「大阪府における農地動態調査」各年，農林水産省構造改善局農政部農政課「農地の移動と転用」各年，より作成。
注：「4条転用率」は，農地法第4条転用面積÷全転用面積×100で算出した。（ ）内は1971～2000年までの累積比率である。

度高い。

　いずれにしてもこのように，大阪府下では都市農家の自己転用が主流になっていることが大きな特徴であり，そのことは都市農家が高地価・高地代に依拠した不動産経営に自ら乗り出す傾向を強めていることをも意味している。つまり，自作農の「耕作者の側面と土地所有者の側面」[9]を考えるならば，後者の側面が顕在化しているといえよう。

　表には示していないが，市街化区域内の1件当たりの農地転用規模は比較的小さい。1970年代の「4条転用」と「5条転用」の平均はともに580m²程度であったが，1980年代は「4条転用」が550m²，「5条転用」が430m²というように小規模化（おおよそ150坪前後）している。このように，転用規模が小規模化しているが，その転用単位の基本はおおむね農地1区画（1筆）程度に相当しているとも考えられる。また，都市農家の行動様式は，農地を

第3章　農地転用の動態と都市農家の特徴

売却転用するにせよ，自己転用するにせよ，所有農地のうち必要最小限の転用にとどめているとも考えられる。しかし，そのような転用単位から推察すると，都市計画や秩序ある市街地の形成からすれば，「細切れ転用」となり，計画性のない無秩序な市街地を生み出す要因にも繋がっているといえよう。

　以上のように，大阪府の農地転用がおおむね市街化区域内に集中しているなかで，同区域内における農地転用の特徴としては，第1に，転用面積は1970年代と80年代を通して減少基調を示していたが，90年代には一転増加に転じていること，第2に，転用主体でみれば自己転用の比重が高まってきていること，第3に，転用規模は零細化していることである。このようななか，用途別では，どのような特徴をもって推移しているのであろうか。

2）用途別の動向と特徴

　表3-7は，市街化区域内における全転用面積とそのなかから「4条転用」を取り出して，それらを用途別にみたものである。まず全体の動向から述べよう。

　全転用面積の合計をみると，もっとも多いものは「住宅」転用であり全体の40.5％を占めている。次いで「その他」転用がおおよそ3分の1（35.5％）程度で，「工場」転用は10.0％である。このほか，「学校」転用と「道水路」転用および「公共施設」転用はともに5％弱で，「農業用施設」転用はわずかに0.7％にすぎない。ここで，「線引き」以前と以降を対比すると，「線引き」以前の農地転用の主流[10]は，「住宅」転用（54.9％）と「工場」転用（15.8％）であったが，市街化区域内では「住宅」転用と「工場」転用の比率が低下しており，その状況変化は明らかである。

　農地の宅地化に関連してとくに住宅転用価格（田3.3m²当たり）の動向について，付言しておこう。「線引き」当時は約7万円であった住宅転用価格は，その後上昇をみせ，とりわけ1980年代後半に高騰して1990年には106万円と100万円の大台を突破する[11]。その後，住宅転用価格は急落しているとはいえ，2000年でさえ56万円であり，それも転用段階の価格水準であることから，勤

93

表 3-7 市街化区域内・用途別農地転用面積〈全転用・４条転用〉の推移（大阪府）

単位：ha，（　）内は%

	年　次	計	農業用施設	住宅	工場	公共施設	学校	道水路	その他
全転用面積	1971〜74年	4,125	36	1,736	484	233	281	240	1,114
		(100.0)	(0.9)	(42.1)	(11.7)	(5.7)	(6.8)	(5.8)	(27.0)
	1975〜79年	2,419	25	1,071	160	101	202	121	739
		(100.0)	(1.0)	(44.3)	(6.6)	(4.2)	(8.3)	(5.0)	(30.5)
	1980〜84年	1,826	14	774	179	52	93	111	604
		(100.0)	(0.7)	(42.4)	(9.8)	(2.8)	(5.1)	(6.1)	(33.1)
	1985〜89年	1,602	10	587	226	35	13	55	677
		(100.0)	(0.6)	(36.6)	(14.1)	(2.2)	(0.8)	(3.4)	(42.3)
	1990〜94年	1,991	8	648	182	41	8	75	1,029
		(100.0)	(0.4)	(32.5)	(9.1)	(2.1)	(0.4)	(3.4)	(51.7)
	1995〜99年	1,172	4	506	82	26	4	49	501
		(100.0)	(0.3)	(43.2)	(7.0)	(2.2)	(0.3)	(4.2)	(42.8)
	合計	13,135	95	5,234	1,313	487	601	651	4,664
		(100.0)	(0.7)	(40.5)	(10.0)	(3.7)	(4.6)	(5.0)	(35.5)
４条転用面積	1971〜74年	1,043	28	410	56	1	3	4	541
		(100.0)	(2.7)	(39.3)	(5.3)	(0.1)	(0.2)	(0.4)	(51.9)
	1975〜79年	859	20	310	28	5	2	9	485
		(100.0)	(2.3)	(36.1)	(3.2)	(0.6)	(0.3)	(1.0)	(56.5)
	1980〜84年	678	10	216	52	4	1	7	389
		(100.0)	(1.4)	(31.8)	(7.6)	(0.6)	(0.2)	(1.0)	(57.3)
	1985〜89年	830	5	310	64	3	0	5	442
		(100.0)	(0.6)	(37.4)	(7.7)	(0.3)	(0.0)	(0.6)	(53.3)
	1990〜94年	1,363	4	463	70	4	1	5	816
		(100.0)	(0.3)	(34.0)	(5.1)	(0.3)	(0.1)	(0.4)	(59.9)
	1995〜99年	704	2	303	36	3	0	4	356
		(100.0)	(0.3)	(43.1)	(5.1)	(0.4)	(0.1)	(0.5)	(50.5)
	合計	5,477	69	2,013	305	20	8	35	3,029
		(100.0)	(1.3)	(36.8)	(5.6)	(0.4)	(0.2)	(0.6)	(55.3)

資料：表 3-4 と同じ。
注：上段は市街化区域内全転用面積，下段はそのうちの４条転用面積である。

労者にとっては依然として手が届きそうにない転用地価水準である。

　次いで，用途別の動向を年次ごとにみることにしよう。「住宅」転用は1970年代後半以降に漸減し，1990年代には30％台にとどまっているのに対し，「その他」転用が年々ウエイトを高め，1990年代前半には50％を超えている。この間の用途別の顕著な変化が看取されよう。なお，「工場」転用の面積は減少しているものの，その比率は10％前後と常に一定の水準にあり，「公共施設」転用や「学校」転用は面積および比率とも減少させているが，その要因としては高地価のもとでの公共用地の確保が市街化区域内ではもはや困難になっていることのあらわれとも考えられる。

第3章　農地転用の動態と都市農家の特徴

　前掲表3-7より用途別の農地転用のなかで，自己転用である「4条転用」
に注目してみよう。この表によると，第1には，「その他」転用の比重が常
に過半を占めていること，第2には，「住宅」転用はほぼ横ばいで推移しな
がらも30％から40％をキープしていること，第3には，「住宅」転用と「そ
の他」転用の合計が，常に90％前後を占めていることが特徴的である。さら
に，「その他」転用が「線引き」直後の約50％に比べ，とりわけ1990年代前
半には約60％に達し，文字どおり「4条転用」の主流になっていることがわ
かる。

　以上のように，市街化区域内における農地転用の動態は，都市農家による
自己転用という傾向を徐々に強めながら，利用用途は「住宅」転用より「そ
の他」転用に重点を移していることが明らかである。ここで，「その他」転
用の内容について一言すれば，業務統計上は「運輸通信業用建物施設，商業・
サービス業施設，ゴルフ場（ミニゴルフ場・ゴルフ練習場を含む），レジャ
ー施設，植林，その他分類不能・不明等」として把握されているものの，そ
の内実は，駐車場，貸倉庫，貸事務所といったものが主要な用途である。つ
まり，高地価のもとで農地（土地）を売却転用するよりも資産運用による不
動産兼業化を強めており，その用途も利用転換が比較的簡易な駐車場，貸倉
庫・貸事務所といったものが多くなっているのである。

（2）市街化区域外における農地転用の動態と特徴

　市街化区域外（市街化調整区域と都市計画区域外）の農地転用は，許可不
要の公共転用などを除き原則知事許可（または農林水産大臣許可）である。
この区域では，市街化区域内のように，農家の発意により農地の利用転換は
自由にはできないものの，現実には「線引き」以降も農地転用がひきつづき
みられる。

　表3-8から，1971年以降の市街化区域外の農地転用動態を検討すると，以
下のような特徴がある。転用面積合計は2,945haであり，年平均では100ha程
度である。この間の転用面積は大阪府全体の約2割（18.3％）に相当するが，

95

表 3-8 市街化区域外・転用区分別農地転用面積の推移 (大阪府)

単位：ha, ( ) 内は%

年　　次	計	農地法 第4条	農地法 第5条	許可 不要	公共関係	市街化 区域外 転用比率 (%)
1971〜74 年	636 (100.0)	130 (20.4)	210 (33.0)	296 (46.5)	284 (44.7)	13.4
1975〜79 年	464 (100.0)	135 (29.0)	117 (25.3)	213 (45.9)	209 (45.0)	16.1
1980〜84 年	509 (100.0)	123 (24.1)	182 (35.7)	205 (40.2)	151 (29.6)	21.8
1985〜89 年	463 (100.0)	120 (26.0)	208 (44.9)	135 (29.2)	81 (17.5)	22.4
1990〜94 年	521 (100.0)	134 (25.7)	274 (52.6)	113 (21.7)	101 (19.4)	20.8
1995〜99 年	352 (100.0)	63 (17.9)	181 (51.6)	107 (30.5)	100 (28.5)	23.1
計	2,945 (100.0)	705 (23.9)	1172 (39.8)	1,069 (36.3)	926 (31.4)	18.3

資料：表 3-4 と同じ。
注：1）市街化区域外とは市街化調整区域および都市計画区域外である。
　　2）都市計画に基づく線引き（1970 年）の関係で，1971 年以降を掲載している。また，四捨五入の関係で計とは必ずしも一致しない。
　　3）「許可不要」は国有農地，開拓農地，国・大阪府・市町村，土地開発公社，土地収用法・都市計画事業施行者・土地改良事業，土地区画整理事業によるもの，および 2 a 未満の農業用施設等によるものである。そのうち「公共関係」とは，公共転用である。
　　4）市街化区域外転用比率は，大阪府全転用面積に占める市街化区域外転用面積の構成比である。

1980年代以降は20％台と若干高めに推移している。

　ところで，市街化調整区域では，市街化区域に比べ地価水準が相対的に低く，また農地のまとまりもある程度維持されていることから，大規模住宅・工場適地として都市開発の矛先が向けられている。たとえば，市街化調整区域における20ha以上の住宅系開発許可件数をみると，「線引き」以降から1993年までに12件を数え，開発面積は合計で734ha，住宅戸数は 1 万5,485戸に及んでいる[12]。このような大規模開発にともなって転用された農地も少なくないとみられる。

　市街化区域外の転用面積を区分別にみると，「 4 条転用」が23.9％，「 5 条転用」が39.8％，「許可不要」が36.3％となっている。「 5 条転用」と公共転用を含む「許可不要」が多いが，1980年代半ばころからはその様相は明確に

第3章　農地転用の動態と都市農家の特徴

異なっている。すなわち，「5条転用」の比率が高まる気配をみせていることであり，1990年代には転用面積の過半数を「5条転用」が占めるようになっている。なお，表出していないが許可関係のうち「農林水産大臣」許可（すべて5条転用）は，比率では1割にも満たないが，それでもこれまでに235haの農地が転用されている。

　用途別の転用状況については，資料の制約のため1971年から97年（合計：2,814ha）にかけてみると，「その他」転用905ha（32.1％），「道水路」転用560ha（19.9％），「住宅」転用401ha（14.3％），「工場」転用315ha（11.2％），「学校」転用272ha（9.7％），「公共施設」転用255ha（9.1％），「農業用施設」転用105ha（3.7％）となっている。その特徴は，1970年代には「道水路」，「学校」，「住宅」，「公共施設」および「その他」転用が相対的に多かったが，1980年代後半になると「工場」転用および「その他」転用の比重が高まりをみせる。「5条転用」比率の高まりとの関連でいえば，都市部からの工場移転，幹線道路を中心にした沿道での商業（流通）・サービス施設の新設・増設をはじめ，業務用の資材置場や露天駐車場の増大が考えられる。

　ここで，1980年代後半以降のとくに増加が著しい資材置場と露天駐車場の転用（以下，「露天型転用」）に注目して検討することにしたい。

　表3-9は，市街化区域外における農地の露天型転用の状況をみたものである。それによると，1990年から92年にかけての露天型転用面積の合計は，駐車場約52ha，資材置場約53haである。この間の全転用許可面積のなかで駐車場は22.5％，資材置場は23.0％を占めている。転用主体では，駐車場の場合は「5条転用」が64.6％を占めているのに対し，資材置場の場合は「5条転用」（94.8％）がほとんどである。このなかでもっとも注目されるのは「5条転用」の権利移動の内実であり，それは駐車場，資材置場とも賃借権設定のウエイトがきわめて高いことである。すなわち，農家は土地所有権を手元に保有しながら，賃貸形態で「5条転用」を行っているのであり，それはいわば「5条転用」の"4条化"現象ともいえる。このように，市街化区域外においても，とくに露天型転用の場合には，市街化区域（「4条転用」主体）

97

表3-9　市街化区域外における「露天型」転用状況（大阪府：1990～92年）

単位：上段は件数，下段はa

年次	駐車場（転用面積）	4条転用	5条転用	所有権移転	賃借権設定	資材置場（転用面積）	4条転用	5条転用	所有権移転	賃借権設定
1990年	29	100	109	62	47	284	24	260	134	126
	1,477	564	912	433	479	2,133	168	1,964	879	1,085
1991年	256	111	145	57	88	227	25	202	69	133
	2,107	616	1,491	470	1,020	1,676	87	1590	450	1,139
1992年	214	110	104	40	64	195	8	187	59	128
	1,589	650	940	356	584	1,479	22	1458	334	1,124
計	679	321	358	159	199	706	57	649	262	387
	5,173	1,830	3,343	1,259	2,084	5,288	277	5011	1,663	3,348
	(100.0)	(35.4)	(64.6)	(24.3)	(40.3)	(100.0)	(5.2)	(94.8)	(31.5)	(63.3)

資料：大阪府農業会議「農地の露天型転用の状況と土地利用に関する調査結果」1993年，より作成。
注：1）調査は1990年1月1日から1992年12月末日までの3カ年間で，露天型転用（駐車場と資材置場）に限定して実施された。市街化区域外とは，市街化調整区域および都市計画区域外である。
　　2）（　）内は転用面積の構成比である。

と同様の傾向が伺い知れる。このような農地は，本来的には農業内部で有効利用をはかるべきところではあるが，現実的には非農業的利用の方向に進んでいるのである。

　このようななか，市街化区域外（とくに市街化調整区域）では，とりわけ1980年代の相次ぐ転用規制の緩和措置によって，農地転用を促進させる条件が拡大している（表3-10，参照）。それは，内需拡大と経済の構造調整を進めるための一連の土地開発法制の整備に対応して，転用規制も順次緩和されてきたのであって，バブル経済の崩壊にともなってリゾートや企業誘致のための地域開発に狂奔した自治体や第三セクター，関連企業は，その運営が破綻したり，開発の見通しが立たなかったりなど深刻な問題を抱え込んでいるところが少なくなかったのである。

　大阪府との関連でいえば，市街化調整区域の開発要件が20haから5haに引き下げられたこと（大阪府は1985年に実施），沿道流通業務施設を中心とした開発許可対象が拡大されたこと（1986年），ミカン園地再編対策にかかる農地転用規制が緩和されたこと（1989年），「ふるさと創生」，「都市機能の地方分散」，「地域活性化」をねらいとした農地転用許可基準の大幅緩和がな

第3章 農地転用の動態と都市農家の特徴

表 3-10 土地開発法制・計画の制定等と農地転用許可基準の改正経緯
（1980 年代前半～1991 年）

年　月	土地開発法制・計画等の制定	年　月	農地転用許可基準の改正
1983.5	高度技術工業集積地域開発促進法「テクノポリス法」施行	1983.5	「テクノポリス法」による開発区域の農地転用の緩和
83.7	都市計画法施行令改正－市街化調整区域における開発許可の規模要件の引き下げ（20ha→5ha）	83.7	市街化調整区域における開発許可の規模要件の引き下げに伴う転用許可範囲の拡大
		85.4	農地転用許可に関する事務処理の迅速化指導
		85.12	許可基準の改正－旧開拓事業及び農道事業のみ受益地について第1種農地から除外
86.4	国際協調のための経済構造調整研究会報告（前川レポート）		
86.8	市街化調整区域における開発許可の運用基準の改正	86.8	市街化調整区域において開発許可対象となった農地の農地転用等への転用緩和
87.6	第4次全国総合開発計画－多極分散国土開発の促進	87.6	「リゾート法」による重点整備地区内の農地転用緩和
87.6 (87.10)	総合保養地域型整備法「リゾート法」施行 （緊急土地対策要綱（閣議決定））		
88.5	地域産業の高度化に寄与する特定事業の促進に関する法律「頭脳立地法」施行	88.5	市街化区域内の届出事務の迅速化
88.6	多極分散型国土形成促進法「多極分散法」の施行		
88.6 (88.6)	農村地域工業等導入促進法の改正 （総合土地対策要綱（閣議決定））		
89.3	農地活性化土地利用構想－農村活性化のための土地利用調整の円滑化－	89.3	許可基準の改正－農村活性化施設，国県道沿いの流通業務施設，沿道サービス施設についての第1種農地の例外許可範囲拡大
		89.3	「多極分散法」及び「頭脳立地法」に基づく開発計画，集落地域整備法に基づく集落地区計画区域の農地転用緩和
89.6 (89.12)	大都市地域における宅地開発及び鉄道整備の一体的推進に関する特別措置法の施行 （土地基本法制定）		
		90.2	許可基準の改正－農村活性化土地利用構想に基づく施設等への転用緩和
90.6	大都市地域住宅宅地供給促進特別措置法の改正		
90.9 (91.1)	市民農園整備促進法施行 （総合土地対策推進要項（閣議決定））		

資料：下地幾雄「最近の農地転用の動向－農地転用業務統計の分析を中心にして－」農林漁業金融公庫『農林金融』第 47 巻第 3 号，1994 年，より作成。

されたこと（1989年）などがあげられる。これらは大阪府下の農地転用動向にも少なくない影響を及ぼしていると考えられる[13]。

　ともあれ，市街化区域外の農地は現在なお大阪農業の重要な生産拠点であり，その保全が大阪農政の重要な課題となっている。農業振興地域内には農地として確保・保全すべき貴重な農地があり，それらを含めて市街化区域外には，1994年時点で大阪府下全農地の7割近くを占めていた。これらの農地は，相次ぐ規制緩和措置のもとで利用転換が促されるだけに，農地の確保・保全とその有効利用に向けた施策展開が強く求められていたのである。

99

4．都市農業と都市農家の変貌と特徴

（1）都市農業と都市農家の変貌

　都市化，工業化による地価上昇と農地かい廃の進行は，大阪の農業と農家に大きな影響をもたらした。それらは，総じて農地の利用転換（農地転用）と，兼業化・脱農化および経営規模の零細化をもたらしながら進展する農業の変貌と都市農家の分解動向のうちに端的に示されている。この都市農家とは，立地的には市街地に囲まれているか，その縁辺部に隣接している地域に居住し，農外の労働市場と都市の土地市場に包摂され，それらの展開に直接的および間接的な影響を絶えず受けながら営農を行なっている農家であって，なかでも市街化区域内で農業を営む農家は都市農家の典型ともいうべき存在である[14]。

　表3-11は，大阪府市部（33市）における農業構造の変貌の一端を示したものである。統計資料では市街化区域内に関するデータのみを取り出すことが困難なため，この表は市街化調整区域内も含んでいるが，おおむね基本的な特徴を把握することができよう。表によると，農家数，経営耕地面積が著しく減少していることがわかる。1960年から2000年の間に農家数で5万1,219戸，経営耕地面積で2万2,405haが消滅している。なかでも，新都市計画法の施行にともなう「線引き」が行なわれた1970年を指数「100」として2000年の数値を指数で示すならば，農家数が「43」，経営耕地面積が「42」であるから，いずれも6割近くの縮減である。

　このような変貌の最大要因は，これまで述べてきたように，市街化区域内農地のかい廃とそれにともなう農家の離農・兼業化によるものである。たとえば，線引きにより農地の全てが市街化区域内に組み込まれた大阪市，豊中市，吹田市，泉大津市，守口市，高石市の合計6市を取り出して検討してみると，1970年には6市計で農家数6,816戸，経営耕地面積2,203haであったが，2000年には農家数1,713戸（70年対比74.9％減），経営耕地面積561ha（同74.5

100

第3章　農地転用の動態と都市農家の特徴

表 3-11　大阪府 33 市の農業構造の動向

年　次	農家数 （A） （戸）	経営耕地 面積（B） （ha）	農家 1 戸 平均（B/A） （a）	耕　地 利用率 （%）	野菜特化状況	
					作　付 面積率 （%）	粗生産額 比率（耕種） （%）
1960 年	76,170 （131）	31,472 （147）	41.3 （112）	—	—	—
1965 年	66,517 （115）	25,826 （120）	38.8 （105）	—	—	—
1970 年	57,966 （100）	21,446 （100）	37.0 （100）	110.6	26.1	43.5
1975 年	49,779 （85）	16,893 （79）	34.4 （93）	106.0	24.2	40.5
1980 年	45,779 （79）	15,252 （71）	33.3 （90）	109.8	28.3	47.3
1985 年	42,405 （73）	13,798 （64）	32.5 （88）	114.1	29.9	46.7
1990 年	33,479 （58）	11,965 （56）	35.7 （97）	106.7	30.0	54.2
1995 年	28,210 （49）	10,041 （47）	35.6 （96）	99.6	27.4	52.3
2000 年	24,951 （43）	9,067 （42）	36.3 （98）	88.8	24.2	43.3

資料：農林水産省「農業センサス」各年，近畿農政局大阪統計情報事務所編「大阪農林水
　　　産統計年報」各年，より作成。
注：1）大阪府下の 33 市計である。
　　2）1990 年より農家の下限基準（西日本）が 5 a から 10 a に引き上げられている。
　　3）作付面積率は野菜作付面積÷農作物作付延べ面積×100，粗生産額比率（耕種）は
　　　　野菜粗生産額÷農業粗生産額（全耕種部門）×100 で算出した。
　　4）数値の下段の（　）内は 1970 年を 100 とした指数である。

%減）と大幅に減少している。このように，市街化区域内の農家と農地の減
少幅はとりわけ顕著であり，このことは農地のかい廃にともなって都市農家
の離農が急速に進んでいることを物語るものである。ここに，こんにちの都
市農業の存立基盤を示す典型的な一面をみることができる。

　さらに，経営耕地規模の零細化も進み，1970年と比べても農家 1 戸平均の
経営耕地規模も小規模化している。ただ1990年以降は前回のセンサス結果よ
り耕地規模が拡大しているが，これは調査対象農家の基準が 5 a から10aに引
き上げられた結果であり，零細な小規模農家が除外されたことによるもので
ある。それでも 1 戸平均では40aに満たず，2000年の全国平均122aと比べる

101

と経営耕地規模はきわめて小さいといえる。また，耕地利用率においても若干の増減変動はあるものの，1970年以降は低下傾向にあり，1995年に至ってはついに100％水準を割り込んでいる。このようなことから，大阪府33市の農業は全体的には後退・縮小局面にあるといえる。

　しかしながら，そのなかにあっても都市に近接しているという市場・流通諸条件の有利性を活かして，高度な生産・出荷技術の集積により，集約的野菜経営や施設経営に取り組む専業的農家の存在も少なからずみられることも事実である[15]。ここで，たとえば1995年時点の農産物販売金額が500万円以上の農家（「農業センサス」）を取り出してみると，大阪府33市では1,015戸と，農家数に占める比率は僅か3.6％にすぎない。しかし，大阪府全体で販売金額が500万円以上の農家の占める33市の比率は77.3％と，その大半が33市に分布している。また，耕地10a当たりの生産農業所得（農業純生産）は，大阪府33市では14.3万円であり，全国の9.2万円よりも1.5倍も高い。ということは，狭小な耕地規模にもかかわらず単位当たりでは高い収益を上げている証左ともいえる。さらに，耕地利用率においては，泉佐野市135.8％，大阪市122.1％，八尾市112.6％，東大阪市111.3％というように，農地の利用度合がきわめて高い地域もあることを併せて指摘しなければならない。また，市街化区域内では面的な経営規模の拡大は農地価格の高位性から事実上不可能であり，そのため集約的な農業にならざるを得ないが，そのような農家の存在は，上述の3.6％の数値にも示されているように，点的存在になりつつあることも事実である。

　なお，農業生産（耕種部門）においては，野菜のウエイトが高まっている。野菜生産は，大阪府では，北部の水田地帯を除く平坦部農業地帯にみられる古くからの特徴であるが，前掲**表3-11**にみるように，大阪府下では市部を中心に，野菜作付率の上昇傾向（ただし1995年以降は低下）がみられ，農業粗生産額（耕種部門）においても野菜はその構成比を一段と高めながら，1990年代前半には40％余りから50％台を占めるに至っている。このように，大阪の都市農業と都市農家の変貌は著しいが，そのなかでも生鮮農産物を中

第3章　農地転用の動態と都市農家の特徴

心に重要な供給機能を有していることも忘れてはならない[16]。

（2）都市農家の特徴

　次に，大阪府33市の農家構成の動向をみよう。1970年の専兼別構成比は，専業農家が10.1％，第1種兼業農家が13.4％，第2種兼業農家が76.5％であったが，1995年にはそれぞれ10.3％，9.5％，80.2％と，第2種兼業化が進んでいる。表3-12で，兼業形態と1990年センサスで定義された「自給的農家」の存在状況を全国（および東京都）と大阪府・大阪府33市とを比較すると，大阪府の自給的農家割合は，全国の2倍余りであり，東京都に比べても自給的農家割合が高いことが注目される。とりわけ，大阪府33市では2戸に1戸が自給的農家である。

　ところで，兼業農家の比率は全国と比べて高いとはいえ，その差は数ポイント程度にすぎないが，兼業形態にみる自営兼業比率の高さは大いに注目される（同様に，東京都の数値も注目される）。「農業センサス」では自営兼業を「林業」・「漁業」・「その他」と区分しているが，大阪府では「その他」が大半である。それは主に不動産経営によるものであり，このような兼業状況が都市農家の特徴ともいえる。すなわち農地を転用することによって不動産経営に活用したり，あるいは農地の売却代金を不動産経営に投資したりしていると考えられる。なお雇用兼業は全国に比べて比率は低いが，大阪府では「出稼ぎ」はもちろんのこと，「日雇・臨時雇」も極端に少ないことから，「恒

表3-12　専兼別および兼業形態別農家の状況（大阪府・東京都・全国：1995年）

単位：戸（全国は千戸），％

	農家数(A)	専業農家(B)	比率(B/A)	兼業農家(C)	比率(C/A)	雇用兼業(D)	比率(D/A)	自営兼業(E)	比率(E/A)	自給的農家(F)	比率(F/A)
大阪府	33,376	3,450	10.3	29,926	89.7	22,176	66.4	7,750	23.2	16,203	48.5
33市	28,210	2,918	10.3	25,292	89.7	18,443	65.4	6,849	24.3	14,300	50.7
東京都	17,367	1,901	10.9	15,466	89.1	8,003	46.1	7,463	43.0	6,840	39.4
全国	3,444	551	16.0	2,893	84.0	2,485	72.2	408	11.8	792	23.0

資料：農林水産省「農業センサス」1995年，より作成。
注：「自給的農家」とは経営耕地面積が30a未満の農家でかつ農産物販売金額が50万円未満の農家である。

常的勤務」の兼業率は全国と比較して，大きな差違はない。

　以上のように，自営兼業農家の存在状況が大阪府における都市農家の特徴であるとしたが，このような自営兼業形態はもともと「安定的」な兼業形態なのだろうか。これを統計的に把握し検討すれば，必ずしも安定的な存在形態とはいい難いように思われる。大阪府33市における自営兼業農家率の動向は，1970年26.0％，75年30.1％，80年27.4％，85年25.0％となっている[17]。確かに，1970年代はその比率を高めつつあったが，1980年代は逆に率を低下させている[18]。

　しかしながら，大阪府33市においては，この自営兼業農家率は常に20～30％の高水準にあり，たとえば，1995年時点において，農地が全て市街化区域にある豊中市では58.8％，泉大津市では48.5％，大阪市では39.5％といったように，自営兼業農家がきわめて高い割合で存在している地域もある。つまり，大阪府33市のなかでも市街化区域内の農家だけを取り出せば，そのウエイトがいっそう高まるものと考えられる。

　次に，このような状況を農家経済の側面から検討してみよう。**表3-13**は前表と同じく全国および東京都と大阪府を比較したものである。これをみると，まず第1には，農家所得が全国と比べ極端に多いという特徴をもっていることである。ただし，農家所得のなかで農業所得依存度は，全国の20.9％に対し，大阪府は8.3％と低い。第2には，農業所得依存度の低さは，農外所得への依存度が高いという意味であり，この農外所得は全国と比べて約3倍の高さにある。つまり，農家所得の大部分を農外に依存しているのである。そして第3には，農外収入のなかで「商工業等収入」の占める部分が異常に高いことに気づく。農家所得のなかで「商工業等収入」依存度は全国の7.2％に対し，大阪府は実に36.0％を占める。この「商工業等収入」の詳細な内容を統計ではさだかにできないが，大阪府の場合は多くが貸家，マンション・アパートや駐車場経営など資産運用によるものであるということは，先に確認した農地転用動向から考えても明らかであろう。第4には，「商工業等収入」に加えて「配当及び利子」収入もきわめて高く，全国対比で11.3倍になって

第3章　農地転用の動態と都市農家の特徴

表3-13　農家経済の概要（大阪府・東京都・全国，1戸当たり：1995年）

単位：千円，（　）内は全国（100）対比

	農家所得 (G=C+F)	農業所得 (C=A-B)	農業粗収益 (A)	農業経営費 (B)	農外所得 (F=D-E)	農外収入 (D)	うち商工業等収入	うち配当及び利子	農外支出 (E)
大阪府	16,594 (241)	1,374 (95)	3,070 (81)	1,696 (72)	15,220 (279)	17,094 (297)	5,973 (1,191)	4,600 (1,127)	1,874 (610)
東京都	12,278 (178)	1,136 (79)	2,636 (70)	1,500 (64)	11,142 (204)	13,982 (204)	-	-	2,840 (925)
全国	6,895 (100)	1,442 (100)	3,791 (100)	2,349 (100)	5,453 (100)	5,453 (100)	501 (100)	408 (100)	307 (100)

資料：近畿農政局大阪統計情報事務所編「大阪農林水産統計年報」1995〜1996年，より作成。
注：農家所得には，年金・被贈等の収入は含めていない。

おり，この面からの収入も農家所得の重要な構成要素になっている[19]。

　以上のような諸特徴は，市街化区域内の農家であれば，いっそう顕著になると想定され，このようなことが大阪府の都市農家の性格を特色づけているといえる。なお，1995年の大阪府の農家経済状況を1971年当時と比較すると，農業所得は約2.0倍，農外所得は約10倍であるのに対し，「商工業等収入」は約20倍に増えている。すなわち，新都市計画制度に基づく「線引き」以降，このような不動産経営への依存を著しく高めていることが都市農家の特徴なのである。

　このように，大阪府下の都市農家は，耕作者主義にもとづく本来の土地所有意識を，著しい都市化，新都市計画制度のもとでの線引きと市街化区域への編入，農地転用制度の改変（許可制から届出制）などにともなって農地（＝土地）を資産・不動産として意識せざるを得ない方向へと導いたのではないか，といえなくもない。そこで，次章では，1991年の市街化区域内農地に対する税制と都市計画制度の改変のもとで，都市農家の農地所有と利用構造にどのような変化をもたらしたのか，またそのもとでどのような問題が具現化しているのか，これらの諸点を具体的に検討することにしたい。

105

注

1）渡辺洋三『土地と財産権』岩波書店，1977年，pp.125-126。

2）関谷俊作『日本の農地制度』農業振興地域調査会，1981年，p.155。

3）農地区分については，以下のとおりである。「第1種農地」は，①農業生産力の高い農地，②集団的に存在している農地，③土地改良事業，開拓事業などの農業に対する公共投資の対象となった農地のいずれかに該当する農地であり，農地として積極的に維持保全する必要のある農地。「第2種農地」は，都市的発展が予想されると認められるような区域内に存在する農地で，農地として維持保全する必要が比較的少ない農地。「第3種農地」は，都市的環境の整備された地域内に存在する農地で，農地として維持保全する必要が少ない農地。若林正俊編著『最新版農地法の解説』全国農業会議所，1981年，pp.109-110，による。

4）農地転用許可基準が法律上明記（農地法第4条・第5条の各2項）されたのであり，転用については「許可されない農地」と「される農地」を明確化した。全国農業会議所「農地転用許可・農業振興地域制度マニュアル」1999年，による。なお，詳細は補論I，参照。

5）大阪府農林部「農地動態調査其の1（既存資料による転用調査）」1962年，および同「大阪府における農地動態調査（大阪府農地動態調査第2集）」1963年。

6）大阪府建築部「大阪府住宅統計年報」1994年，による。府営住宅取得土地面積は，1950年代364ha（農地：77.7％），60年代542ha（同：47.6％），70年代266ha（同：18.8％），80年代27ha（同：14.8％）となっている。

7）大阪府下の農業委員会に対するヒアリング結果では，市街化区域での賃貸転用は「5条転用」のなかで主要な形態ではないといわれている。

8）市街化区域内農地転用の全国的傾向と特徴については，石井啓雄「農地面積の動向と農地の転用問題」『国土利用と農地問題（食糧・農業問題全集11-A)』（今村奈良臣・河相一成編）1991年，pp.56-59，参照。

9）前掲『土地と財産権』，p.27。

10）以下の「住宅」転用と「工場」転用の比率は，大阪府農林水産部「大阪府における農地動態調査」で把握できる1958年から70年までの数値である。とくにこの期間に建造された「住宅」は，現在では老朽化問題などに直面している府営などの公営住宅，民間の木造賃貸住宅などが多い。

11）全国農業会議所『田畑売買価格等に関する調査結果』各年。

12）大阪府建築部「大阪府住宅統計年報」1993年，による。住宅戸数は開発許可申請時の設計説明書段階のものである。

13）「農林水産大臣」許可の当時の状況をみると，1988年から92年の5年間で29件にのぼるが，従来の住宅（1件)・工場転用はほとんどみられず，道路・学校・公園・運動場に加え，ゴルフ場といったレジャー施設を含むその他施設用地

が 8 件を数えている。

14）都市に位置する都市農業とは，「一方では都市圧の「最前線」に立地していると
　　ともに，他方では都市に立地することの有利性においても「最前線」にたっ
　　ている」という二面性をもつ農業である，と定義されている。もちろん，
　　市街化区域内の農業は，都市農業の中心である，とされている。橋本卓爾『都
　　市農業の理論と政策』法律文化社，1995年，pp.9-11。

15）都市農家の流通対応について市場サイドからみた論稿としては，藤田武弘「農
　　産物流通・市場の展開と都市農業（第5章）」大阪府農業会議編『都市農業の
　　軌跡と展望』1994年，がある。また，市街化区域内などの先端的な農業経営
　　の実態分析については，横田顕子「都市農業の構造的特徴と展開方向に関す
　　る研究（平成7年度修士論文）」大阪府立大学大学院農学研究科，1996年。さ
　　らに，先端的な農業経営の実態分析と農業の継承性の視点で分析したものに，
　　山本淳子「農業経営における経営継承の実態と特徴―大阪南部の園芸経営を
　　対象として―」『農業研究センター経営研究』第41号，1998年，がある。

16）大阪農業（生鮮野菜等）の供給機能・役割については，小野雅之「大消費地
　　における地場野菜流通の構造と特質に関する研究」『山形大学紀要（農学）』
　　第11巻第3号，1992年，および大西敏夫「近郊産地と卸売市場（第1章第4節）」
　　小野雅之・小林宏至編『流通再編と卸売市場』（筑波書房）1997年，参照。

17）就業状況（16歳以上の世帯員）では，自営兼業従事者比率（男女計）は，
　　1970年11.7%，80年11.8%，90年10.4%，95年10.5%と推移しており，大きな変
　　動はみられない。

18）「農業センサス」によれば，自営兼業農家とは自家農業以外の自営業により年
　　間の販売金額の一定額をこえる農家をいうが，その額は1970年3万円以上，
　　75年5万円以上，80年7万円以上，85年10万円以上，95年15万円以上である。

19）大阪府下における兼業農家の特徴，農家経済・農家生活の変容を分析したも
　　のに，内藤重之「都市化の進展と農家・農村の変容（第2章）」前掲『都市農
　　業の軌跡と展望』，がある。

第4章

生産緑地制度の改正と都市農地をめぐる諸問題

1．生産緑地制度の改正と農地の「二区分化」状況

（1）生産緑地法の改正とその背景

　都市の膨張と地価の上昇，それにともなう土地問題・住宅問題の深刻化を背景にして，市街化区域内の農地は都市的土地利用への転換を政策的にも絶えず迫られてきた。新都市計画法の制定と「線引き」，その後の市街化区域内農地に対する宅地並み課税の実施は，まさにそのことを物語っている。都市の土地政策とは，膨大な農地を都市内に囲い込み，土地税制の強化によって農地の利用転換を促進しようとしたものである。しかし，農地の宅地並み課税は，農家と農業諸団体の猛烈な反対運動とそれに対する自治体の一定の理解を背景に，課税の軽減措置などによって，実質的には適用を回避してきたのである。

　そもそも新都市計画法は，市街化区域内農地は宅地化すべき土地であり農地としての利用は認めないというのが基本的な考え方である。この考え方に基づく「線引き」後のほぼ20年に及ぶ期間は，農地の利用をめぐり都市サイドと農家サイドの対抗関係のもとでの激しい攻めぎあいの歴史でもあったといえよう。この対抗関係は，1991年の土地税制の改変と生産緑地法の改正により，ひとまず"ピリオド"が打たれるかにみえ，実際，それによって都市の農業と農地は，新たな転機を迎えたことは事実である。

　改正生産緑地制度は，第1に，これまで宅地の供給源としていた市街化区域内農地を都市計画のなかに位置づけるとともに，第2に，農地の適正な保

109

図4-1　三大都市圏特定市の市街化区域内農地の「二区分化」措置の概要（1991年時点）

市街化区域内農地	区分化	市街化区域内農地	相続税納税猶予制度	固定資産税
長期営農継続農地制度対象農地（宅地並み課税対象農地） ◇認定農地（課税猶予・免除） 〈要件〉①現に耕作の用に供されかつ10年以上営農を継続。②一団の農地面積が990㎡以上，あるいは同一市内における農家単位の経営規模が990㎡以上である場合。 ◇非認定農地（宅地並み課税）	→保全→農地	市街化調整区域への編入 〈要件〉①現に市街化されていない。②計画的市街地整備の見込みなし。③市街化区域整備に支障なし。④「穴抜き逆線引き」基準2ha以上。	適　用	農地課税
宅地並み課税対象外農地 〈該当〉単位評価額（3.3㎡当たり）3万円未満の農地 生産緑地地区（改正前）指定農地〔農地課税〕 〈要件〉①第1種生産緑地（土地区画整理・開発行為に係わる区域外，おおむね1ha以上で期間制限なし），②第2種生産緑地（土地区画整理・開発行為に係わる区域内，おおむね0.2ha以上で10年間，1回更新可能）		生産緑地地区の指定 〈要件〉①都市環境の保全等に効用があること。②公共施設等の用地に適しているものであること。③用排水等の営農継続可能条件を備えていること。④500㎡以上の集団農地。なお，生産緑地指定後30年経過または主たる従事者の死亡等により，市（町村）長に対して買い取り申し出ができる。	適　用 終身営農後免除	農地課税
	→「宅地化」農地		適用外	宅地並み課税

注：特定市とは，首都圏の既成市街地および近郊整備地帯を含む市（区），中部圏の都市整備区域を含む市，近畿圏の既成都市区域および近郊整備区域を含む市をいう。

全を国および地方公共団体の責務と明記したものの，「保全農地」と「宅地化」農地のいわゆる「二区分化」措置による生産緑地の指定状況からは，都市の農業は大きな変容を余儀なくされたことが明らかとなった。

　ここでは，まず「二区分化」とはどういうものか，その内容を確認しておこう。**図4-1**は，三大都市圏特定市の市街化区域内農地の「二区分化」措置の概要をみたものである。図の左側は，「二区分化」措置前の三大都市圏特定市の市街化区域内農地の税制上の取扱いとその制度内容（「長期営農継続農地」制度など）を示したものである。そして，制度改変で，図の右側のように，特定市の市街化区域内農地は，一方では「保全農地」と，他方では「宅

第4章　生産緑地制度の改正と都市農地をめぐる諸問題

地化」農地に区分されることになった。

　ところが，「保全農地」のうち，図の上段の市街化調整区域への編入は土地所有者間などの調整と同意や合意形成が必要なことから，事実上編入には困難な側面があり，そのため農地を長期に農業的に利用・保全しようとすれば，農家は下段の生産緑地地区の指定を受けなければならない。そこで，この指定要件をみると，原則として「30年営農」や相続税納税猶予制度の「終身営農」規定が盛り込まれており，農家サイドにとっては指定要件は従前よりもいっそう厳しくなっているのである。一方，「宅地化」農地を選択すれば，固定資産税は宅地並み課税となり，相続税納税猶予制度は適用外となる。いわば農業的な土地利用の継続は，事実上不可能となる。このように，「二区分化」措置とは，以上のような厳しい選択を都市農家に迫ったといえる。なお，生産緑地地区の指定を受けた農地について市町村長に買取りの申出を行うことができるのは，生産緑地地区指定から30年を経過したとき，農地の主たる従事者が死亡したとき，農地の主たる従事者の病気・けがなどにより農業に従事することができないと認められるときである。買取りの申出を行った場合，市町村長は1カ月以内に買取りの有無を通知するが，買取りを行わない場合は他の農業者に所有権移転のあっせんがなされる。しかし，買取り申出の日から3カ月以内にあっせんがととのわなかった場合には，行為制限の解除が行われる。

　ここで，市街化区域内農地をめぐる税制および制度改正の本質的なねらいについて検討しておこう。**表4-1**は，税制および制度改正をめぐる1980年代後半以降の動きについて整理したものである。この税制および制度改正は，第1に，経済構造調整と内需拡大が政策的に押し進められるもとで，第2に，農業・農政や都市農地批判をも背景に取り込みながら，第3に，異常な地価高騰による土地・住宅問題の深刻化を解決するということを最大の目的として行われたのである。それによって，大都市圏内の農地の宅地化促進，宅地素地の放出がなされ，土地の需給バランスがとれると考えたのである。換言すれば，都市の農業や農地の維持・保全のために税制および制度改正に着手

111

表4-1　市街化区域内農地をめぐる税制・制度改変の経緯（1980年代後半～1991年）

年　月	主な税制・制度の改変の動き	内　容
1986年4月	・「国際協調のための経済構造調整研究会（中曽根首相の私的諮問機関）」報告（「前川レポート」）	・内需拡大を柱として住宅対策及び都市再開発の推進
1986年5月	・OECD（経済開発協力機構）勧告	・「市街化区域内農地の都市的利用」の促進
1987年5月	・経済審議会・経済構造調整特別部会報告（「新前川レポート」）	・宅地供給促進，不公平税制是正のための長期営農継続農地制度の見直し
1988年6月	・臨時行政改革推進審議会（新行革審）「地価等土地対策について」答申 ・政府「総合土地対策要綱」閣議決定	・大都市地域の市街化区域内農地の保全するもの，宅地化するものの区分の明確化 ・市街化区域内農地の宅地化推進（宅地化するものと保全するものと区分の明確化を図ることが基本）
1989年12月	・土地基本法制定 ・自民党税制調査会「平成2年度税制改正大綱」決定 ・政府税制調査会「平成2年度税制改正」答申 ・政府，土地対策関係閣僚会議「今後の土地対策の重点実施方針」決定	 ・土地の有効利用・資産課税の適正化等から市街化区域内農地の課税の見直し ・同上 ・大都市地域における住宅・宅地供給の促進として市街化区域内農地を都市計画において明確に区分
1990年6月	・日米構造協議，日本側最終報告	・相続税納税猶予制度及び固定資産税の徴収猶予制度に着目して見直し
1990年10月	・政府税制調査会答申	・土地に対する公平・適正な課税という趣旨から長期営農継続農地制度を廃止
1990年12月	・自民党「土地税制改革大綱」決定	・長期営農継続農地制度を平成3年度で廃止し，平成4年度中に保全する農地，宅地化する農地の区分を行なう
1991年1月	・政府「総合土地政策推進要綱」を閣議決定	・土地神話の打破・地価の引き下げ・適正合理的な土地利用の確保を目標
1991年3月	・地方税法改正 ・租税特別措置法改正	・長期営農継続農地制度廃止 ・相続税納税猶予制度改正
1991年4月	・生産緑地法改正	

資料：大阪府農業会議・大阪府農業協同組合中央会「都市農業確立対策ハンドブック―PART1―」1990年，などにより作成。

したのではなく，むしろ都市の農地の宅地化促進を主要な目的としていた側面が強いといえる。

　しかし，改正生産緑地法には，いくつかの画期的な面も見い出すことができる。それは，第1に，これまでの市街化区域内農業・農地の歴史的経過と存在状況を一定程度考慮していること，第2に，都市環境や生活環境保全にとっての農業・農地の果たす社会的役割をある程度ふまえていること，第3に，市街化区域内の農地の存在を都市計画のなかに認知したことである[1]。以上の点は，都市農業と都市農地のこれからのあり方を考えるうえで重要な内容を含んでいると考える。

112

第 4 章　生産緑地制度の改正と都市農地をめぐる諸問題

表 4-2　三大都市圏特定市における市街化区域内農地の「二区分化」措置状況
（1992 年末現在）　　　　　　　　　　　　　　　　　　　　単位：ha，%

		市街化 区域内 農地面積 （A）	生産緑地 地区指定 農地面積 （B）	指 定 農地率 （B/A）	「宅地化」 農地面積 （C）	「宅地化」 農地率 （C/A）	市街化調 整区域編 入面積
首都圏	茨城県	682	59	8.7	623	91.3	—
	埼玉県	7,641	1,896	24.8	5,745	75.2	—
	千葉県	5,604	1,091	19.5	4,513	80.5	—
	東京都	6,995	3,983	56.9	3,012	43.1	—
	神奈川県	6,030	1,382	22.9	4,635	76.9	13
	計	26,951	8,411	31.2	18,527	68.7	13
中部圏	愛知県	8,598	1,591	18.5	7,000	81.4	7
	三重県	1,090	270	24.8	809	74.2	11
	計	9,688	1,861	19.2	7,809	80.6	18
近畿圏	京都府	1,937	1,063	54.9	874	45.1	—
	大阪府	6,035	2,479	41.1	3,523	58.4	33
	兵庫県	1,685	616	36.6	1,069	63.4	—
	奈良県	2,267	640	28.2	1,555	68.6	72
	計	11,924	4,798	40.2	7,021	58.9	105
全国計		48,563	15,070	31.0	33,357	68.7	136

資料：国土庁「平成 5 年版土地白書」1993 年，より作成。原資料は自治省「固定資産の価
　　　格等の概要調書」および建設省調べ。
注：特定市は，茨城県 5 市，埼玉県 38 市，東京都 28 市（区），千葉県 20 市，神奈川県 19
　　市，愛知県 26 市，三重県 2 市，京都府 7 市，大阪府 33 市，兵庫県 8 市，奈良県 10 市，
　　計 196 市である。

　「二区分化」措置により，三大都市圏特定市の市街化区域内農地は，どの
ように区分されたのであろうか，**表4-2**からその状況をみることにしよう。
長期営農継続農地制度が1991年12月末に廃止されることから，生産緑地地区
の申請と指定は，1992年に行われた。表によると，三大都市圏特定市の市街
化区域内農地面積 4 万8,563haのうち，生産緑地地区指定面積は 1 万5,070ha
であり，指定率は31.0％である[2]。これに対し，「宅地化」農地面積は 3 万
3,357haであり，その面積率は68.7％となっている。また，「保全農地」のも
う一つの形態である「市街化調整区域編入」農地はわずかに136ha（0.3％）
にすぎない。

　このように，生産緑地の当初指定時には，全国的には，「保全農地」が約
3 分の 1，「宅地化」農地が約 3 分の 2 に区分されたわけであり，都市の農業・
農地を維持・発展させる立場からすれば，厳しい結果となった。それは，多
くの「宅地化」農地がいずれ都市的土地利用への転換に迫られる事態を迎え

113

ることになることを意味しているからである。「宅地化」農地は，全国の農地面積からすれば1％にも満たないが，日本の異常な食料自給事情のみならず，対象地域が人口過密の三大都市圏特定市であることから，そこで担っている生鮮野菜の供給状況や総じて自然や“みどり”資源の欠落を特徴とする都市住民の生活環境をふまえるならば[3]，これは決して看過することができない問題であるといえる。

　生産緑地の指定状況（指定率）を都市圏別・都府県別にみると，以下のような特徴がある。近畿圏（40.2％）は総じて高く，首都圏（31.2％）はほぼ全国水準であるが，中部圏（19.2％）はきわめて低い。また，都府県別ではかなりバラツキがみられ，東京都と京都府が50％を超え，次いで大阪府が41.1％とこれにつづいており，これらの3都府は総じて高いグループに入る。その一方で，茨城県，愛知県，千葉県の指定率はかなり低い。以上のように，大阪府の指定率は，全国平均を約10ポイント上まわっているとはいえ，60％近い農地は「宅地化」農地に位置づけられたのである。この大阪府の状況について，もう少し詳しく述べることにする。

（2）大阪府における農地の「二区分化」状況

　大阪府における生産緑地地区指定の申請手続きは，他の都府県と相違していた。多くの都府県では申請時に農地所有者の同意書を同時に提出させたが，大阪府では1992年3月末日までにまず指定希望を都市農家に申し出させ，そのあと申請手続きに必要な同意書の提出を求めたのである。それに基づいて，都市計画地方審議会の議決と大阪府知事の承認を経て都市計画決定し，生産緑地を指定したのであり，それは第1次（1992年8月）と第2次（同年11月）の2回に分けて行われている。

　ところで，大阪府33市（市部はすべて特定市）における生産緑地地区指定希望申出面積は，1992年3月末日現在で3,025haであった。これは，当時の市街化区域内農地面積（6,320ha）の47.8％を占め，なかでも地区別では中河内と泉南の2地区が50％を超えていたのである。しかし，その後の同意書の

114

第4章　生産緑地制度の改正と都市農地をめぐる諸問題

表4-3　地区別にみた市街化区域内農地面積と生産緑地地区指定状況（大阪府33市）

単位：ha，％

	市街化区域面積(A)	市街化区域内農地面積(B)	生産緑地地区指定農地面積(C)	指定農地率(C/B)	「宅地化」農地面積(D)	「宅地化」農地率(D/B)	市街化区域内農地率(B/A)	【参考】市街化区域内人口密度(人/km²)
豊能地区	6,238	426	177	41.6	249	58.4	7.0	9,984
三島地区	10,444	601	238	39.7	363	60.3	6.0	7,057
北河内地区	11,049	970	396	40.8	574	59.2	9.1	10,719
中河内地区	29,042	1,084	458	42.2	627	57.8	3.9	11,943
南河内地区	6,789	854	373	43.7	481	56.3	13.2	7,758
泉北地区	14,424	891	284	31.9	607	68.1	6.4	7,129
泉南地区	8,603	1,237	553	44.7	684	55.3	14.9	4,983
大阪府33市	86,589	6,052	2,479	40.9	3,583	59.1	7.3	9,235

資料：大阪府資料（1992年11月19日現在），大阪府統計協会「大阪府統計年鑑」1991年，より作成。
注：1）大阪市は中河内地区に含めた。
　　2）「市街化区域面積」および「人口密度」は1991年3月末現在である。

　提出と指定手続きの過程で，**表4-3**にみるように，実際に確定した生産緑地地区指定面積は，2,479haに落ち込み，指定率も40.9％とかろうじて4割水準に達したのである。

　この「希望申出」面積と現実の「指定」面積の差，すなわち546haは，農地所有者（耕作者）が指定の「希望申出」をしたものの，同意書提出の段階で指定を諦めた結果である。そのことは「30年営農」という指定要件の厳しさを背景にした「二区分化」措置に対する都市農家の躊躇と苦悩のあらわれともいえよう。「保全農地」のもう1つの選択肢である市街化調整区域への編入（「逆線引き」）は，生産緑地地区の指定とともに話し合いが各地ですすめられたが，結果としては和泉市の約33ha（1992年12月）の編入にとどまっている。この編入地域は野菜・花き栽培を中心にした園芸地帯であり，専業農家層も比較的多い地域である。

　前掲**表4-3**の地区別の指定率については，都市化の指標である市街化区域内農地の残存状況（農地率）や人口密度の状況から以下の点を指摘することができる。すなわち，生産緑地地区指定面積率の高い地域には2つのタイプがある。その1つは，大阪市を含む中河内地区（指定率42.2％）である。この地区は，市街化区域内において農地残存面積は少なく，人口密度が高いゆ

115

表4-4　地区別にみた農業・農家の概況（大阪府33市：1990年）

	農家数 (A) (戸)	兼業 農家率 (%)	自営 兼業 農家率	専従者 有り 農家率 (%)	自給的 農家率 (%)	経営耕地 面積 (B) (ha)	1戸 平均 (B/A) (a)	作付面積率（%）	
								稲	野菜
豊能地区	1,786	93.0	40.3	36.9	47.0	667	37.3	50.2	20.9
三島地区	4,544	98.5	28.1	11.9	51.6	1,576	34.7	75.6	17.3
北河内地区	4,519	91.9	19.6	18.4	50.7	1,654	36.6	74.2	16.7
中河内地区	4,820	86.4	29.9	35.6	52.0	1,539	31.9	34.9	34.5
南河内地区	5,947	89.2	15.3	25.5	52.5	2,004	33.7	46.4	27.0
泉北地区	6,374	92.3	24.1	18.7	55.1	2,113	33.1	38.0	24.8
泉南地区	5,489	85.4	19.4	35.4	39.6	2,412	43.9	31.8	44.8
大阪府33市	33,479	90.6	23.4	25.1	50.1	11,965	35.7	45.2	30.2

資料：農林水産省「農業センサス」1990年，近畿農政局大阪統計情報事務所編「大阪農林水産統計
　　　年報」1990～91年，より作成。
注：1）「専従者」とは農業従事者で従事日数が年間150日以上の者である。専従者有り農家とは，
　　　　専従者が1人以上いる農家である。
　　2）作付面積率は，農作物作付延べ面積に対する各作物の面積比率である。

えに，また地価水準も相対的に高いといえる。いま1つは，泉南（同44.7%）
及び南河内（同43.7%）の両地区である。これらの地区は，農地残存面積が
他地区と比べて多く，人口密度も比較的低いといった特徴を有する。逆に，
これらの特色が総じてみられない地区，たとえば，泉北（同31.9%）のよう
な地区では指定率がきわめて低い。

　表には示していないが，33市別の指定面積率は，高槻市（61%），交野市（60
%），大阪狭山市（58%），箕面市（56%），泉佐野市（54%），八尾市（53%），
河内長野市（51%）というように5割を超える市と，門真市（19%），池田
市（22%），摂津市（22%），守口市（23%）のように2割前後にとどまる市
など，大阪府下においてもその格差は大きい。

　ここで，**表4-4**として，地区別にみた農業・農家の概況を加味して，前掲
表4-3で明らかになった内容をもう少し検討することにしたい。生産緑地地
区指定をめぐる大阪府下における地区の特徴と背景については，おおよそ以
下の諸点に注目することとしたい。

　上述の2つの地域類型は，兼業化の状況，農業専従者の存在状況，作付作
物の状況などからみて，つぎのような特徴をも指摘できる。ただし，この表
の数値は市街化区域外も含まれているため，市街化区域を問題にしているこ

とから考えて必ずしも正確ではないが，基本的な傾向は把握できると考えられる。まず，泉南・南河内の両地区については，兼業農家率や自営兼業農家率が低く，かつ農業専従者は他の地区に比べて相対的に層が厚いという特徴をみてとることができる。両地区は，大阪府下では有力な農業地帯である。また中河内地区については，兼業農家率が低いものの自営兼業農家率が比較的高いことに加えて，農業専従者も多く残存していることが指摘できよう。ここでは，賃貸住宅などの自営業と，経営面積は狭小ではあるが集約的な野菜栽培経営とが同一農家のなかに併存している農家が広範にみられるという特徴をもっている。これらと対極をなすのが，米単作地帯の三島（稲作付率：75.6％），北河内（同：74.2％）の両地区であって，ここでの生産緑地指定面積率は相対的に低い。

　次節では，以上の地域類型をもふまえて，3つの事例地を取りあげ，生産緑地地区指定をめぐる都市農家の対応実態とその特徴について分析を試みることにしたい[4]。3つの事例地は，米単作地帯で兼業深化の著しい北河内の「N地区」，都市化が濃密に進展し集約的な野菜栽培と自営兼業が並存している中河内の「O地区」，市街化区域とはいえ経営規模が相対的に大きく農業専従者の層も厚い泉南の「S地区」である。

2．生産緑地希望農家の実態と生産緑地をめぐる諸問題

（1）事例地の概況

　ここでは，農家調査の実態分析との関連で，3つの事例地の概況について「農業センサス集落調査（1990年）」[5]に依拠して述べることにしたい。

　北河内N地区（以下，「N地区」）の農家数は61戸であり，そのうち専業農家は2戸と少なく，大半は第2種兼業農家（59戸：96.7％，以下構成比は全農家に占める割合）である。自給的農家は32戸であり全体の52.5％を占めている。兼業形態では，雇用兼業農家が44戸（72.1％）ともっとも多く，自営兼業農家は15戸（24.6％）である。1戸平均の耕作規模は51.8aと大阪府平均

（35.7a）をかなり上まわっているが，施設型経営の農家は皆無である。水田率は84.4％と高く，作付面積のうち水稲が78.2％，野菜が21.2％を占めている。

　以上のように，N地区は飯米農家を主軸に雇用兼業・米単作型の性格を有する地域である。

　中河内O地区（以下，「O地区」）の農家数は68戸で，その内訳は専業農家5戸（7.4％），第1種兼業農家14戸（20.6％），第2種兼業農家49戸（72.0％）となっている。兼業形態では，雇用兼業農家41戸（60.3％），自営兼業農家22戸（32.4％）と3事例地のなかでは自営兼業農家率が高く，また，自給的農家は28戸（41.2％）を数える。1戸平均の耕作規模は28.6aと，大阪府平均に比べて零細であり，施設型経営農家は1戸存在している。畑地率は58.2％，作付面積の71.0％は露地野菜である。

　以上のように，O地区は，自営兼業と野菜の高度輪作型経営を特色とした典型的な都市型農業地域の色彩を持つ。

　泉南S地区（以下，「S地区」）の農家数は102戸ともっとも多い。そのうち，専業農家は21戸（20.6％），第1種兼業農家は6戸（5.9％），第2種兼業農家は75戸（73.5％）である。3事例地のなかでは，比較的専業農家の層が厚い地域である。兼業形態では，雇用兼業農家53戸（52.0％），自営兼業農家28戸（27.5％）であり，上記の2事例地の丁度中間に位置している。自給的農家は41戸（40.2％）である。1戸平均の経営規模は42.9aとN地区より小規模であるが，施設型経営農家は全体の約1割（10戸）に達している。水田率は95.9％と高いが，作付面積のうち水稲が69.6％，野菜が20.0％，花きが9.7％というように多彩な作物が栽培されている。

　以上からS地区は，専業農家の層が厚いうえ，施設経営，野菜複合経営の展開がみられ，市街化区域内とはいえ施設，複合経営を軸とした都市近郊型農業の色彩を持つ地域である。

　それぞれ上述のような特色を有する事例地において，生産緑地を希望した都市農家とはどのような農家であろうか，その特徴を地区ごとに述べることにしたい。

第4章　生産緑地制度の改正と都市農地をめぐる諸問題

（2）生産緑地希望農家の実態と特徴

1）北河内N地区

　表4-5は，N地区における生産緑地希望農家の概況を一覧にしたものである（以下，**表4-6**および**表4-7**も同様）。指標としては，専兼別・兼業形態別の状況，家族数と農業従事者数の状況，経営耕地面積と生産緑地申出面積の状況，農業経営主と後継ぎの状況，最後に経営形態（自給型も含む）を示し，下覧にそれぞれの合計値及び平均値を算出している。

　表によると，農家数（集計可能農家数）は36戸，うち専業農家4戸，第1種兼業農家2戸，第2種兼業農家30戸となっているが，専業農家のすべては高齢専業である。兼業形態では雇用兼業が総じて多く，家族数は平均4.7人，そのうちおおよそ3人が農業に従事している。経営耕地面積の平均は52.4aであるが，耕作規模の幅は大きく，200aの規模の大きな農家から8aの零細規模の農家もみられる。そのなかで，100a以上層は7戸であり，平均耕作規模以下は23戸と全体の3分の2近くを占めている。

　耕作面積100a以上層に注目すると，1戸を除いてすべてが市街化区域外にも経営耕地を所有している。N地区全体では経営耕地面積のうち市街化区域内は66.2％であることから，約3分の1の農地は市街化区域外にあるといえよう。すべての経営耕地が市街化区域内にある農家（25戸）は全体の約7割に達しているが，その規模階層は総じて零細農家に多い。

　ここで，生産緑地申出（面積）状況をみると，申出率は85.1％と高い率を示しており，すべての農地を生産緑地に申し出た農家（23戸）は全体の3分の2に達している。残りの約3分の1の農家は，一部を「宅地化」農地として選択している。生産緑地申出面積は，1戸平均では約30aであり，なかには10aにも満たない申し出農家も4戸確認できる。

　次に農家の担い手をみると，経営主（そのほとんどが世帯主）の年齢階層は，70歳以上が15人に対し，50歳未満は3人ときわめて少なく，経営主の高齢化の進行が伺われる。農業従事状況では，農業専従者は7人（高齢者層が

119

表4-5　生産緑地申出農家の概況（北河内「N地区」）

農家番号	専兼別	兼業形態	家族数（人）	農業従事者数	経営耕地面積（a）	市街化区域内面積（N）	生産緑地申出面積（R）	申出率（%）（N/R）	経営主	後継ぎ	経営形態
1	Ⅱ兼	雇用	5	3	200	35	35	100.0	C－	＊②	米単作
2	Ⅱ兼	自営	6	3	150	50	50	100.0	C②	＊①	米単作
3	Ⅱ兼	自営	6	4	123	83	83	100.0	C③	＊②	米複合
4	Ⅱ兼	雇用	6	3	110	110	110	100.0	A①	＊①	米複合
5	Ⅱ兼	自営	6	3	107	47	29	61.7	C－	＊②	自給
6	Ⅱ兼	自営	3	3	105	55	55	100.0	B①	＊①	米単作
7	Ⅰ兼	雇用	4	4	100	25	25	100.0	B②	＊②	米単作
8	Ⅰ兼	雇用	4	4	87	87	72	82.8	B②	＊③	米単作
9	Ⅱ兼	自営	5	3	80	80	40	50.0	B②	＊③	米単作
10	Ⅱ兼	自営	6	4	78	14	13	92.9	C①	＊③	米単作
11	Ⅱ兼	自営	6	3	62	62	12	19.4	C①	＊②	米単作
12	Ⅱ兼	雇用	3	3	60	26	26	100.0	B②	＊－	自給
13	Ⅱ兼	雇用	5	3	50	50	40	80.0	A②	＊②	自給
14	Ⅱ兼	雇用	5	5	47	47	44	93.6	C②	＊－	米単作
15	Ⅱ兼	雇用	3	2	47	47	32	68.1	C①	＊－	自給
16	（専業）		4	1	43	36	30	83.3	B③	＊③	自給
17	Ⅱ兼	自営	6	4	42	42	34	81.0	C③	＊③	その他
18	Ⅱ兼	自営	5	2	41	29	29	100.0	A③	＊－	米単作
19	（専業）		2	2	40	40	40	100.0	B①	＊③	自給

資料：大阪府農業会議「生産緑地地区指定希望申し出農家の実態と意向に関する調査」1992年より作成。ただし経営耕地（市街化区域内等）面積および経営形態等が不明なものは除外した。この結果、49戸のうち集計可能農家は36戸であった。「（専業）」は農業収入のない高齢専業農家などである。

注：1）専兼別の I は第1種兼業、II は第2種兼業であり、兼業形態の雇用は雇用兼業、自営は自営兼業などである。いずれも高齢専業農家などである。

2）農業経営主と後継ぎの現況のなかで、各記号・番号などは以下のとおりである。ABCは年齢階層であり、A＝30歳以上50歳未満、B＝50歳以上70歳未満、C＝70歳以上である。①②③は農業従事の状況であり、①＝150日以上、②＝60日以上150日未満、③＝1日以上60日未満、「－」は非農業従事である。また、①②③は後継ぎがいると答えたもので、②③は経営主と同じ。

3）経営形態は農産物の販売の有無と主作物の種類で分類した。他に野菜、米複合とは米を主にして、果樹を栽培している農家である。自給とは農産物の販売のない農家である。

番号	専兼別	兼業形態						(%)	経営主	後継ぎ	経営形態
20	（専業）		6	3	36	6	6	100.0	C③	*－	自給
21	II兼	雇用	4	2	30	30	30	100.0	B②	*③	米単作
22	II兼	雇用	5	3	27	27	27	100.0	B②	*③	自給
23	II兼	雇用	4	3	26	26	26	100.0	C③	*－	自給
24	II兼	自営	6	2	25	25	20	80.0	C①	*③	自給
25	I兼	雇用	7	7	21	21	21	100.0	B②	*③	米複合
26	II兼	雇用	4	2	20	20	14	70.0	B②	*③	米複合
27	II兼	雇用	6	4	17	17	17	100.0	C②	*－	自給
28	II兼	自営	6	3	17	17	8	47.1	B③	*③	自給
29	II兼	自営	3	3	15	15	15	100.0	C③	*－	米単作
30	II兼	自営	7	1	15	15	15	100.0	B②	*－	自給
31	II兼	自営	7	3	14	14	14	100.0	B②	*－	自給
32	II兼	自営	3	3	12	12	12	100.0	B③	*③	米単作
33	II兼	雇用	3	2	11	11	11	100.0	B②	*－	米複合
34	（専業）		3	1	11	11	11	100.0	B③	*－	自給
35	II兼	雇用	2	2	9	9	9	100.0	C②	*③	野菜作
36	II兼	雇用	5	1	8	8	8	100.0	B③	*－	自給
計（平均）	計36戸 専業：4 I兼：2 II兼：30	計32戸 雇用：17 自営：15	170 (4.7)	104 (2.9)	1,886 (52.4)	1,249 (34.6)	1,063 (29.5)	(85.1)	計36人 A:3 B:18 C:15 ①:7 ②:16 ③:11 －:2	計36人 *36 ①:3 ②:6 ③:15 －:12	計36戸 野菜作：1 米複合：5 米単作：13 その他：1 自給：16

表4-6 生産緑地申出農家の概況（中河内「O地区」）

農家番号	専兼別	兼業形態	家族数（人）	農業従事者数	経営耕地面積（a）	市街化区域内面積（N）	生産緑地申出面積（R）	申出率（%）（N/R）	経営主	後継ぎ	経営形態
1	I兼	自営	8	4	110	50	50	100.0	B①	*①	施設野菜
2	II兼	自営	4	2	76	76	51	67.1	B①	―	野菜複合
3	II兼	自営	5	2	68	68	40	58.8	B①	*―	野菜作
4	II兼	自営	4	3	65	48	48	100.0	B①	*②	施設野菜
5	II兼	自営	5	3	54	21	15	71.4	B①	*―	野菜複合
6	II兼	自営	6	3	52	52	52	100.0	A③	*―	施設野菜
7	II兼	自営	5	3	52	49	23	46.9	B①	*②	野菜作
8	I兼	自営	3	3	50	50	37	74.0	B①	―	施設野菜
9	II兼	自営	4	4	50	30	20	66.7	A①	*―	野菜作
10	II兼	自営	5	2	47	47	30	63.8	B①	*―	自給
11	専業		3	1	36	36	36	100.0	C②	―	自給
12	専業	自営	4	4	35	35	29	82.9	A①	―	施設花き
13	II兼	自営	3	2	35	25	25	100.0	B①	*―	野菜複合
14	I兼	雇用	5	5	34	34	34	100.0	C①	*③	野菜複合
15	II兼	自営	7	2	32	32	20	62.5	B②	*―	自給
16	II兼	自営	4	2	30	30	5	16.7	B①	*―	野菜作
17	II兼	自営	4	2	29	29	16	55.2	B①	*―	野菜作
18	II兼	自営	6	2	29	9	9	100.0	C①	―	野菜作
19	I兼	自営	5	2	28	28	28	100.0	A①	―	施設野菜

第4章　生産緑地制度の改正と都市農地をめぐる諸問題

農家	兼業区分	経営形態						(%)			経営類型
20	II兼	自営	4	2	26	26	26	100.0	A①	*—	施設花き
21	I兼	自営	4	2	25	25	7	28.0	B①	*—	野菜作
22	II兼	自営	6	4	23	23	16	69.6	B①	—	野菜作
23	II兼	自営	7	1	20	20	20	100.0	B②	*—	施設野菜
24	II兼	自営	6	4	18	18	18	100.0	B①	*—	施設花き
25	II兼	自営	4	1	17	17	17	100.0	C③	—	自給
26	II兼	自営	3	3	15	15	11	73.3	B②	—	野菜複合
27	I兼	自営	5	2	15	8	8	100.0	B①	*—	野菜作
28	(専業)		4	4	14	14	10	71.4	C②	*③	自給
29	II兼	雇用	2	2	13	13	13	100.0	B③	*③	野菜作
30	II兼	自営	5	3	13	13	13	100.0	B③	—	自給
31	II兼	自営	4	2	11	11	7	63.6	C①	—	野菜作
32	II兼	自営	7	2	11	11	6	54.5	B①	*—	その他
33	II兼	雇用	4	1	10	10	10	100.0	A②	*—	自給
34	II兼	雇用	9	4	10	10	10	100.0	C①	*③	自給
35	II兼	自営	3	2	10	10	5	50.0	C①	—	野菜作
36	II兼	自営	5	1	5	5	5	100.0	B①	—	野菜作
37	II兼	雇用	5	4	5	5	5	100.0	C①	*③	野菜複合
計 (平均)	計37戸 専業：2 I兼：6 II兼：29	計35戸 雇用：5 自営：30	176 (4.9)	95 (2.6)	1,173 (31.7)	1,003 (27.1)	775 (20.9)	(77.3)	計37人 A:6 ①:27 B:22 ②:6 C:9 ③:4	計37人 *:25 ①:1 ②:2 ③:5 —:17 —:12	計37戸 野菜作：13 野菜複合：6 施設野菜：6 施設花き：3 その他：3 自　給：8

資料：表4-5と同じ。農家49戸のうち集計可能農家は37戸であった。

注：野菜複合とは野菜を主にして、他に米などを栽培している農家である。

123

表4-7 生産緑地申出農家の概況（泉南「S地区」）

農家番号	専兼別	兼業形態	家族数（人）	農業従事者数	経営耕地面積（a）	市街化区域内面積（N）	生産緑地申出面積（R）	申出率（%）（N/R）	農業経営主と後継ぎの状況		経営形態
									経営主	後継ぎ	
1	専業		8	4	178	147	128	87.1	A①	－	野菜複合
2	専業		3	3	130	130	125	96.2	B①	－	施設花き
3	一兼	雇用	7	4	120	90	80	88.9	B①	*②	米単作
4	専業		7	3	115	105	80	76.2	C①	－	施設花き
5	専業		4	3	100	90	70	77.8	A③	－	施設花き
6	専業		2	2	100	50	50	100.0	B①	－	施設花き
7	一兼	雇用	6	5	85	60	50	83.3	B①	－	野菜複合
8	一兼	自営	4	3	71	71	36	50.7	B①	*①	施設花き
9	専業		6	2	70	70	70	100.0	A③	－	施設花き
10	二兼	自営	5	1	70	70	70	100.0	A①	－	施設花き
11	専業		3	2	70	20	20	100.0	B①	－	施設野菜
12	一兼	雇用	4	4	60	60	60	100.0	B①	*③	米単作
13	（専業）		5	2	60	60	60	100.0	B②	－	自給
14	二兼	雇用	3	3	60	60	20	33.3	C②	－	米単作
15	二兼	自営	6	2	55	30	23	76.7	B②	*③	自給
16	二兼	自営	5	2	53	30	29	96.7	B②	－	野菜複合
17	二兼	－	6	1	51	51	51	100.0	C②	－	自給
18	二兼	雇用	6	3	46	46	11	23.9	C②	－	米単作
19	二兼	自営	3	3	45	45	45	100.0	C①	*②	自給

第4章　生産緑地制度の改正と都市農地をめぐる諸問題

番号											作目
20	Ⅰ兼	雇用	2	2	42	23	23	100.0	B②	—	施設花き
21	Ⅱ兼	雇用	5	1	39	39	24	61.5	A③	—	自給
22	Ⅱ兼	雇用	5	2	35	35	28	80.0	A②	—	米単作
23	Ⅱ兼	雇用	9	4	34	29	27	93.1	C①	—	施設花き
24	Ⅰ兼	雇用	4	1	30	30	30	100.0	B②	—	野菜複合
25	Ⅱ兼	自営	3	2	25	25	20	80.0	C②	—	野菜複合
26	Ⅱ兼	雇用	4	2	24	24	24	100.0	B②	*②	自給
27	Ⅱ兼	自営	4	4	22	22	16	72.7	C②	—	施設花き
28	（専業）		5	2	19	19	19	100.0	C②	—	自給
29	Ⅱ兼	—	5	2	16	16	11	68.8	C③	—	自給
30	Ⅱ兼	雇用	3	1	14	14	14		B③	—	米単作
計(平均)	計30戸 専業：9 Ⅰ兼：6 Ⅱ兼：15	計21戸 雇用：12 自営：7 不明：2	142 (4.7)	75 (2.5)	1,839 (61.3)	1,561 (52.0)	1,314 (43.8)	(84.2)	計30人 A:6①:12 B:14②:13 C:10③:5	計30人 *:6①:1 ②:3 ③:2 -:24	計30戸 野菜複合：5 米単作：6 施設野菜：1 施設花き：10 自給：8

資料：表4-5と同じ。調査農家44戸のうち集計可能農家は30戸であった。

中心）いるが，他は補助的従事者である。他方，後継ぎ（ただし，すべてが
農業の後継ぎとは限らない）はすべての農家で確保されており注目されるが，
農業に従事しない層も含めて農業専従者（2番・4番・6番）は少ない。経
営形態は，下層農家を中心に自給的農家（16戸）が44.4％を占めているなかで，
米単作は13戸，米複合は5戸と稲作中心の農家が多く，野菜作農家は1戸に
すぎない。

　以上のように，N地区の生産緑地希望農家の特徴は，雇用兼業・米単作型
の自給農家が主流であり，その担い手は高齢者層が中心である。後継ぎは比
較的確保されており，「30年営農」という厳格な指定要件にもかかわらず，
N地区の多くの農家は基本的に自給農業をベースにしながら，主に親世代（た
だし高齢）と子世代の補助的労働で保有農地を生産緑地として維持していこ
うとの考えが伺い知れる。

2）中河内O地区

　O地区の農家数は37戸で，その内訳は専業農家2戸（うち高齢専業は1戸），
第1種兼業農家6戸，第2種兼業農家29戸である（**表4-6**，参照）。上述の
N地区に比べて第2種兼業農家の構成比（78.4％）は低い。しかし，兼業形
態では，自営兼業農家が30戸と8割以上にのぼり注目される。これらの農家
は貸家・マンション，駐車場・倉庫といった不動産経営を兼ねているとみら
れる。平均家族数は4.9人，そのうち農業従事者は2.6人である。

　1戸平均の経営耕地規模は31.7aであり，先のセンサス数値と比べあまり
大きな隔たりはない。経営耕地の大半は，市街化区域内（85.5％）にあり，
そのうち農地のすべてが市街化区域内にある農家は30戸と全体の8割以上を
占めていること，経営耕地規模では100a以上層は1戸のみであり，大半が
10aから40a以内に集中していることから，総じて経営耕地規模は零細である
といえる。

　生産緑地申出（面積）状況をみると，申出率は77.3％であり，N地区より
7ポイント低い。農地の約4分の3を生産緑地に希望し，残りの約4分の1

を「宅地化」農地として選択している。そのなかですべての農地を生産緑地に希望している農家（19戸）は約半数に及ぶが，N地区より割合は少ないといえる。農家の多くが，「宅地化」農地を選択していることから，経営耕地の零細化がいっそう進むものとみられる。

　ここで，担い手状況についてみると，経営主の年齢層は50歳以上70歳未満が22戸と約6割を占めており，また，30歳以上50歳未満も6戸を数える。経営主の年齢階層は，N地区に比して総じて若いといえよう。また，注目されるのは，経営主のなかで農業専従者が27人と農業の担い手が豊富であることである。しかし，後継ぎは，全体で25戸確認できるが，そのうち農業専従者は1番農家の1戸のみである。経営形態では，野菜ないし花きの施設型経営が9戸（ただし，センサスでは施設型経営は1戸である），野菜専作型は13戸，野菜複合型も6戸と野菜を中心とした集約的な経営形態が多いものの，その一方で零細農家を中心に自給的農家も8戸に達している。

　以上のように，典型的な都市型農業地域であるO地区の特徴は，経営耕地規模は零細とはいえ，集約型・施設型の経営が総じて多いことである。市街化区域内農地の「二区分化」措置により，経営耕地のさらなる零細化が進むものと思われる。都市型農業を担う担い手層（経営主）は，N地区に比べて多いが，営農の継続性を考えると，農地（生産緑地）の継承のための後継ぎ確保（とくに農業従事者）が重要な課題になろう。

3）泉南S地区

　S地区は，専業農家層が厚く，耕作規模も比較的大きいことに加えて，農業専従者もO地区と同様に豊富であることが特徴的である（**表4-7**，参照）。30戸の農家のなかで，専業農家は9戸（30.0％，うち高齢専業2戸），第1種兼業農家は6戸（20.0％），第2種兼業農家は15戸（50.0％）である。兼業形態（2戸不明）は，雇用兼業農家が12戸（40.0％），自営兼業農家が7戸（23.3％）である。1戸平均の家族数は4.7人であり，そのうち農業従事者は2.5人となっている。経営耕地面積の平均は61.3aと3事例地のなかではもっとも

大きい。これは，センサス平均の42.9aよりも大きいことから，当地区では，生産緑地希望農家は比較的経営耕地規模の大きい上層農家層に偏在していると想定される。

　経営耕地面積の84.5％は市街化区域内にあるが，100a規模以上層（6戸）のほとんどは市街化区域外にも経営耕地を保有している。すべての経営耕地が市街化区域内にある農家は19戸（63.3％）であり，総じて下層農家に多い。

　生産緑地申出（面積）状況をみると，申出率は84.2％である。すべての農地を生産緑地に申し出た農家は13戸（43.3％）であり，3地区のなかでその割合は低いが，申出農家の生産緑地としては中位の階層に多いといえる。それは，営農に必要な最小限度の農地を「保全農地」として確保しておきたいという行動のあらわれともみられる。

　農業の担い手状況（経営主）をみると，上層農家を中心に比較的若い世代が存在していることが注目される。他方，後継ぎの確保状況は，前述の2つの事例地に比べてもっとも少ないといえる。経営形態では，施設野菜1戸，施設花き10戸というように，施設型が計11戸であり，このほかでは野菜複合型5戸，米単作型6戸となっている。自給的農家は合計8戸である。

　以上のように，S地区では，多様な経営の展開がみられ，専業農家と農業専従者の層が厚いが，生産緑地の維持・保全をはかるには，とくに農業の後継ぎを含めた担い手の確保が重要な課題になると考えられる。

　以下では，3事例地の地域性を踏まえ，なぜ生産緑地を希望したのか，その理由を検討するとともに，経営の見通し，生産緑地をめぐる環境変化とその影響という側面から考察を加え，生産緑地をとりまく問題状況を明らかにすることにしたい。

（3）生産緑地希望農家の特徴と生産緑地をとりまく問題状況

1）生産緑地希望の都市農家の特徴

　表4-8は，3事例地における生産緑地の希望理由をみたものである。それによると，全体では，「農地を守り継承する」（48.5％）がもっとも多く，次

第4章　生産緑地制度の改正と都市農地をめぐる諸問題

表4-8　生産緑地指定希望の申出理由（生産緑地申出農家：事例3地区）

単位：戸，％

	農業に生きがいがある	農業で生計を立てる	米や野菜の自給	余暇・健康	税金対策	納税猶予を受けている	農地を守り継承する	ひとまず申請した	宅地化しても利益なし	道路がなく宅地化できない	地域の農業生産環境を守る	その他
N地区 [36戸]	10 (27.7)	2 (5.6)	17 (47.2)	13 (36.1)	17 (47.2)	8 (22.2)	20 (55.6)	5 (13.9)	2 (5.6)	15 (41.7)	6 (16.7)	0 (0.0)
O地区 [37戸]	19 (51.4)	7 (18.9)	12 (32.4)	12 (32.4)	17 (45.9)	9 (24.3)	17 (45.9)	2 (5.4)	3 (8.1)	0 (0.0)	5 (13.5)	1 (2.7)
S地区 [30戸]	9 (30.0)	12 (40.0)	12 (40.0)	5 (16.7)	6 (20.0)	4 (13.3)	13 (43.3)	1 (3.3)	3 (10.0)	3 (10.0)	4 (13.3)	0 (0.0)
合計 [103戸]	38 (36.9)	21 (20.4)	41 (39.8)	30 (29.1)	40 (38.8)	21 (20.4)	50 (48.5)	8 (7.8)	8 (7.8)	18 (17.5)	15 (14.6)	1 (1.0)

資料：表4-5と同じ。
注：1）複数回答である。
　　2）（　）内は％であり，それぞれ総数に対する比率である。

いで「米や野菜の自給」（39.8％），「税金対策」（38.8％），「農業に生きがいがある」（36.9％）という項目がほぼ同率で並ぶ。このほかでは，「余暇・健康」（29.1％），「農業で生計を立てる」（20.4％），「納税猶予を受けている」（20.4％）などが20％台である。以上のことから考えると，生産緑地希望の主な理由は，農地の継承，農産物の自給，税金対策，生きがい，余暇・健康といった農家の個別・内在的な理由が目立つものの，その一方で，農業収入に依拠している農家も約2割と少なくはない。このほかでは，「道路がなく宅地化できない」（17.5％）といった都市計画上の矛盾もみられ，また「地域の農業生産環境を守る」（14.6％）という地域重視の積極的な意向もある。次に，事例地別にみていこう。

　雇用兼業型の稲作農家が多いN地区では，農地の継承（55.6％），税金対策（47.2％），農産物の自給（47.2％）という意向がきわめて強いことが特徴的であり，そのほかでは，水田地帯だけに宅地化困難（41.7％）という土地利用上の問題を背景にしたものもある。

　都市型農業地域のO地区では，生きがい（51.4％），税金対策（45.9％），農地の継承（45.9％）という理由がそれぞれ約半数の比率を占めている。そして，農産物の自給（32.4％），余暇・健康（32.4％）といった理由もある一

方で，農業収入依存型の農家（18.9％）も約２割と一定程度の水準で存在している。

専業農家の層が厚いS地区では，農地の継承（43.3％），農産物の自給（40.0％）といった理由が多いものの，農業収入依存型の農家（40.0％）も少なくはない。

以上のように，事例地別では，それぞれの理由に強弱はあるものの，生産緑地希望の理由をみるかぎり，農地の継承や税金対策など総じて資産保有意識の高さが確認できるが，その一方で農業収入依存型の農家も少なくはないのである。しかし，市街化区域内の農地をすべて生産緑地に希望した農家は，103戸のうち55戸（53.3％）にとどまっていることから，経営耕地面積はいっそう狭隘化すると考えられ，生産緑地を選択しなかった農地（「宅地化」農地）は，今後資産運用的に利用される可能性もまた高いといえる。

２）生産緑地をとりまく問題状況

次に**表4-9**から，今後の経営の見通しについてみておくことにしたい。それによると，６割近い農家が「現状維持」（59.2％）を志向しているのに対し，経営規模拡大志向は15戸（14.6％）と少数である。その拡大方法は，「施設化等で経営充実」（10.7％），「新作物等導入して経営充実」（2.9％），「借地等で経営の規模拡大」（1.0％）となっている。

一方，注目されるのは生産緑地を希望したものの，規模縮小・農業中止という農家（19.4％）の存在である。これらの農家意向は，主に零細農家・高齢農家層に多いとみられ，現時点で生産緑地に申請はするが，「ゆくゆくは農業中止」（12.6％），「労働力減少のため規模縮小」（3.9％），「環境悪化のため規模縮小」（2.9％）といった意識が内在していることである。これらの農家の生産緑地は，維持管理が困難な段階で，徐々にではあれ生産緑地から脱落していくものとみられる。改正生産緑地制度では，生産緑地の農業的利用のために農業委員会に斡旋（所有権・賃借権等の設定・移転）を依頼することができるが，現実には，生産緑地（農地）の受け手農家は乏しく，農業従

第4章　生産緑地制度の改正と都市農地をめぐる諸問題

表4-9　今後の経営の見通し（生産緑地申出農家：事例3地区）

単位：戸，％

	施設化等で経営充実	新作物等導入して経営充実	借地等で経営の規模拡大	現状を維持	労働力減少のため規模縮小	環境悪化のため規模を縮小	ゆくゆくは農業中止	わからない	その他
N地区 [36戸]	1 (2.8)	0 (0.0)	0 (0.0)	27 (75.0)	1 (2.8)	0 (0.0)	4 (11.1)	2 (5.6)	1 (2.8)
O地区 [37戸]	6 (16.2)	0 (0.0)	0 (0.0)	18 (48.6)	1 (2.7)	3 (8.1)	6 (16.2)	3 (8.1)	0
S地区 [30戸]	4 (13.3)	3 (10.0)	1 (3.3)	16 (53.3)	2 (6.7)	0 (0.0)	3 (10.0)	1 (3.3)	0 (0.0)
合計 [103戸]	11 (10.7)	3 (2.9)	1 (1.0)	61 (59.2)	4 (3.9)	3 (2.9)	13 (12.6)	6 (5.8)	1 (1.0)

資料：表4-5と同じ。
注：（　）内は％であり，それぞれ総数に対する比率である。

事者の死亡などにともなって市への買取り申し入れを行う農家が増えるもの
と思われる。

　事例地別では，N地区の4分の3の農家は現状維持志向層（75.0％）である。
規模拡大層（2.8％）と規模縮小・農業中止層（13.9％）は相対的に少なく，
生産緑地の維持という点では比較的安定性の強い地域ともいえる。これに対
し，O地区とS地区はN地区に比べ現状維持志向層が少なく，逆に規模拡大
層と規模縮小・農業中止層のウエイトが高くなっている。このような専業的
農家層と自給的農家層が混在しているO地区とS地区では，改正生産緑地制
度のもとでも階層分解が進むものとみられる[6]。

　「二区分化」措置にともない生産緑地にはどのような環境変化・影響が予
想されるのであろうか。この点について，**表4-10**から検討することにしよう。

　それによると，もっとも多い変化・影響は，「日照・通風・光障害がおこる」
（53.4％）であり，次いで「用水汚濁や用排水確保が困難となる」（42.7％），「堆
肥の施用・農薬散布が困難となる」（26.2％）である。また「農道がなくな
り農地が袋地となる」ならびに「農業機械利用が困難となる」は，おおよそ
10％前後を占めている。

　事例地別では，水田率の高いN地区とS地区でもっとも懸念されるのが，

表4-10　生産緑地をとりまく環境変化・影響（生産緑地申出農家：事例３地区）

単位：戸，％

	日照・通風・光障害がおこる	用水汚濁や用排水確保困難	農道がなくなり農地が袋地となる	堆肥の施用・農薬散布が困難となる	農業機械利用が困難となる	その他
N地区 [36戸]	13 (36.1)	23 (63.9)	7 (19.4)	6 (16.7)	2 (5.6)	0 (0.0)
O地区 [37戸]	28 (75.7)	2 (5.4)	0 (0.0)	12 (32.4)	1 (2.7)	0 (0.0)
S地区 [30戸]	14 (46.7)	19 (63.3)	4 (13.3)	9 (30.0)	5 (16.7)	3 (10.0)
合計 [103戸]	55 (53.4)	44 (42.7)	11 (10.7)	27 (26.2)	8 (7.8)	3 (2.9)

資料：表4-5と同じ。
注：（　）内は％であり，それぞれ総数に対する比率である。

用水汚濁・用排水確保困難（ともに60％以上）であり，都市化が顕著なO地区では，日照・通風・光障害（75.7％）である。また，そのほかでは，農地の袋地化はN地区（19.4％）とS地区（13.3％），また堆肥の施用・農薬散布の困難化はO地区（32.4％）とS地区（30.0％）で比較的高い値になっている。

　市街化区域内農地の「二区分化」措置は「保全農地」と「宅地化」農地の峻別を都市農家に迫ったが，その結果は，生産緑地希望農家からすれば，第1に，営農環境が悪化し，生産緑地の維持・管理が困難になるという新たな問題を引き起こす事態を作り出しているといえる。第2に，経営規模の零細化と土地の資産的保有傾向をいっそう助長させてもいる。ということは，改正生産緑地法は，良好な都市環境の形成を目的（法第1条）に制定されたものの，生産緑地である農地の維持・保全の困難化，無秩序な土地利用にともなう地域の都市環境の悪化という諸問題を発現しかねないのである。その意味では，制度発足当初から生産緑地をめぐる問題点も多く摘出されるだけに，都市計画サイドが農業・農地の保全を積極的に志向して法制化したわけではないともいえる。

　以上のことから，生産緑地保全のための環境整備も今後重要な政策課題[7]

になるとみられるが，その際，「宅地化」農地の動向も注目される。次節では，都市農家はなぜ「宅地化」農地を選択したのか，その理由を検討するとともに，「宅地化」農地を含めて都市農地をめぐる問題状況について考察することにしたい。

3．都市農家の「宅地化」農地選択論理

（1）「宅地化」農地の政策的・制度的位置

　前節で述べたように，1991年の土地税制の改変と生産緑地法の改正により三大都市圏特定市の市街化区域内農地は，1992年末までに都市計画に基づき「保全農地」と「宅地化」農地に区分されることになった。新都市計画法による「線引き」制度の発足から20年余りが経過するなかで，この「二区分化」措置は都市農家に新たな選択を迫った。「保全農地」は，市街化調整区域への編入（「穴ぬき逆線引き」）か，生産緑地の指定のどちらか一方であり，これらの選択をしなければ，必然的に「宅地化」農地となる。

　「二区分化」措置により，三大都市圏特定市全体では市街化区域内農地面積の約7割が「宅地化」農地となったが，大阪府では「宅地化」農地は約6割を占めることになった。

　これまで市街化区域内農地は，都市計画上は経過的存在とされ，もっぱら市街化の対象とみなされてきた。とりわけ，地価の高騰と土地問題・住宅問題の深刻化を背景に，その解決の有効な政策手段の1つとして，市街化区域内農地には土地（宅地）供給源の役割を担わされてきたのである。このような経緯からすれば，税制改変と改正生産緑地制度によって，市街化区域内農地に対しては，一方では都市計画のなかに農地の存在を認知するという措置がとられることになったが，他方では認知されない「宅地化」農地には「計画的」な利用転換による宅地供給の促進強化が要請されたのである。その意味では，「宅地化」農地には，従来からの都市内農地に対する基本認識と大きな隔たりはない。

133

大阪府の「宅地化」農地面積は，1992年末時点で3,500ha余りであり，それは行政区域でみるならば，人口約34万人を擁する吹田市（3,660ha）の総面積にも匹敵した。また，この間の市街化区域内農地の転用動向からすれば，おおよそ10数年分の農地転用面積に相当するものである。この「宅地化」農地とは，政策的にまた制度的にどのように位置づけられた農地なのであろうか。その「宅地化」農地の政策的・制度的位置について述べることにしたい。

　第1には，都市計画サイドからみれば計画的，優先的に都市的土地利用への転換をはかるべき土地（農地）である。この点に関しては，新都市計画制度の発足当初から，市街化区域内農地に対する位置づけとなんらの変更もない。

　第2には，そのために政策的には，都市的土地利用への転換を強く迫ることになるが，その有効な手段としていくつかの税制措置が講じられることになる。1つは，固定資産税（都市計画税含む）の軽減措置が廃止され，宅地並みに課税されることである[8]。また，1991年度までは，単位評価額3.3m²当たり3万円未満の農地は宅地並み課税の対象外とされていたが，税制改変でその措置もなくなった[9]。その意味では，生産緑地地区の農地を除いた市街化区域内農地に対しては宅地並み課税が完全実施されたわけである。2つは，都市農家にとって深刻な相続問題について，これまで農地であればすべて相続税納税猶予制度の特例適用の対象とされていたが，租税特別措置法も改変（1991年3月）され，「宅地化」農地に対しては制度適用除外となった。加えて3つは，1992年1月1日から新設された地価税が，5年間は非課税扱いにされるものの，1997年以降は課税対象に組み込まれることになったのである。このように，固定資産税，相続税，地価税などの土地税制からみれば，「宅地化」農地は農地（農地制度上はあくまで農地）でありながら，「非農地」の"烙印"を押されることになったといえる。

　第3には，農業政策上の位置づけは，これまでの市街化区域内農地と同様，基本的には国の農業施策の対象から除外されたままである。土地利用の転換を前提とする「宅地化」農地は，農政の責務を果たすべき対象ではない，と

134

第4章　生産緑地制度の改正と都市農地をめぐる諸問題

するからであろう。生産緑地は，土地改良資金の融資や野菜生産団地の育成など農業生産の条件整備の施策対象に入ったが，「宅地化」農地は引き続き国の農業政策の対象外にほかならない。

　以上のように，「宅地化」農地は都市計画，土地税制および農業政策からみて，これまでの市街化区域内農地よりもはるかに厳しい措置が適用される，といえる。しかし，都市農家が「宅地化」農地を農業的に利用するかぎりは農地であり，そのことは農地法の立場からみても疑う余地はない。ただ農地の利用転換は農業委員会への届出で済むというように，都市農家の発意によりいつでも売却・転用しうる農地でもある。かかる一点において，過酷な租税が加わることで一段と困難さを抱え込むことを知りながら，都市農家の多数は面積の程度の差はあれ，「宅地化」農地を選択したのである。いずれにしても，税制・制度改変により，都市農家は，「宅地化」農地の保有という新たな難問を抱え込んだのである。

（2）都市農家の「宅地化」農地の選択論理

　都市農家が「保全農地」を選択するならば，市街化調整区域への編入か，生産緑地地区の指定を受けるかの選択しかない。前者は，編入に際しての面積要件を5haから2haに緩和したが，大阪府下における市街化区域内では集団農地・集合農地が少ないこと，それも土地利用の調整や所有者の合意形成が必要条件であることなどを考慮すれば，この方法は現実的には困難な面があるといわなければならない。その事例は，前節で述べたように，和泉市の1事例のみである。このため都市農家が「保全農地」を希望するならば生産緑地地区の指定を受けざるを得ないのであるが，厳格な要件（原則「30年営農」，相続税納税猶予制度は「終生営農」）をふまえて申請するのはきわめて至難な問題である。それは，生産緑地のもとでは従来のように「自由」に農地を利用転換することもできなくなるからである。これらの厳しい諸条件を考えるならば，改正生産緑地制度とは都市農家に農地の指定を積極的に促す制度とはいい難いといえる。

135

以下では，「宅地化」農地を選択した都市農家の動機および理由について
検討するが，「二区分化」措置に対する都市農家の対応は，申請手続き期間
の短さゆえに集落や地域での話し合いが充分保障されなかったことから，概
して個別分散的であった。しかし，その対応形態には，2つの基本的なパタ
ーンを見い出すことができる。1つは，生産緑地指定希望の申し出をする一
方で，一部「宅地化」農地も選択している都市農家の存在である。いま1つ
は農地のすべてを「宅地化」農地として選択した都市農家である。前者は，
すでに前節で取りあげているが，都市農家の対応実態としてはこの形態も少
なくないことから，ここでは「宅地化」農地を選択している理由のみについ
て検討し，主要には市街化区域内農地のすべてを「宅地化」農地として選択
した都市農家を重点に考察することとしたい。

1）生産緑地希望農家の「宅地化」農地の選択理由

　「生産緑地地区指定希望申し出農家の実態と意向に関する調査（報告書）
─生産緑地保全手法検討調査─」（大阪府農業会議）によれば，以下の点が
明らかにされている（**表4-11**，参照）。

　大阪府平均（1戸平均）では，生産緑地希望農家の経営耕地面積は46.7a，

表4-11　農地の現況ならびに生産緑地指定希望状況・1戸平均〈生産緑地申出農家〉

単位：戸，a，カ所

	集計戸数	経営耕地		うち市街化区域内		生産緑地希望申出	
		面積	農地のカ所数	面積	農地のカ所数	面積	農地のカ所数
豊能地区	70	53.3	3.6	33.1	2.7	21.8	1.7
三島地区	136	44.6	3.4	35.3	2.8	26.8	2.1
北河内地区	230	45.7	3.6	31.0	2.6	22.8	2.0
中河内地区	189	40.8	3.0	33.8	2.5	23.1	1.8
南河内地区	243	45.8	3.5	30.9	2.4	23.4	1.8
泉北地区	152	50.7	4.0	33.6	2.8	22.5	1.8
泉南地区	314	48.9	4.2	40.6	3.7	31.2	2.8
大阪府33市	1,334	46.7	3.7	34.5	2.9	25.3	2.1

資料：大阪府農業会議「生産緑地地区指定希望申し出農家の実態と意向に関する調査」1992
　　　年9月による。
注：当該質問に対し回答がなかったものは集計から除外した。

第4章　生産緑地制度の改正と都市農地をめぐる諸問題

そのうち市街化区域内が34.5aである。生産緑地希望面積は25.3a（希望面積比率73.2%）であることから，残る市街化区域内農地のおおよそ4分の1余りは「宅地化」農地を選択していることになる。また市街化区域内農地（2.9カ所）と生産緑地希望農地の分散カ所数（2.1カ所）の差をみると，0.8カ所であることから，都市農家はおおむね1カ所の農地を「宅地化」農地として選択していることがわかる。「宅地化」農地の選択は，農業経営からすればその基盤を一段と狭隘化させるものであることから，その理由を次に検討しよう。

　生産緑地を選択しながら，都市農家はなぜその一部を「宅地化」農地として選択したのであろうか。**表4-12**は，その理由を，構成比（複数回答）として示したものである。それによると，「生産緑地は自由に処分できない」（25.4%），「農業外の収入源を確保する」（24.8%），「相続時の税金対策」（24.5%）がほぼ同率（約4分の1）で並んでおり，次いで「環境が悪化し農地に不適」，「将来の生活資金を確保する」，「高齢化し全部耕作できない」，「分家用や財産分け」などがそれぞれ10%台を占めている。これに対して，「売却して農地を買替えたい」（1.6%）という代替取得志向は，きわめて少ない。

表4-12　一部を「宅地化」農地とする理由〈生産緑地申出農家〉

単位：戸，%

	集計戸数	農業外の収入源を確保する	相続時の税金対策	生産緑地は自由に処分できない	環境が悪化し農地に不適	高齢化し全部耕作できない	農業後継者がいない	売却して農地を買替えたい	将来の生活資金を確保する	分家用や財産分け	小作関係を解消する
豊能地区	90	21.1	27.8	26.7	20.0	15.6	7.8	3.3	14.4	5.6	8.9
三島地区	167	29.3	29.3	27.5	18.6	13.2	9.0	1.8	16.2	7.2	1.8
北河内地区	275	22.9	22.5	25.5	11.6	12.0	4.0	1.1	13.5	8.7	2.2
中河内地区	236	31.4	32.6	29.2	16.5	19.9	11.0	1.3	13.1	10.2	1.7
南河内地区	290	19.7	18.3	21.4	11.7	9.7	6.6	0.7	16.2	7.2	1.7
泉北地区	183	26.8	26.2	25.7	18.6	14.2	8.7	1.6	15.3	13.1	2.2
泉南地区	349	23.8	21.5	24.6	14.0	10.6	9.2	2.6	14.6	14.3	2.3
大阪府33市	1,590	24.8	24.5	25.4	14.9	13.0	7.9	1.6	14.7	10.1	2.4

資料：大阪府農業会議「『宅地化』農地の利活用に関する調査」1992年9月による。
注：比率は，集計戸数に対する当該質問への回答者の割合である（ただし，複数回答）。

この傾向は，各地区ともほぼ共通しているが，とりわけ「農業外の収入源を
確保する」と「相続時の税金対策」が三島と中河内の両地区において，「環
境が悪化し農地に不適」が豊能，三島，泉北の各地区において，あるいは「高
齢化し全部耕作できない」が中河内地区において比率が高くなっている。

　以上のことから，生産緑地希望農家が所有農地のおおよそ1筆分を「宅地
化」農地に選択した理由は，おおむね以下のように要約できる。第1は，自
家の経済基盤を農外から支える“収入補完弁”として「宅地化」農地を選択
していること，第2は，相続発生時の相続税支払いや財産分けのための相続
対策用として「宅地化」農地を選択していること，第3は，担い手の高齢化，
後継者難，生産環境の悪化といった保有労働力と営農環境の制約により「宅
地化」農地を選択していること，である。このように「宅地化」農地を選択
した時点で，税制など制度の見直しがなされないかぎり，これらの農地はい
ずれ農業経営（生産）から切り離された“土地”として，農外の収入源，相
続税対策用などとして利用されることになる。

2）「宅地化」農地のみを選択した都市農家の理由

　次に表4-13から，「宅地化」農地のみを選択した都市農家（以下，「宅地化」
農地選択農家という）の選択理由について検討しよう[10]。この農家の経営規
模・経営内容は調査の制約上判別できないが，その選択理由の傾向について
は読みとることができる。それによれば，「生産緑地指定要件がきびしすぎる」
（54.1％）がもっとも多く，半数を超えている。次いで「農業では収入不安定」
（28.9％），「担い手がなく農業を続けられない」（25.9％），「周辺環境が悪化
し農地として利用しにくい」（24.0％），「相続時の税金対策」（18.7％）など
が主な動機ないし理由となっている。このほか「子弟の分家用宅地，財産分
け」，「将来の生活資金確保」，「小作関係を解消する」などは10％未満で，「市
街化区域外で農地を取得する」というのも，わずかに2.2％ある。

　さきの生産緑地希望農家の「宅地化」農地選択理由と比較すると，生産緑
地地区指定要件の厳しさについての比率が際だって高いことが注目されよう。

第4章　生産緑地制度の改正と都市農地をめぐる諸問題

表 4-13　「宅地化」農地を選択した理由〈「宅地化」農地選択農家〉

単位：戸，%

	集計戸数	農業では収入不安定	担い手がなく農業を続けられない	周辺環境が悪化し農地として利用しにくい	生産緑地指定要件がきびしすぎる	相続時の税金対策	都市計画により開発予定地となっている	市街化区域外で農地を取得する	将来の生活資金確保	子弟の分家用宅地、財産分け	小作関係を解消する
豊能地区	72	31.9	31.9	33.3	61.1	26.4	5.6	0.0	4.2	8.3	13.9
三島地区	136	29.4	25.0	32.4	49.3	25.0	3.7	2.9	10.3	3.7	7.4
北河内地区	242	19.8	26.0	24.8	53.7	14.0	4.1	2.9	6.2	7.9	4.1
中河内地区	195	26.2	24.6	24.1	52.3	21.0	3.6	3.6	6.7	10.3	7.2
南河内地区	150	36.0	27.3	24.0	54.0	13.3	2.7	2.7	3.3	13.3	7.3
泉北地区	155	25.2	22.6	16.1	52.3	18.1	1.9	1.9	2.6	12.3	1.3
泉南地区	183	39.3	27.3	19.7	59.0	19.7	2.7	1.6	8.2	12.6	3.8
大阪府 33 市	1,133	28.9	25.9	24.0	54.1	18.7	3.4	2.2	6.1	9.9	5.6

資料：大阪府農業会議「『宅地化』農地の利活用に関する調査」1992 年 9 月による。
注：比率は，集計戸数に対する当該質問への回答者の割合である（ただし，複数回答）。

また，地区別ではあまり大きな差はみられないが，泉南地区と南河内地区といった農業地域では農業収入の不安定さに，また豊能地区と三島地区といった都市化・混住化地域では周辺環境の悪化と相続税対策に対する回答比率が相対的に高い傾向が読み取れる。

ここで，「相続税対策」に関連して一言すれば，都市地域では農業経営の継続性，農地利用の持続性からみて農地相続はこれまでも深刻な問題であった。莫大な相続税回避の有効な手段として都市農家の多くが相続税納税猶予制度の特例適用を受けていたが，「宅地化」農地を選択するとそれが適用されないうえ，自己転用で利用転換をすれば土地の相続税評価額の上昇で相続税はいっそう重くなる[11]。こういう状況での選択であったのである。

ともあれ，「宅地化」農地のみを選択した都市農家の選択理由について要約すると，まず第1に，改正生産緑地制度の指定要件の厳しさを背景に，第2に，農業の収益性と営農環境の悪化，第3に，担い手不足の深刻化，第4に，相続対策などが主要なものといえよう。さらに，これらの理由が複雑に絡み合いながら「宅地化」農地を選択したと考えられる。

以上のように，固定資産税や相続税の重税を覚悟のうえで「宅地化」農地

を都市農家は選択したわけであるが，それは総じて農地（土地）の資産的保有傾向が都市農家層に強いことを否定しえないが，上記の理由を検討するかぎりにおいて，都市農家が土地利用の転換を積極的に志向して「宅地化」農地を選択しているとはいいがたい。むしろ農地を「自由」に処分できないという改正生産緑地制度の制約要件に加え，担い手，生産環境，収益性，相続問題など，農業に内在するさまざまな諸条件と農家サイドの個別具体的な諸条件の複雑な絡み合いによって「宅地化」農地を選択したと考えられる。現に，課税徴収猶予制度としての「長期営農継続農地制度」（1991年廃止）の大阪府の認定率は，1990年時点で課税対象農地の実に88.7％に及んでいたこと，またかなり多くの都市農家が引き続き営農意志を表明していたことは生産緑地法改正前の多くの調査結果からも明らかな事実である[12]。もし仮に，生産緑地の指定要件が「30年営農」という当時の生産の担い手であった昭和1ケタ世代の意志では責任を負いかねるような設定期間ではなく，担い手の状況などから勘案して一定の営農見通しがもてる期間であれば，生産緑地指定を希望した農家もかなり増加したことは想像に難くないのである。

（3）都市農家の「宅地化」農地の利用意識

　ここでは，「宅地化」農地のみを選択した都市農家の調査結果をふまえ，「宅地化」農地の利用意識を明らかにすることが課題である。

　表4-14は，「宅地化」農地選択農家の「宅地化」農地の利用方法をみたものである。それによると，「一部は農地利用，残りは農外に利用」が27.3％ともっとも多く，次いで「当分は全部農地として利用」が26.6％となっており，この両者で半数以上を占める。「全部自分で農外に活用」も14.6％で比較的多いが，他の項目はそれぞれ数パーセント程度にすぎない。ただ，「全部売りたい」，「一部売却一部は農外に活用」，「全部自分で農外に活用」といったところの，すなわち「宅地化」農地のすべてを他用途に利用転換したいと志向する農家（23.7％）は，全体の4分の1近くを占めており注目される。これらの都市農家は，「二区分化」措置を契機に当面は農地利用するにしても

第4章　生産緑地制度の改正と都市農地をめぐる諸問題

表4-14　「宅地化」農地の利用方法〈「宅地化」農地選択農家〉

単位：戸，%

	集計戸数	全部売りたい	一部売却一部は農外に活用	全部自分で農外に活用	一部は農地利用、残りは農外利用	一部は農地利用、残り売却	一部は農地利用、残りは農地利用・農外利用・売却に3分割	当分は全部農地として利用	未定	非該当およびその他	計
豊能地区	72	1.4	2.8	12.5	37.5	1.4	1.4	30.6	11.1	1.4	100.0
三島地区	136	3.7	5.9	16.9	26.5	1.5	2.2	25.7	16.2	1.5	100.0
北河内地区	242	5.0	6.2	18.2	22.7	1.7	4.1	25.6	14.0	2.5	100.0
中河内地区	195	4.1	5.6	13.3	28.2	2.6	4.1	25.1	14.4	2.6	100.0
南河内地区	150	5.3	4.7	12.7	26.0	2.7	3.3	29.3	16.0	0.0	100.0
泉北地区	155	1.9	2.6	12.9	32.9	0.0	3.9	29.0	15.5	1.3	100.0
泉南地区	183	3.3	7.1	13.1	25.1	1.6	4.4	24.0	20.0	1.1	100.0
大阪府33市	1,133	3.8	5.3	14.6	27.3	1.7	3.6	26.6	15.6	1.6	100.0

資料：表4-13と同じ。
注：比率は，集計戸数に対する当該質問への回答者の割合である。

その後は農業生産から離れることを意志表示しているわけである。

　「宅地化」農地の利用方法については，農家個々の態様によって単純に類型化はできないが，設問項目にもとづいて，「農地利用」に意志有り農家群（A），「農外目的の自己活用」の意志有り農家群（B），「売却」の意志有り農家群（C）に分けてみると，構成比率（ただし重複回答）ではA群が59.2%，B群が47.2%，C群が14.4%となる。

　このように，約6割の農家はなんらかのかたちで農業的利用を志向しており，非農業的利用の形態としては，売却は少なく自己活用が主流となっている。農地転用の傾向としては，地価の高騰と資産的保有意識の高まりを背景に，自己転用のウエイトは上昇しているが，この調査結果もこのような特徴を強く写し出しているといえよう。

　ところで，全国農協中央会の調査によると，三大都市圏特定市における市街化区域内農地のうち「宅地並み課税を払いながら農業を続けるという意向が43%ある」（『日本農業新聞』1992年5月1日付）とされており，「宅地化」農地を選びながら農業的利用を当面志向する都市農家は全国的傾向ともいえよう。税制・制度改変により「宅地化」農地は租税の強化措置がとられたものの，その実体は多くの「宅地化」農地が当分農業継続される可能性が大き

表4-15　「宅地化」農地の農地としての利用面積と意向〈「宅地化」農地選択農家〉

単位：戸，％，a

| | 集計戸数 | 面積記入農家戸数（A） | 農地利用面積 | | 農地利用する期間（比率） | | | | | |
			合計面積（B）	1戸平均（B/A）	1～2年	3～5年	6～10年	10年以上	非該当およびその他	計
豊能地区	72	36	523.6	14.5	4.2	15.3	9.7	26.4	44.4	100.0
三島地区	136	50	758.1	15.2	5.1	16.2	11.8	12.5	54.4	100.0
北河内地区	242	83	1,016.8	12.3	3.7	13.6	12.8	10.7	59.1	100.0
中河内地区	195	85	916.7	10.8	4.1	16.4	13.8	11.8	53.8	100.0
南河内地区	150	57	977.1	17.1	2.0	14.0	12.7	15.3	56.0	100.0
泉北地区	155	62	737.3	11.9	3.2	11.6	12.3	13.5	59.4	100.0
泉南地区	183	61	1,079.2	17.7	3.3	19.1	9.3	12.0	56.3	100.0
大阪府33市	1,133	434	6,008.8	13.8	3.6	15.2	12.0	13.3	55.9	100.0

資料：表4-13と同じ。
注：比率は，面積記入農家戸数に対する当該質問への回答者の割合である。

い。このことは，繰り返しになるが，当面は土地利用の転換の必要性がないとする農家意識のあらわれであり，また，税の強化措置という手段のみで土地利用の転換を政策的に促してもそう簡単には期待できそうにもないといえるのである。

　「宅地化」農地を農業的に利用するA農家群が，どの程度の面積を農業的に利用しようと考えているのか，その利用期間はどの程度のものかについてみたものが，**表4-15**である。この表は，利用面積を具体的に記入した農家のみを集計したものであり，若干の不備はあるとはいえ，基本的な傾向は把握できるものと思われる。それによると，農地として利用するとした面積は1戸平均で13.8aであり，地区ごとにみても10aを超えているが，とくに泉南地区と南河内地区では17a余りと比較的大きい。農業的な利用規模からみて自給的な農業生産に当てられると考えられるが，これらの作付は主に野菜類や水稲などである。農地としての利用期間は「3～5年」（15.2％）がもっとも多く，それを含めて5年以内は全体の約2割となる。一方「6年以上」が全体の4分の1を占め，なかでも「10年以上」が13.3％にのぼる。豊能地区では，この「10年以上」が26.4％にも及んでいるのである。以上のことから，かなり長期間にわたり農業に利用したいとする農家が，少なからず存在する

第4章　生産緑地制度の改正と都市農地をめぐる諸問題

表4-16　「宅地化」農地の農業以外での自己活用方法〈「宅地化」農地選択農家〉

単位：戸，%

	集計戸数	アパート・マンション等賃貸住宅	貸店舗・貸事務所	駐車場	貸倉庫・貸資材置場	自家用・分家用住宅用地	市民農園・公園用地	未定	非該当およびその他
豊能地区	72	19.4	8.3	26.4	8.3	2.8	2.8	13.9	44.4
三島地区	136	20.6	7.4	23.5	11.8	5.9	3.7	8.1	50.0
北河内地区	242	12.4	4.1	20.2	9.1	5.4	3.3	12.4	51.7
中河内地区	195	11.3	4.1	22.1	8.7	5.6	1.5	9.2	53.8
南河内地区	150	9.3	6.0	18.0	8.7	10.0	0.7	13.3	54.0
泉北地区	155	11.6	3.2	16.1	9.7	7.1	3.2	20.0	43.9
泉南地区	183	11.5	7.7	18.0	10.9	7.7	3.3	13.7	56.3
大阪府33市	1,133	13.0	5.5	20.1	9.6	6.5	2.6	12.8	51.4

資料：表4-13と同じ。
注：比率は，集計戸数に対する当該質問への回答者の割合である（ただし，複数回答）。

ことが注目される。

　次に表4-16から，「宅地化」農地の農外目的の自己活用方法をみよう。それによると，「駐車場」（20.1%）がもっとも多く，次いで「アパート・マンションなど賃貸住宅」（13.0%），「貸倉庫・貸資材置場」（9.6%）となっており，「貸店舗・貸事務所」も5.5%を占めている。また「自家用，分家用住宅用地」といった家族用の宅地利用も6.5%みられ，「市民農園，公園」（2.6%）に提供したいという農家は少ない。なお，売却により「宅地化」農地がどのような用途に利用されるのかはこの調査結果をみるかぎりさだかではないが，一連の制度改変にあたってその目的とした計画的な宅地化に結びつくような「宅地化」農地は少ないといえそうである。

　また，表4-17で，「宅地化」農地の売却・転用の時期をみると，決めかねている農家（非該当：48.2%）が多いなかで，回答農家のなかでもっとも多いものが「2～3年」の16.1%であり，「1年以内」（12.9%）を含め3年以内という回答は約3割を占めている。また，「4～5年」が9.9%，「6～10年」が7.6%あり，「10年以上」（5.4%）と長期の意向を持つ農家も存在している。

143

表 4-17 「宅地化」農地の売却・転用時期〈「宅地化」農地選択農家〉

単位：戸，%

	集計戸数	1年以内	2～3年	4～5年	6～10年	10年以上	非該当およびその他	計
豊能地区	72	11.1	12.5	12.5	13.9	6.9	43.1	100.0
三島地区	136	14.0	21.3	8.1	8.1	2.9	45.6	100.0
北河内地区	242	13.6	19.0	9.9	5.8	3.7	47.9	100.0
中河内地区	195	13.3	16.9	9.2	10.3	4.1	46.2	100.0
南河内地区	150	8.7	12.7	8.0	4.7	15.3	50.7	100.0
泉北地区	155	16.1	16.1	7.7	5.2	5.8	49.0	100.0
泉南地区	183	12.0	11.5	14.2	8.7	1.6	51.9	100.0
大阪府 33 市	1,133	12.9	16.1	9.9	7.6	5.4	48.2	100.0

資料：表 4-13 と同じ。
注：比率は，集計戸数に対する当該質問への回答者の割合である。

地区別にみると，3年以内という短期のものは三島，北河内，泉北の各地区に多く，4～10年という中期のものは豊能と泉南地区に多い。「10年以上」はとくに南河内地区で平均値をかなり上まわっている。

　以上のように，「宅地化」農地は，当分農業継続されるところが多いと思われるが，その一方において「宅地化」農地の利用転換については，地域での計画性は皆無といえる状況であることから，自由分散的に推移するのは必至である。その結果，スプロール化の進展はなお避け難いだけでなく，周辺に残る生産緑地に悪影響を及ぼすだけでなく，都市住民の生活環境と計画的なまちづくりにとっても新たな問題が予想される。

注
1）改正生産緑地法では，都市における農地などの適正保全を「国および地方自治体の責務」と明記している（生産緑地法第2条）。
2）長期営農継続農地制度のもとでは，認定農地率（長期営農継続農地面積÷宅地並み課税の対象農地面積×100）は，1990年当時で東京圏84.8%，名古屋圏86.9%，大阪圏88.8%というように，いずれも80%を超えていたのである。ちなみに，大阪府は88.7%であった。
3）都市の緑資源や環境問題からみた農業・農地の役割については，大西敏夫「大阪における都市・環境問題と都市農業」『農政調査時報』第412号，1991年，pp.34-39。また，農地を含む大阪の緑資源・自然保護の現状とあり方については，

中山徹『大阪の緑を考える（東方ブックレット8）』東方出版，1994年，参照。

4 ）調査結果概要は，大阪府農業会議「生産緑地地区指定希望申し出農家の実態と意向に関する調査（報告書）―生産緑地保全手法検討調査Ⅰ―」1992年，として取りまとめられている。また，この報告書の成果をふまえた論文としては，内藤重之・内本大樹・大西敏夫・藤田武弘・橋本卓爾・澤田進一・小林宏至「生産緑地保全施策と都市農業・農家をめぐる諸問題」『農政経済研究』第17集，1993年，pp.23-52，がある。

5 ）農業センサスにおける対象農家の下限面積は10a以上であり，生産緑地地区指定面積要件は 5 a以上であることから，調査対象農家には，センサスの対象ではない農家も含まれている。各事例地での「センサス集落数」は，北河内N地区 2 集落，中河内O地区 3 集落，泉南S地区 2 集落である。なお，1992年 3 月末日時点の「生産緑地希望申し出農家」の割合（「生産緑地希望申し出農家数÷地区内該当農家（ 5 a以上）数×100」は，北河内N地区67％，中河内O地区43％，泉南S地区46％である。

6 ）「農林業センサス　農業集落調査」結果によれば，事例地の北河内N地区（ 2 集落），中河内O地区（資料の制約により 2 集落），泉南S地区（ 2 集落）の1990年以降の農家数は，以下のように推移している。N地区は1990年61戸，1995年50戸，2000年51戸と推移しており，1990年対比2000年の減少率は16％減である。同様に，O地区は57戸，43戸，37戸と推移しており，同減少率は25％減である。また，S地区は102戸，93戸，57戸と推移しており，同減少率は44％減である。農家の減少率では，S地区ならびにO地区がN地区に比べて高い。

7 ）大阪府では独自施策として，市街化区域内も対象にした「都市緑農区」制度（ほ場整備，施設整備など）が1985年度より実施され，改正生産緑地制度の発足を契機に面積要件を 2 haから 1 haに緩和したが，「二区分化」措置以降の指定状況（市街化区域内）は，1996年時点で 8 カ所である。このなかでは，たとえば，「都市緑農区」制度を活用して都市農地を活かした地域住民との交流活動に積極的に取り組んでいる地域もみられる。大西敏夫「地域住民との交流で都市農地を活かす―大阪府岸和田市／中島池上地区「都市緑農区」」『月刊JA』Vol.522，1998年。

8 ）市街化区域内農地に対する宅地並み課税額（1988年度）は，大阪府平均10a当たりで約25万円であり，これは稲作など通常の農業収益をはるかに上まわる額である。課税額の最高市は大阪市で10a当たり68万4,900円，次いで池田市38万4,600円，守口市36万1,300円などとなっている。大阪府農業会議・大阪府農協中央会『都市農業確立対策ハンドブック―PART1―』1990年，p.132。

9 ）該当農地については， 4 年間の負担調整措置がとられている（軽減率：1992年度0.2倍，93年度0.4倍，94年度0.6倍，95年度0.8倍）。なお，1991年以降新たに特定市となった市街化区域内農地も同様である。

10) 以下の分析にあたっては，大阪府農業会議「『宅地化』農地の利活用に関する
調査（報告書）」1992年，による。調査では農家属性の把握がないため，大阪
府33市全体と地区レベルのデータを活用して分析している。なお，報告書の
成果をふまえた論文としては，大西敏夫・小林宏至・藤田武弘・内藤重之・
内本大樹・橋本卓爾・澤田進一「市街化区域における農地の利用転換動向と「宅
地化」農地をめぐる諸問題」『農政経済研究』第17集，1993年，pp.53-79，が
ある。このほか，「宅地化」農地問題を取りあげたものとして，細野賢治「「宅
地化農地」の宅地化政策と市街化区域内農地の動向」『農業と経済』第61巻第
9号，1995年，がある。

11) 1989年3月末日時点で大阪府33市の農地等相続税納税猶予制度の適用件数は
8,635件，農地面積は2,071haで，このうち市街化区域内は1,070haである。前掲
『都市農業確立対策ハンドブック―PART1―』，pp.133-134。

12) たとえば，「二区分化」措置前の大阪府農業会議「市街化区域内農地の実態及
び活用方向等に関する調査」（1990年，調査農家1,065戸）によれば，「全部を
農業的に利用」（51.9％）がもっとも多く，次いで「3分の2程度利用」（15.0％），
「半分くらい利用」（15.4％）であった。所有農地のすべてまたは大部分を「転
用売却・利用転換」すると意志表示した農家は12.7％と1割余りであった。

第5章

都市農地をめぐる問題状況と
都市農業振興基本法の制定

1．都市農地をめぐる問題状況

（1）大阪府の住宅・宅地をめぐる問題状況

　本章では最初に改正生産緑地制度の施行にともなう市街化区域内の「二区分化」措置，とりわけ「宅地化」農地の利用にかかわって大阪府における住宅・宅地供給とは，当時どのような状況にあったのか，さらにまた生産緑地を維持・保全するうえでどのような問題が発現しようとしていたのか，これら2点に限定し述べることにしたい。次いで，「二区分化」措置直後の都市農地の動向，大阪における都市農業の振興と農地保全の動き，都市農業振興基本法の制定と構成概要について述べることとする。

　大阪府における住宅・宅地供給をめぐる状況把握を，人口動態，住宅事情，住宅にたいする府民要求などからみることにしよう。

　はじめに，大阪府の人口動態である。大阪府の居住人口は1955年に460万人であったが，経済の高度成長のもとで63年に600万人，67年に700万人，そして73年には800万人を超えた。その後急激な人口増加はみられなくなり1986年からは870万人台で推移している。しかし，1989年以降からは95年を除きむしろ人口の停滞・減少局面に転じている[1]。一方，大阪市の場合，戦後のピークは1965年の316万人であったが，その後まもなくして減少に転じ，1990年にはピーク時に比べ約60万人減少している。いわゆる都心部の人口減というドーナツ化現象がみられることになった。

147

表 5-1　大阪 50km 圏内の距離ベルト別居住人口の増減状況（1970〜2000 年）

距離ベルト	1970 年(A)(人)	2000 年(B)(人)	比率(B/A)(%)	各年代別増減（△）率（%）					
				1970〜75 年	1975〜80 年	1980〜85 年	1985〜90 年	1990〜95 年	1995〜2000 年
総計	13,647,923	16,566,704	119.8	9.0	3.6	3.0	2.0	0.9	1.3
0〜10km	4,728,361	4,259,727	90.1	△3.4	△3.7	△0.4	△0.7	△1.0	△1.1
10〜20km	3,074,232	4,234,549	137.7	20.2	7.6	3.8	1.2	△0.3	1.6
20〜30km	1,974,582	3,032,867	153.6	20.6	8.5	6.3	4.9	0.9	4.3
30〜40km	1,762,633	2,453,564	139.2	12.7	8.0	5.6	4.0	2.2	1.9
40〜50km	2,108,115	2,585,997	122.7	6.6	3.0	2.4	3.1	4.8	1.0

資料：大阪府統計協会『統計からみた大阪のすがた』各年などにより作成。
注：大阪 50km 圏の中心点は，大阪市役所である。

　人口動態をもう少し詳しくみよう。**表5-1**は，大阪の都心から50km圏の距離ベルト別居住人口の増減状況をみたものである。大阪府の人口は，総数では1970年から2000年にかけて約20％増えているが，その増加率は徐々に減じている。なかでも都心「0 〜 10km」圏内に注目すると1970年代に比べて減少速度は鈍化しているものの，依然減少基調で推移していることがわかる。つづいて「10 〜 20km」圏内では，1975年以降増加速度が急速に低下し，人口の停滞・減少局面を迎えている。さらにその周辺部でも，一時期の人口急増ぶりからは明らかに落ち着きをみせていることがわかる。

　次に，大阪府における住宅事情をみよう。**表5-2**は，大阪府における総世帯数，総住宅数，空家数の推移をみたものである。1963年の総世帯数と総住宅数の大きな差（総世帯数＞総住宅数）は，明らかに住宅不足の状況であった。それが1968年になると総住宅数が総世帯数を上まわって，それも調査年ごとにその差が広がり，2003年には総住宅数は総世帯数に比べ60万戸余りも上まわっている。こうしたことから，居住世帯なし住宅のなかで，いわゆる空家が急速に増えていることが注目される。現に大阪府の空家率は1983年以降，常に10％台で推移している。たとえば，新生産緑地制度制定直後の1993年をみると，空家率は10.6％で全国水準（9.8％）に比べても１ポイント近く高い[2]。確かに，最低居住水準未満（４人の標準世帯で3DK，50m²未満）のいわゆる住宅困窮世帯は同年時点でも38万世帯（世帯率：12.4％）に及ぶ

148

第5章　都市農地をめぐる問題状況と都市農業振興基本法の制定

表 5-2　総世帯数・総住宅数・空家数の推移（大阪府）

単位：世帯・戸，%

		総世帯数 （世帯）	総住宅数 （戸）	居住世帯 なし住宅	うち空家	
						空家率
	1963 年	1,441,000	1,402,000	56,100	40,900	2.9
	1968 年	1,917,090	1,973,090	143,600	103,700	5.3
	1972 年	2,369,100	2,537,700	239,900	165,900	6.5
	1978 年	2,557,500	2,848,800	340,800	279,100	9.8
	1983 年	2,679,800	3,053,700	403,600	327,600	10.7
	1988 年	2,875,100	3,301,600	451,000	364,200	11.0
	1993 年	3,086,300	3,497,600	435,000	369,000	10.6
	1998 年	3,315,000	3,852,500	562,900	501,300	13.0
	2003 年	3,514,900	4,130,800	640,400	603,300	14.6
増 減 率 %	63-68 年	33.0	40.7	156.0	153.5	
	68-72 年	23.6	28.6	67.1	60.0	
	72-78 年	8.0	12.3	42.1	68.2	
	78-83 年	4.8	7.2	18.4	17.1	―
	83-88 年	7.3	8.1	11.7	11.1	
	88-93 年	7.3	5.9	△3.5	1.4	
	93-98 年	7.4	10.2	29.4	35.9	
	98-03 年	6.0	7.2	13.8	20.4	

資料：大阪府統計協会『統計からみた大阪のすがた』各年などにより作成。なお，原資料は
　　　総務庁統計局「住宅統計調査」各年による。
注：空家率は「空家数÷総住宅数×100」で算出した。

　ことから，住宅の質問題はいまだ解消されてはいないと考えられる。このような空家率の高さは老朽化した木賃住宅の存在，地価水準に反映した賃貸住宅価格の高位性，劣悪な住環境など看過できない問題であると考えられる。

　そこで，大阪府民の住宅・住環境にたいする意識状況を『統計からみた大阪のすがた（平成8年度版）』からみていくことにする。それによると，住宅に対する不満度は全国平均と比べて高く，なかでも住宅の「遮音性や断熱性」，「収納スペース」，「台所の設備・広さ」，「いたみ具合」に対する不満率が全国平均よりも高いこと，また，住環境については，「騒音・大気汚染などの公害の状況」，「緑の豊かさ・街の景観の良さ」，「風紀の良さ」，「まわりの建て込み状況」などでとくに不満率が高いことなどが指摘されている[3]。

　かつて大都市への急激な人口集中によって，住宅・宅地不足が深刻な問題を引き起こしたが，上記の諸点を大阪府の住宅用地需要に照らすならば，住

宅を必要とする居住世帯は高度経済成長期とは明らかに様変わりしていた。大阪府においては，住宅・宅地をめぐる問題状況は，量のうえでは充足されていたこと，質の問題が問われていたことの理解が重要であろう。そのなかで住宅の質的問題とは，良質な居住空間の確保に加えて，「公園・日照・みどり・オープンスペース」などといった居住環境の整備が重要な内容を構成していたと考えられる。

居住人口が減少基調にある大阪都心「0〜10km」圏内には，大阪市をはじめ，豊中市，守口市，門真市，東大阪市の5市が，さらに停滞・減少基調にある「10〜20km」圏内には池田市，箕面市，吹田市，茨木市，寝屋川市，八尾市，堺市などの16市が含まれる（圏別市町村名については第3章，**表3-3**，参照）。これら21市の市街化区域内農地の合計面積は，1992年当時大阪府全市街化区域内農地面積のおおよそ6割を占めていたのである。これらを考え合わせるならば，このような6割を占める21市の市街化区域内農地のうち，かかる土地政策・土地税制によって生み出された「宅地化」農地を都市の土地市場に排出したとしても，農地の利用転換の動向や「宅地化」農地の利用意向から鑑みて，地域住民が要求する住宅や住環境の整備に「宅地化」農地がどれほど活かされたのかは疑問といわざるをえない。むしろ「二区分化」措置は生産緑地からとり残された「宅地化」農地の利用をめぐり改めて地域の土地利用のあり方を問うような事態を招いたのではないだろうか。

ところで，「宅地化」農地を計画的に宅地化する場合に，都市計画においていくつかのメニューが提示された。特定土地区画整理事業（土地面積2ha以上），農住組合（1ha以上），住宅街区整備事業（1ha以上），緊急住宅宅地関連特定施設整備事業（5ha以上），大都市農地活用住宅供給整備促進事業（1ha以上）などの基盤整備を中心としたものから，賃貸住宅建設の利子補給制度，賃貸住宅の一括借上げ制度など，一定の要件を満たせば，固定資産税の軽減措置や相続税納税猶予制度の適用継続が受けられるというものである[4]。「宅地化」農地を選択した都市農家のなかでそのような利用は総じて低調であると指摘されている[5]。むしろ「計画性」が発揮しえないの

150

第5章　都市農地をめぐる問題状況と都市農業振興基本法の制定

は，地域での土地利用調整が充分になされないまま，税制等制度改正を急いだところにむしろ主因があるといえる。

（2）生産緑地の保全と「宅地化」農地問題

次に，生産緑地を維持・保全するうえで，「宅地化」農地の利用と関連して，どのような事態が引き起こされようとしていたのか，検討することにしたい。

当時，生産緑地の申請手続きが短期間であったため，農家は地域的・集団的討議を経ることなく個別判断に委ねられた。それゆえ，土地の利用をめぐり隣地間や地域での調整が行なわれないまま進行したのである。そこには生産緑地と「宅地化」農地がおおよそモザイク状に混在し，あるいは生産緑地が「宅地化」農地に囲まれ孤立した状態が生まれた地域も少なくない。

表5-3によれば，「宅地化」農地選択農家をめぐる農地の周辺環境は，すでに「混住化している」（58.9％）状況にあるが，「周辺は農地が多い」地域も24.2％ある。「周辺は農地が多い」は，泉南，南河内地区に多く3割前後を占めており，「ほとんど都市化している」は，中河内地区に多い。また，都市化・混住化地域にある農地は，「一般住宅の中」が半数以上を占めている。

表5-3　農地の周辺環境〈「宅地化」農地選択農家〉

単位：戸，%

	集計戸数	周辺は農地が多い	混住化している	ほとんど都市化している	無回答	計	都市化・混住化地域における農地の環境				
							高層住宅の中	一般住宅の中	工場地域の中	商業地域の中	大きな道路に接する
豊能地区	72	19.4	68.1	12.5	0.0	100.0	2.8	65.3	1.4	0.0	9.7
三島地区	136	22.8	58.8	16.9	1.5	100.0	5.9	52.9	7.4	1.5	11.8
北河内地区	242	25.2	57.9	16.9	0.0	100.0	1.2	59.9	2.1	1.7	12.0
中河内地区	195	14.4	61.5	22.1	2.1	100.0	2.1	53.8	10.3	5.6	11.3
南河内地区	150	28.0	50.7	17.3	4.0	100.0	2.0	50.7	4.7	1.3	11.3
泉北地区	155	25.8	61.9	11.0	1.3	100.0	0.6	58.7	1.9	0.6	11.0
泉南地区	183	31.7	57.9	8.2	2.2	100.0	1.6	50.8	2.7	2.2	13.1
大阪府33市	1,133	24.2	58.9	15.4	1.6	100.0	2.1	55.5	4.5	2.1	11.7

資料：大阪府農業会議「『宅地化』農地の利活用に関する調査」1992年9月による。
注：比率は，集計戸数に対する当該質問への回答者の割合である（ただし，複数回答）。

図 5-1　生産緑地地区指定前後の農地動態図（大阪市・TA 地区：1989～92 年）

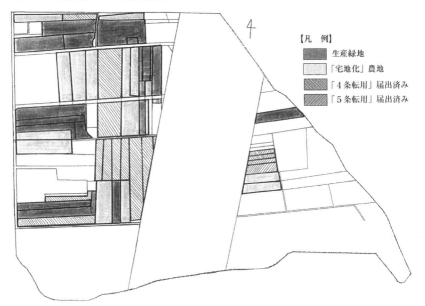

【凡 例】
■ 生産緑地
▨ 「宅地化」農地
▨ 「4条転用」届出済み
▨ 「5条転用」届出済み

資料：「大阪市農業委員会提供資料」より作成。
注：地図上の「太実線」内が農地を示す。

　こうした地域に駐車場，賃貸住宅，貸倉庫，貸店舗・貸事務所などが農地の利用転換によって出現すると，都市化・混住化地域はいっそう過密化が予想され，集団農地のある地域はスプロール化が懸念される。そのことの一端を示したのが，図5-1の生産緑地地区指定前後の農地動態図（大阪市・TA地区：1989年～92年）である。それをみると，大阪市・TA地区では「二区分化」措置の数年前から「4条転用」を中心に農業委員会への届出が行われる一方で，措置後は生産緑地と「宅地化」農地が混在し，一定程度集団性のあった農業的土地利用が数年間で一変した状況が伺い知れる。このような事態が大阪府下各地でみられたと考えられる。

　大阪府調べによれば，1991年時点で大阪府下の市街化区域内における集団農地（2 ha以上）は，豊能地区：10カ所，三島地区：15カ所，北河内地区：

第5章　都市農地をめぐる問題状況と都市農業振興基本法の制定

36カ所，中河内地区：56カ所，南河内地区：55カ所，泉北地区：31カ所，泉
南地区：97カ所というように合計では300カ所に及び，農地面積にして
1,366haと市街化区域内農地面積の20％を占めていた。ここで，たとえば2
haの集団農地のうち仮に「宅地化」農地が6割存在したとすれば，事態は
深刻である。「転用不自由」な生産緑地と「転用自由」な「宅地化」農地の
並存により，生産緑地で営農継続する都市農家は生産環境の悪化など絶えま
ない不安にさらされることになる。さらに，新生産緑地制度は「生産緑地の
適正保全が国や地方自治体の責務」（法第2条）と明記したが，そのための
生産緑地の基盤整備や生産環境整備が「宅地化」農地との混在により困難に
なるところも数多く出現すると想定される。すでに第4章の**表4-10**に示し
たように，生産緑地希望農家は用水汚濁・用排水確保困難，日照・通風・光
障害，堆肥施用・農薬散布の困難，農地の袋地などを懸念している。周辺の
「宅地化」農地が農業利用される間は表面化しないとはいえ，その後の利用
転換にともなって生産緑地農家の営農環境がいっそう悪化する恐れがある。
このように生産緑地による農業的土地利用と「宅地化」農地の利用において，
土地利用の混乱が想定されることから，その調整が都市計画サイドおよび農
政サイド双方の重要課題になっていたのである。

　ところで，「宅地化」農地選択農家は，都市環境・生活環境の保全につい
て「とくに関心をもっていない」農家が多いなかで，「公共による計画的住
宅供給に協力してもよい」(23.4％)，「条件があえば市民農園を考えてもよい」
(15.6％)，「環境保全に役立つなら公園用地に利用してもよい」(14.2％)な
どと考えている都市農家も存在しており，こうした点は注目してよい（**表
5-4**，参照）。また，「住民の要望があれば景観作物を栽培してもよい」とす
る都市農家も6.7％程度ではあるが存在する。都市公園や児童公園，緑地な
ど緑地空間を強く望む住民要求からすれば，「宅地化」農地の利用をめぐっ
て住民と「宅地化」農地選択農家の意識のズレはあるものの，良好な都市環
境の形成，計画的な「まちづくり」を地域レベルで進めるための合意形成と
具体的施策を検討する必要性が高まっていたと考えられる[6]。

153

表5-4　都市環境・生活環境の保全について〈「宅地化」農地選択農家〉

単位：戸，％

	集計戸数	環境保全に役立つなら公園用地に利用してもよい	公共による計画的住宅供給に協力してもよい	住民の要望があれば景観作物を栽培してもよい	条件があえば市民農園を考えてもよい	特に関心をもっていない	非該当およびその他
豊能地区	72	13.9	22.2	9.7	20.8	33.3	22.2
三島地区	136	21.3	22.8	8.8	14.7	33.8	23.5
北河内地区	242	16.1	22.3	5.8	11.2	38.8	28.1
中河内地区	195	9.7	23.1	3.1	15.4	29.7	32.3
南河内地区	150	14.0	22.0	7.3	14.0	41.3	22.0
泉北地区	155	14.2	23.2	7.1	23.2	39.4	15.5
泉南地区	183	11.5	27.3	8.2	15.3	42.1	16.4
大阪府33市	1,133	14.2	23.4	6.7	15.6	37.2	23.5

資料：表5-3と同じ。
注：比率は，集計戸数に対する当該質問への回答者の割合である（ただし，複数回答）。

2．「二区分化」措置直後の都市農地の動向

　ここでは，「二区分化」措置直後の都市農地の動向をふまえて若干の問題点および課題を提示することにしたい。

　表5-5は，1992年から96年にかけての5年間の生産緑地と「宅地化」農地の動向をみたものである。それによると，「宅地化」農地は1,343ha減少し，1997年1月時点では2,240haとなった。その減少率は37.5％と4割近くを占め，全国平均（29.1％減）に比べても高率で推移している[7]。すなわち，5年間に「宅地化」農地が約4割，それに合わせて市街化区域内農地が2割余り縮減したことになる。各地区別の減少率をみると，全地区とも減少率が4分の1を超えているが，なかでも都心部を中心に中河内（50.1％減），北河内（43.9％減），泉北（40.3％減），三島（39.8％減）などの減少が著しい。一方，生産緑地は，1992年より35ha増加して1996年12月時点では2,514haとなっていた。この増加面積は，追加指定と指定解除（廃止）の差である。追加指定については，大阪府下の特定市では容認している市と容認していない市があるなど

第 5 章　都市農地をめぐる問題状況と都市農業振興基本法の制定

表 5-5　地区別にみた「宅地化」農地と生産緑地の変化状況（大阪府 33 市：1992〜97 年）

単位：ha，％

	「宅地化」農地面積（1997.1）	92 年対比増減面積（△：減）	減少率	生産緑地地区指定農地面積（1996.12）	92 年対比増減面積（△：減）	市街化区域内農地面積（1997.1）
豊能地区	177	△ 72	28.8	165	△12	342
三島地区	219	△144	39.8	244	6	462
北河内地区	322	△252	43.9	393	△3	715
中河内地区	313	△314	50.1	471	13	784
南河内地区	348	△133	27.7	372	△1	719
泉北地区	363	△244	40.3	297	13	659
泉南地区	513	△171	25.0	559	6	1,072
大阪府 33 市	2,240	△1,343	37.5	2,514	35	4,754

資料：大阪府土木部資料より作成。

対応が分かれているが，全国的には追加指定を原則認めない特定市が多いといわれている。また，指定解除は，主たる従事者の死亡などによるもので，1997年9月末時点で721件，72haの生産緑地の買取り申し出がなされ，実際に市が買い取った面積は24件，2.46haとわずかである[8]。買い取らない生産緑地は，指定解除後その多くが利用転換されたものと考えられる。

　以上の結果，1997年1月時点（生産緑地は1996年12月末時点）では，大阪府33市の市街化区域内農地は，生産緑地が52.9％，「宅地化」農地が47.1％とほぼ拮抗した割合で存在していたことになる。

　次に，都市農地の動向と特徴についてみていこう。市街化区域内の農地転用面積は，1991年から96年にかけて，317ha，599ha，413ha，309ha，287ha，273haと推移している。とくに1992年の転用面積の急増ぶりが目にとまるが，それは主要には制度改正の影響によるものである。そして，1992年以降の転用面積の累計は1,881haとなっており，これには町村段階の転用や指定解除された生産緑地の転用も含まれることから，上記の「宅地化」農地の減少面積と比較すれば，この間の農地転用は明らかに「宅地化」農地が主ということができる。

　ここで，「4条転用率」（農地法第4条届出面積÷市街化区域内全農地転用面積×100）をみよう。1991年から96年にかけて，「4条転用率」は65.9％，

155

78.6％, 65.1％, 64.4％, 59.6％, 59.1％というように, 1992年の8割近い年を除いて他の年でも6割前後の高水準で推移していることからすでに主流となった農家の自己転用行動がここでも確認できる。

ところで,「宅地化」農地の転用（都市への土地供給）は, 計画的な宅地化や良好な市街地形成に繋がっていたのだろうか。改めてここで,「宅地化」農地の減少率が著しい中河内地区のH市（46.8％減）を取りあげ, いま少し検討することにしよう。

表5-6は, 中河内地区H市の1992年以降の農地転用動向である。転用農地のほとんどが「宅地化」農地であるが, その特徴は以下のとおりである。

1992年から96年の5年間の転用（147ha）は「4条転用」（83.0％）が多くを占めているなかで, 全体の転用用途は,「車庫」転用37.7％,「住居」転用28.7％,「その他」転用16.6％,「倉庫」転用12.1％,「工場」転用4.9％となっている。主要なものは,「車庫（駐車場）」と「住宅」である。その1件当りの転用面積を算出すれば,「車庫」636m²,「住宅」552m²,「倉庫」635m²,「工場」734m²というように, ほとんどが200坪程度の小規模転用である。

このように, 現実には, 小規模な農家の自己転用がすすんでおり, そのことから計画的な宅地化あるいは良好な都市環境の形成とは別な次元で農地の利用転換が進んでいたと考えられる。すなわち, 土地税制等制度改正（1991年）は, 都市に土地供給量そのものを増加させたが, 都市計画の理念からはむしろ逆行した事態が進行していたといえる。要するに, 生産緑地の保全, 良好な都市環境の形成, 計画的な都市化とは大きくかけ離れて, 都市農家の農地の資産的保有意識を高めながら, 分散的で無秩序な宅地化を促進させたことが明らかであろう。

前述したように, 土地税制等制度改正は, 1980年代半ばからの地価高騰とそれにともなう土地問題の深刻化を背景に, 大都市地域の市街化区域内農地の課税強化によってその問題解決をはかろうとしたところに, 本質的ねらいがあったと考えられる。制度改正の前提には, 地価高騰と土地問題の深刻化は, 土地需給の不均衡とするいわゆる「土地需給論」の考え方を論拠に, 土

第5章　都市農地をめぐる問題状況と都市農業振興基本法の制定

表5-6　中河内地区「H市」における農地の転用状況（1992〜96年）

単位：a，（　）内%

	転用面積合計			第4条転用合計		
	件数	面積	1件当たり(m²)	件数	面積	1件当たり(m²)
工　場	98	719 (4.9)	734	88	655 (5.3)	744
住　居	763	4,212 (28.7)	552	587	3,542 (29.0)	603
倉　庫	204	1,776 (12.1)	871	186	1,696 (13.9)	912
車　庫	870	5,528 (37.7)	635	683	4,708 (38.6)	689
その他	426	2,437 (16.6)	572	242	1,582 (12.9)	654
合　計	2,361	14,673 (100.0)	621	1,786	12,182 (100.0)	682

資料：「H市」農業委員会資料より作成。

地供給不足は市街化区域内農地に原因があるとの主張が展開された[9]。しかし，異常な地価高騰は当時の『土地白書（平成2年版)』の指摘を待つまでもなく，金融緩和政策と土地投機需要などが要因であることは，こんにちでは明白になっている[10]。日本の土地・地価問題は，都市農家の農地の所有と利用に根源的な原因があるのではなく，わが国における金融・経済政策とそれによって立つ都市・土地政策にこそ由来していたと考えられる。

　大都市圏の市街化区域内農地をめぐる問題は，「二区分化」措置で終止符が打たれたとの見方もあるが，むしろ多くの解決すべき問題を内包させていた。それは，第1に，「二区分化」措置により都市の土地市場に大量に放出された「宅地化」農地の多くが転用されているとはいえ，いまなお農業的に利用されている「宅地化」農地も少なくないこと，第2に，その利用転換も自己転用に加えて零細転用によるミニ開発によって，新たなスプロールを招き，生産緑地だけでなく地域の良好なまちづくりや生活環境の保全にも否定的影響を及ぼしていたことである。さらに，第3には，生産緑地自体が，担い手の高齢化・欠如等にともなって適正な保全・管理が困難となる状況が今

157

後想定されることである。

　以上のことを考え合わせるならば，1991年の土地税制等制度改正の結果を教訓にして，都市地域の農地の保全と計画的利用のあり方については，地域住民の意向や地域の実情もふまえながら具体的に検証する必要があろう[11]。その際，市街化区域内の農地を単に市街地形成のための土地供給源としてみるのではなく，農産物の供給機能，都市環境・生活環境の形成・保全機能等多面的機能を活かすような位置づけと制度改善が必要とされる。それには，農地（土地）を所有する都市農家の営農継続を保障する農地の保全と利用システムの構築が不可欠な要素となる。

3．大阪における都市農業の振興と農地保全の動き

（1）都市農業の意味と都市農地の動向

　「都市農業」という用語は昭和初期に登場するが，それが頻繁に使われるようになるのは1960年代後半以降とされる[12]。すなわち都市農業とは，①高度経済成長期における急激・大規模・無秩序な都市化の進行，②都市計画法に基づく市街化区域への農業・農地の大量編入，③農地の宅地並み課税の実施という3つの社会経済的背景のもとで1960年代から70年代前半にかけて本格的に形成された農業と定義されている。要約すれば，都市農業とは，都市化，都市計画制度・土地税制の強い影響下で展開している農業といえる。

　ところで，都市農業の形成にかかわって都市計画制度に注目すると，これまで2つの画期があったと考えられる。その1つは，1968年の新都市計画法の制定とその施行後の線引き（市街化区域・市街化調整区域の設定）である。いま1つは，1991年の生産緑地法の改正である。後者の生産緑地制度は，都市環境や生活環境にとって農業・農地の社会的役割を評価し，都市計画のなかにその存在を認知した制度とはいえ，三大都市圏特定市の都市農地は，「保全農地」と「宅地化」農地に峻別（「二区分化」措置）された。

　都市農家が「保全農地」を選択し生産緑地の指定を受けると，固定資産税

158

第5章 都市農地をめぐる問題状況と都市農業振興基本法の制定

は農地課税（ただし，30年間の営農義務）となり，相続税納税猶予制度も適用（ただし，終生営農）されるなど営農が可能となる。一方，「宅地化」農地の場合は固定資産税は宅地並みとなり，相続税納税猶予制度は適用外となるなど営農は困難となる。このように，「保全農地」か「宅地化」農地の選択によって，都市農地は税制面での取り扱いに大きな差違がある。

これまで都市農家は，絶え間ない都市圧と土地税制等の強い影響下で農業を行ってきたとはいえ，都市（市場）に近いという立地特性を生かして営農展開できる利点もあった。その意味では都市農業とは，「一方では都市圧の「最前線」に立地しているとともに，他方では都市に立地することの有利性においても「最前線」に立っている」[13]という二面性を持つ農業ともいえる。ところが，都市化の影響を強く受ける大都市部の都市農業はこれまで縮小・後退を余儀なくされた。たとえば，耕地面積の減少率でみると，1960年から2000年にかけて全国では20％減（607万ha→483万ha）に対し，東京都では75％減（3万6,000ha→9,000ha），大阪府では66％減（4万5,000ha→1万5,000ha）と減少幅がきわめて大きい。また農家数の減少率（同年対比）でみても，全国では48％減（606万戸→312万戸）に対し，東京都では70％減（5万2,000戸→1万5,000戸），大阪府では65％減（8万5,000戸→3万戸）と大幅な減少をみせている。

（2）大阪における農地事情と都市農業の機能・役割

大阪府の農地事情と農業の機能・役割について改めて検討しよう。大阪府下の農地は，都市計画制度と農業振興地域制度の両制度の適用を受けるなど複雑な様相を呈している。大阪府はほぼ全域が都市計画区域であり，そのうち市街化区域が府域全体の49.5％，市街化調整区域が同50.2％を占めているなかで，その市街化調整区域に農業振興地域が設定されている。

表5-7は，大阪府の区域別農地面積の動向（1993〜2004年）をみたものである。それによると，1993年の全農地面積は1万7,500haであり，そのうち都市農地（市街化区域内農地）は6,062haと34.6％を占めている。一方，農

159

表5-7　大阪府下区域別農地面積の動向（1993〜2004年）

単位：ha，%

区域・区分別	1993年		2004年	
	実数	構成比	実数	構成比
全農地面積	17,500	100.0	14,600	100.0
うち市街化区域内農地	6,062	34.6	4,511	30.9
うち生産緑地	2,479	14.2	2,358	16.2
うち農業振興地域内農地	10,483	59.9	9,986	68.4
うち農用地区域内農地	5,355	30.6	5,224	35.8

資料：大阪府（環境農林水産部）『大阪府農林水産業の年次動向報告書』各年，より作成。
注：全農地面積には農業振興地域外の市街化調整区域の農地を含む。

業振興地域内農地は1万483haであり59.9％を占めている。2004年になると，都市農地のウエイトが低下するなかで，農業振興地域内農地のウエイトが上昇しているが，いまなお大阪府全農地の3割近くが都市農地で占められていることが注目される。

ところで，大阪府域の土地利用別構成比（2000年）をみると，「宅地」30.8％，「森林・原野」30.9％，「道路」8.6％，「農用地」8.1％，「水面・河川・水路」5.4％，「その他」16.2％となっている。大阪府は元来，"みどり"が少ない府県の1つといわれているが，農業・農地をみどり資源に位置づけるならば，土地利用面では農用地は森林に次いでウエイトが高いだけに，その保全の意義は大きい。

都市農業はおおむね2つの側面から評価されている。そのことを2000年前後の状況とはいえ大阪府に照らして検討すると，以下のように指摘できる[14]。

1つは，立地特性を生かし都市住民に生鮮野菜等を供給する役割である。1999年時点の大阪府の農業粗生産額は403億円であるが，その内訳は野菜40.0％（全国の構成比は23.5％），果実17.4％（同8.6％）と園芸作物が中心である。また，大阪府の農産物供給率（生産量/需要量）では，野菜9.7％，果実9.6％，牛乳6.9％，米5.7％などとなっている（大阪府環境農林水産部調べ）。単純推計とはいえ，これらを人口換算すれば，野菜，果実では実に約85万人分に相当する。このように，大阪府の農業は野菜・果実等を中心に生産しており，それには市街化区域内農業も重要な役割を担っているのである。

2つは，緑・景観，レクリエーションの場，防災空間等を提供する役割で

第 5 章　都市農地をめぐる問題状況と都市農業振興基本法の制定

表 5-8　農地等の役割に関する大阪府民意識（1998 年度）

項　　　目	割合（%）
①緑の提供や大気の浄化，身近な水辺など良好な 生活環境の形成に果たす役割	76.3
②安全で新鮮な農産物を生産し供給する役割	53.0
③都市の住民が自然とふれあう場としての役割	29.7
④火災や地震のときの避難場所や災害を防ぐ空間と しての役割	15.8
⑤貸し農園やもぎとり園などレクレーションの場と しての役割	13.5
⑥その他	1.9
⑦わからない	0.4

資料：大阪府企画調整部「1998 年度府政モニター・アンケート報告書〈大阪の食と農林水
　　　産業〉」による。調査対象は 1998 年度府政モニター300 人でうち回答者は 266 人，
　　　設問項目は，「あなたの府内の農空間（農地，ため池，水路など）について，とく
　　　に重要と考える役割はどれですか」で，複数回答である。

ある。**表5-8**は，大阪府の農地等に関する府民意識をみたものであるが，そ
れによれば，大阪府民は農地等が果たす役割に期待を寄せていることが伺い
知れる。たとえば，「緑の提供や大気の浄化，身近な水辺など良好な生活環
境の形成に果たす役割」（76.3%），「安全で新鮮な農産物を生産し供給する
役割」（53.0%）のほか，「都市の住民が自然とふれあう場としての役割」（29.7
%），「火災や地震のときの避難場所や災害を防ぐ空間としての役割」（15.8%），
「貸し農園やもぎとり園などレクリエーションの場としての役割」（13.5%）
などである。このような府民意識は，過密化が著しい都市部の住民ではさら
に高くなるものと想定される。

　このように，大阪府民は，都市農業・都市農地に生鮮野菜等農産物の供給，
良好な生活環境の形成，自然とふれあう場，防災空間，レクリエーションの
場の提供など多様な機能・役割に注目し高い評価を与えていることがわかる。
それゆえ，都市農業の振興と都市農地の保全は府民ニーズにも応えるもので
あるといえよう。

（3）「大阪府都市農業条例」の制定とその背景

　大阪府では，農地転用にともなう都市の拡大と拡散が著しいことから，そ
れに一定の歯止めをかける目的で，2003年 9 月に「大阪府農空間保全・活用

指針」（以下，「指針」）が策定された。これは，「大阪府新農林水産業振興ビジョン（2002年3月）」の具体化のひとつとされ，市街化調整区域内の「農空間」を府民の貴重な財産として保全・活用する目的から定めたとされている。大阪府によれば，「農空間」とは，農地を中心に，里山，集落，農業用水路やため池など農業用施設等が一体となった地域を総称した概念である。

　「指針」では，「農空間」として保全・活用するエリアを設定し，同エリア内で秩序ある土地利用を進めるため，農家を中心とする地域住民が主体となって適正な保全と活用の取り組みを推進することを謳っている。「指針」が対象とする農地のエリアは，当初，市街化調整区域内の農地，農業振興地域内の農用地に限定され，それは大阪府内全農地のおおむね70%を占めていたことになる。

　その後，「指針」による「農空間保全・活用」制度は，対象エリアを市街化区域（生産緑地農地）にも拡げ，2007年10月に「大阪府都市農業の推進及び農空間の保全と活用に関する条例」（以下，「大阪府都市農業条例」）として制定され，2008年4月に施行された[15]。条例制定の背景は，第1に，外的要因として農地のかい廃（農地転用）による無秩序な都市化が進展し，土地利用の混乱が生じていること，第2に，内的要因として農業の担い手の高齢化・後継者難といった問題が発現していること，さらに第3に，それらが絡み合いながら農地の荒廃化（農地の遊休化，耕作放棄）が進行していることが指摘されている。

　「大阪府都市農業条例」は基本目的で，農業者をはじめとする多様な都市農業の担い手を確保・育成するとともに，保全する農空間を明らかにして遊休農地等の利用を促進し，さらに農産物の安全性を確保することによって，府民の健康的で快適な暮らしの実現および安全で活気と魅力に満ちたまちづくりの推進に寄与することを掲げている。この基本目的を具現化するとして，条例に即して「大阪版認定農業者制度」[16]，「農産物の安全安心確保制度」，「農空間保全地域制度」の3つの制度がスタートしている。

　「農空間保全地域制度」に注目すると，保全すべき農空間を「農空間保全

第5章　都市農地をめぐる問題状況と都市農業振興基本法の制定

地域」に指定し，①農空間の公益性の確保，②農空間を守り育てる府民運動
の展開，③遊休農地の解消[17]，④農空間づくりプランなどの施策が展開され
ている。「農空間保全地域」の対象エリアは，農業振興地域の農用地区域，
市街化調整区域のおおむね5ha以上の集団農地の区域，生産緑地法に規定
する生産緑地地区の区域である。農用地区域でない市街化調整区域の集団農
地の区域外や「宅地化」農地は対象外である。ちなみに，「農空間保全地域」
の指定は，大阪府下42市町村とほぼ府域全体に及ぶ。2014年1月時点で指定
面積は1万1,451haで大阪府内全農地の約82%にあたる。残りの約18%が「宅
地化」農地や市街化調整区域の対象エリア外の農地とみられる。市町村では，
農空間保全委員会（行政，農業委員会，農業協同組合など）が設置され，主
要には遊休農地の重点的解消，自己耕作の推進，多様な担い手への農地貸借
の促進，「農空間づくり」活動など農空間の保全・活用に向けた取り組みが
展開されている。さらに，大阪府では，独自に都市住民が新たな担い手とし
て，農業参入できる支援制度として「準農家制度」を2013年度より実施して
いる[18]。

　このように，大阪府では条例を制定し，市街化区域の「宅地化」農地や市
街化調整区域の対象エリア外の農地を除いて都市農業の振興と農空間の保
全・活用の取り組みに着手しているが，それは全国に比べて農地転用にとも
なう都市の拡大と拡散が依然として進行し，土地利用の混乱が生じていると
いう認識による。しかしながら，第1に，対象エリアが市街化区域にある「宅
地化」農地や市街化調整区域の集団性の乏しい農地を除外していること，第
2に，都市計画制度や農地制度など現行制度の枠組みのなかで運用せざるを
得ないことなどが課題といえる。とはいえ，大都市の自治体が都市農業の振
興と農地保全に着手した意義は大きいと考える。このようななか，国では都
市農業の振興と農地保全に向けた動きが浮上するとともに，その動きは法整
備へと結実するのである。

163

４．都市農業振興基本法の制定とその構成概要

（１）都市農業振興基本法の制定経緯

１）都市農業・都市農地問題の所在

　2000年代に入ると都市農業・都市農地への関心が高まるが，それは1999年の食料・農業・農村基本法の制定を契機にしていると考えられる。すなわち，同法第36条第２項は，「国は，都市及び周辺地域における農業について，消費地に近い特性を生かし，都市住民の需要に即した農業生産の振興を図るために必要な施策を講ずる」と述べている。このように，都市およびその周辺地域の農業の位置づけが法律で明記されその振興が謳われるなか，農林水産省内では都市農業振興業務を遂行する事務組織が整備される[19]。加えて，同省内において2011年，「都市農業の振興に関する検討会」が設置され，制度面や施策展開のあり方について総合的な観点から検討・協議が開始される。一方，都市計画サイドにおいても都市政策にかかわって，都市地域の農業・農地の位置づけとそのあり方について検討・協議が開始される。

　いま一度，都市農地の制度的位置づけについて確認しておこう。そもそも都市計画法による市街化区域とは，「すでに市街地を形成している区域及びおおむね10年以内に優先的かつ計画的に市街化を図るべき区域（法第７条第２項）」と規定され，農地転用は農業委員会への「届出制」となった。そのことから，市街化区域に編入された農地は，必然的に都市的土地利用に転換されるものとみなされ，都市農業はいずれ消滅せざるを得ないいわば経過的・暫定的な農業と理解された。さらにまた，土地税制面では，三大都市圏特定市[20]の市街化区域内農地には宅地並み評価・宅地並み課税が実施され，その後の課税軽減措置（「課税減額制度」，「長期営農継続農地制度」など）を経て，1991年に生産緑地法が改正され現在に至る。改正生産緑地法の施行を受けて，三大都市圏特定市の市街化区域内農地は，宅地化する農地（「宅地化」農地）と「保全する農地」に二区分化され，「宅地化」農地には固定資産税

164

第5章　都市農地をめぐる問題状況と都市農業振興基本法の制定

表5-9　市街化区域内農地における固定資産税の評価・課税と相続税納税猶予制度の適用条件

	固定資産税の評価・課税		相続税納税猶予の適用条件等	
	三大都市圏特定市	三大都市圏の特定市以外の市町村	三大都市圏特定市	三大都市圏の特定市以外の市町村
市街化区域内農地	宅地並み評価宅地並み課税	宅地並み評価農地に準じた課税	猶予の適用なし	20年継続で免除
うち生産緑地	農地評価農地課税		適用あり（ただし，終生営農が条件）	

資料：農林水産省「都市農業をめぐる情勢について（農村振興局）」（2011年10月），より作成。
注：納税猶予期間の終了事由とならない貸付とは，①精神障害者保健福祉手帳（1級）の交付を受けている，②身体障害者手帳（1級または2級）の交付を受けている，③要介護状態区分の要介護5の認定を受けていることにより営農が困難となり，貸付を行っている場合である。

の宅地並み課税が実施され，農地等相続税納税猶予制度（租税特別措置法：1975年創設）は不適用の措置がとられた。一方，「保全する農地」には生産緑地制度が適用され，固定資産税は農地評価・農地課税とされ，農地等相続税納税猶予制度も適用されたのである。

　このように，三大都市圏特定市において，都市農家が生産緑地指定を受けると固定資産税は農地課税（ただし，「30年の営農義務」）となり，農地等相続税納税猶予制度も適用対象（ただし，「終生営農」）となることから営農が可能となる（表5-9，参照）。とはいえ，これまで述べてきたように都市化にともなう営農環境の悪化，高齢化・担い手不足などに加え，相続の発生等に起因して都市農地は売却・転用されるなど減り続けているのが現実である。とくに都市農地は資産運用が可能であるため，相続人は営農目的で農地相続・農地継承するとは限らないからである。

　ところで，農地等相続税納税猶予制度の適用を受けるには，三大都市圏特定市では生産緑地指定が前提条件となり，それも適用農地は「終生営農」（三大都市圏特定市以外は「20年営農」）が必須条件となる。しかし，①農業相続人が農業経営を廃止した場合や適用農地面積の20％超を譲渡・転用した場合には猶予が打ち切られる，また，②農地を貸し付けた場合は適用されない（ただし，猶予期間中に身体障害等により営農が困難となった場合を除く。2009年12月15日より），③営農に必要な作業場，農機具倉庫，畜舎などの農

165

業施設用地，屋敷林などは適用対象外であることから相続税納税のために土地（農地）を売却せざるを得ないケースも多々ある，などの諸問題が指摘されている[21]。

　このようななか，1992年以降に生産緑地指定を受けた都市農地は，2022年以降には「30年の営農義務」を終える。その際，自治体に対し買い取りの申出が可能となるなか，都市農家には改めて営農を継続するのかどうかの選択が迫られることとなる。ここで表5-10から三大都市圏特定市における圏別・都府県別市街化区域内農地面積・生産緑地面積の動向（1992年→2014年）をみておこう。この表からは次の4点が指摘できる。

　1つは，市街化区域内農地がほぼ半減していることである。1992年の4万8,563haから2014年の2万5,778ha（1992年対比53.1％）へと減少しており，圏域別でみてもほぼ同様の傾向がみられる。なかでも愛知県（同42.9％）と神奈川県（同43.0％）の減少が著しい。

　2つは，「宅地化」農地の減少が著しく，3分の1程度にまで減少していることである。1992年の3万3,357haから2014年の1万2,203ha（1992年対比36.6％）へと2万ha余り減少しているが，そのことが市街化区域内農地の縮減に大きく影響しているとみられる。圏域別では首都圏の減少が著しく，都府県別では兵庫県（同24.2％），神奈川県（同25.7％），東京都（同27.5％），大阪府（同31.1％）の減少が著しい。

　3つは，生産緑地の場合は1割程度の減少にとどまっていることである。1992年の1万5,070haから2014年の1万3,575ha（1992年対比90.1％）へと推移している。圏域別でもほぼ同様の傾向を示しているが，都府県別ではとくに三重県（同70.7％）のほか，愛知県（同75.8％），京都府（同80.4％）などの府県の減少幅が大きい。

　次いで4つは，生産緑地指定率をみると，この20年余りで20ポイント余り上昇し50％台に達していることである。2014年時点で圏域別では中部圏の指定率（31.5％）が低いなかで，都府県別では東京都（80.1％），兵庫県（67.3％），大阪府（65.7％），京都府（64.2％）などは指定率が高い[22]。

166

第5章　都市農地をめぐる問題状況と都市農業振興基本法の制定

表5-10　三大都市圏特定市における圏別・都府県別市街化区域内農地面積・生産緑地面積の動向（1992～2014年）

単位：ha、%

	1992年（末）				2014年				1992年対比2014年		
	市街化区域内農地面積 (A)(B+C)	生産緑地地区指定農地面積 (B)	「宅地化」農地面積 (C)	指定農地率 (B/A)	市街化区域内農地面積 (D)(E+F)	生産緑地地区指定農地面積 (E)	指定農地率 (E/D)	「宅地化」農地面積 (F)	市街化区域内農地 (D/A)	生産緑地地区指定農地 (E/B)	「宅地化」農地 (F/C)
茨城県	682	89	623	8.7	340	90	26.5	250	49.9	101.1	40.1
埼玉県	7,641	1,896	5,745	24.8	3,926	1,825	46.5	2,101	51.4	96.3	36.6
千葉県	5,604	1,091	4,513	19.5	2,800	1,189	42.5	1,611	50.0	109.0	35.7
東京都	6,995	3,983	3,012	56.9	4,157	3,330	80.1	827	59.4	83.6	27.5
神奈川県	6,030	1,382	4,635	22.9	2,594	1,404	54.1	1,190	43.0	101.6	25.7
首都圏計	26,951	8,411	18,527	31.2	13,826	7,837	56.7	5,989	51.3	93.2	32.3
静岡県	—	—	—	—	931	237	25.5	694	—	—	—
愛知県	8,598	1,591	7,000	18.5	3,690	1,206	32.7	2,484	42.9	75.8	35.5
三重県	1,090	270	809	24.8	572	191	33.4	381	52.5	70.7	47.1
中部圏計	9,688	1,861	7,809	19.2	5,193	1,634	31.5	3,559	53.6	87.8	45.6
京都府	1,937	1,063	874	54.9	1,331	855	64.2	476	68.7	80.4	54.5
大阪府	6,035	2,479	3,523	41.1	3,196	2,100	65.7	1,096	53.0	84.7	31.1
兵庫県	1,685	616	1,069	36.6	793	534	67.3	259	47.1	86.7	24.2
奈良県	2,267	640	1,555	28.2	1,439	615	42.7	824	63.5	96.1	53.0
近畿圏計	11,924	4,798	7,021	40.2	6,760	4,104	60.7	2,656	56.7	85.5	37.8
三大都市圏計	48,563	15,070	33,357	31.0	25,778	13,575	52.7	12,203	53.1	90.1	36.6

資料：国土庁「土地白書」1993年、2016年より作成。原資料は自治省「固定資産の価格等の概要調書」による。
注：三大都市圏とは、東京圏（茨城県、埼玉県、千葉県、東京都、神奈川県）、中部圏（静岡県、愛知県、三重県）、近畿圏（京都府、大阪府、兵庫県、奈良県）である。

以上のように，「宅地化」農地を中心に市街化区域内農地が半減するなか，生産緑地は1割程度の減少にとどまっている。その意味では，生産緑地制度は都市農地の保全に一定の効果を発揮しているといえる。ところが，その生産緑地のおおよそ8割が2022年には「30年の営農義務」を終えることから，市への買取申出（生産緑地法第10条）が可能となる。このため「30年の営農義務」を終える都市農家の対応が注目されるが，それには生産緑地制度や関連税制がどのように取り扱われるのか，そのことが都市農家の営農継続の判断に大きな影響を及ぼすと考えられる[23]。

2）都市農業の振興と農地保全をめぐる議論のポイント

　前述のように，食料・農業・農村基本法の制定以降，都市およびその周辺地域の農業の位置づけが明確にされる一方で，都市計画サイドからは大都市圏域の都市政策にかかわって都市地域の農業・農地の存在に関心が集まる。人口減少と少子・高齢化が進むなかで，都市化はむしろ抑制し効率的でコンパクトなまちづくりを進めることが，都市政策上の重点課題になったのである。

　そこで，都市計画サイドの動きに注目することにしよう。国土交通省・社会資本整備審議会都市計画部会・都市計画制度小委員会『中間とりまとめ』（2012年）では，都市近郊や都市内の農業・農地を「都市が将来にわたり持続していくために有用なものとして，都市政策の面から積極的に評価し，農地を含めた都市環境のあり方を広い視点で検討していくべきである」との見解が表明された[24]。そのポイントは，新鮮で安全・安心な地産地消の農産物を提供している農業生産機能，自然とのふれあい，憩いの場などの生活環境形成・保全機能，さらに災害時の防災機能といった都市地域の農業・農地の有する多面的・公益的機能が都市にとって有用なものとして評価していることからも伺い知れる。また，都市計画制度を所管している国土交通省は，「都市計画運用指針」（2014年）において都市農地が都市のなかで保全されるべきことを掲げたのである。さらに，「住生活基本計画（全国計画）」（2011年

第5章　都市農地をめぐる問題状況と都市農業振興基本法の制定

３月閣議決定）においても，市街化区域内農地については，「市街地内の貴重な緑地資源であることを十分に認識し，保全を視野に入れ，農地と住宅地が調和したまちづくりなど計画的な利用を図る」（第３「大都市圏における住宅の供給及び住宅地の供給の促進（基本的考え方)」）ことを明記したのである。このような相次ぐ都市計画サイドの見解は，都市部の農地を積極的に位置づけ，それを保全する方向へと大きく舵を切ったといえる。

　このような都市計画サイドの動きに連動して，農林水産省（農村振興局）では，既述のように2011年10月「都市農業の振興に関する検討会」（以下，「検討会」）を立ち上げ，都市農業の振興や都市農地の保全に関する制度ならびに施策のあり方について検討・協議を開始し，2012年８月に『中間取りまとめ』を公表した。この『中間取りまとめ』は，以降の都市農業の振興と都市農地の保全にかかわる法整備ならびに政策の方向づけをめぐってきわめて有意義な論点を提起した[25]。「検討会」で取りあげている都市農業は，対象範囲を「市街化区域とその周辺の農業」とし，都市農業を振興し都市農地を保全するには，農政の見直しが必要であるとの認識を示したのである。

　『中間取りまとめ』では，（1）都市農業・都市農地をめぐる動向と政策の推移，（2）社会・経済の変化と都市農業・都市農地の意義，（3）早急に取り組むべき政策課題，（4）都市農業・都市農地に関わる諸制度の見直しの検討，（5）今後の取り組みの進め方が具体的かつ詳細に述べられている。なかでも（3）の早急に取り組むべき政策課題としては，①地元産の新鮮な食料の供給体制の充実，②多様な目的による農地利用の推進（市民農園等農業体験の機会の充実，住民を対象とした農業指導など），③防災その他の公益的機能の発揮（防災協力農地の充実，多様な主体による水路の管理）などが施策提案されている。また，（4）の都市農業・都市農地に関わる諸制度の見直しでは，農地等相続制度，宅地並み課税問題，生産緑地制度など具体的に土地税制，農地保全制度が取りあげられ，その検討の必要性が強調されている。

　ここで注目したい点は，「検討会」を立ち上げた社会・経済的背景にある。すなわち，国民意識の多様化と質の高い生活への希求，東日本大震災を経て

169

の防災意識の高揚，人口減少社会到来による都市的土地需要の減少など都市農業・都市農地を取りまく環境が大きく変化したことが指摘されている。このように『中間とりまとめ』では，都市農業の存続と都市農地の保全にかかわって重要な問題を提示したのである。

加えて，食料・農業・農村基本法にもとづく「食料・農業・農村基本計画」が2015年3月（閣議決定）に策定された。同基本計画は2025年度を目標年次にした4回目の国の計画である。そのなかで，「多様な役割を果たす都市農業の振興」（「第3　食料，農業及び農村に関し総合的かつ計画的に講ずべき施策」）に注目すると，「都市農業の持続的な振興を図るための取組を推進する」，「都市農業の振興や都市農地の保全に関連する制度の見直しを検討する」などが掲げられた。基本計画という「政府文書」のなかに都市農業の振興や都市農地の保全が取りあげられたのである。

以上のような経緯を経ながら都市農業振興基本法が制定される。

（2）都市農業振興基本法の制定と構成概要

都市農業振興基本法（以下，「基本法」）は，2015年4月9日に参議院で可決され，同月16日に衆議院で可決・成立し，同月22日に施行された。基本法は，両院ともに全会一致である。1968年の新都市計画法制定から約半世紀が経ち，また1991年の新生産緑地法制定から四半世紀近くが経過している。基本法の制定によって都市農業は歴史的な転換期を迎えたのである[27]。

基本法の構成内容は，表5-11に示したとおりである。基本法は，第1章が総則，第2章が都市農業振興基本計画等，第3章が基本的施策の計3章で構成されるが，その内容について条文に即して述べると，以下のとおりである。

基本法は，都市農業の安定的な継続をはかるとともに，都市農業の多様な機能の発揮を通じて良好な都市環境の形成に資することを目的（第1条）にしている。都市農業の多様な機能とは，①新鮮な農産物の供給，②災害時の防災空間，③国土・環境の保全，④都市住民の農業への理解の醸成，⑤良好

170

第5章　都市農地をめぐる問題状況と都市農業振興基本法の制定

表5-11　都市農業振興基本法の構成概要

	第1章総則	第2章都市農業振興基本計画等
目的 (第1条)	基本理念などを定めることにより、都市農業の振興に関する施策を総合的かつ計画的に推進	①政府は、都市農業振興基本計画を策定し、公表（第9条） ②地方公共団体は、都市農業振興基本計画を基本として地方計画を策定し、公表（第10条）
定義 (第2条)	市街地およびその周辺の地域において行われる農業	
基本理念 (第3条)	①都市農業の有する機能の適切・十分な発揮とこれによる都市の農地の有効活用・適正保全 ②人口減少社会などをふまえた良好な市街地形成における農との共存 ③都市住民をはじめとする国民の都市農業の有する機能などの理解	**第3章基本的施策**
		①農産物供給機能の向上、担い手の育成・確保（第11条） ②防災、良好な景観の形成、国土・環境保全などの機能の発揮（第12条） ③的確な土地利用計画策定などのための施策（第13条）
国の責務 (第4条)	都市農業の振興に関する施策を総合的に策定し、および実施	④都市農業のための利用が継続される土地に関する税制上の措置（第14条）
地方の責務 (第5条)	当該地域の状況に応じた施策を策定し、および実施する責務	⑤農産物の地元における消費の促進（第15条）
関係者の責務 (第6条, 第7条)	①都市農業を営む者および農業に関する団体は、基本理念の実現に主体的に取り組む ②国、地方公共団体、都市農家その他の関係者は、相互に連携をはかりながら協力	⑥農作業を体験することができる環境の整備（第16条） ⑦学校教育における農作業の体験の機会の充実（第17条） ⑧国民の理解と関心の増進（第18条） ⑨都市住民による農業に関する知識・技術の習得の促進（第19条）
法制上の措置 (第8条)	政府は、都市農業の振興に関する施策を実施するため必要な法制上、財政上、税制上または金融上の措置その他の措置を講じる	⑩調査研究の推進（第20条） ⑪連携協力による施策の推進（第21条）

資料：農林水産省・国土交通省「都市農業振興基本法のあらまし」2015年7月により作成。
注：（　）内は都市農業振興基本法の条文名を示す。

な景観の形成，農業体験・学習，交流の場などであり，都市化の潮流のなかにあってもこのような多様な機能を発揮してきたことを基本法は高く評価している。さらに，人口減少[28]や高齢化が進むなかで，これまで宅地予定地としてみなされてきた都市農地に対する開発圧力も低下していること，都市農業に対する住民の評価の高まりが，とりわけ東日本大震災を契機として防災の観点から再認識されていることなどが法制定の背景とされている[28]。そして，都市農業とは第2条で，「市街地及びその周辺の地域において行われる農業」と定義され，その具体的な施策の対象地域は，地方公共団体が定める地方計画などのなかで示される。

　基本法の基本理念（第3条）は，次の3点である。すなわち，①都市農業

171

の多様な機能の適切かつ十分な発揮と都市農地の有効な活用及び適正な保全がはかるられるべきこと，②良好な市街地形成における農地の共存に資するよう都市農業の振興がはかられるべきこと，③国民の理解のもとに施策の推進がはかられるべきこと，である。基本理念をふまえ第4条，第5条では，国や地方公共団体は施策を策定し実施する責務を有するとされ，第6条では，都市農業者および農業団体は基本理念の実現に主体的に取り組むよう努めることが明記されている。また，第7条では，国，地方公共団体，都市農家その他の関係者が相互に連携をはかりながら協力することが述べられている。さらに，第8条では，政府に対し，必要な法制上，財政上，税制上または金融上の措置を講じること，第9条では，総合的・計画的に施策が推進されるよう都市農業振興基本計画の策定・公表が政府に義務づけられている。基本計画は，農林水産大臣および国土交通大臣が案を作成し，閣議決定を経て策定される。また，第10条では，地方公共団体は，政府の基本計画を基本として，都市農業の振興に関する地方計画を定めるよう努めることとされている。

　次に，国や地方公共団体が講ずべき基本施策（第11条〜第20条）をみよう。基本施策では，10項目が提示されている。すなわち，①農産物供給機能の向上，担い手の育成・確保，②防災，良好な景観の形成，国土・環境保全等の機能の発揮，③的確な土地利用計画策定などのための施策，④都市農業のための利用が継続される土地に関する税制上の措置，⑤農産物の地元における消費の促進，⑥農作業を体験することができる環境の整備，⑦学校教育における農作業の体験の機会の充実，⑧国民の理解と関心の増進，⑨都市住民による農業に関する知識・技術の習得の促進，⑩調査研究の推進などが取りあげられ，それぞれに必要な施策を講ずべきことが示されている。そして，第21条では，関係行政機関との連携協力による施策の推進が明記されている。

　このように，基本法は都市農業の振興と都市農地の保全に対する制度的・政策的な位置づけを明確にしているが，それはこれまでの都市政策を抜本的に見直す意味できわめて画期的法律といえる。それゆえに，都市農業が安定的かつ継続的に展開することができるのかどうか，適切な都市農地の保全が

第5章　都市農地をめぐる問題状況と都市農業振興基本法の制定

はかれるのかどうか，その制度的・政策的な改善措置とともに，都市農業を担う都市農家の対応が注目される。

注
1）大阪府人口は，阪神淡路大震災の影響で1995年に一転増加するが，翌年には再び減少に転じている（大阪府統計協会「大阪府の人口―平成10年10月1日―」1999年）。
2）2003年以降の空家数をみると，2008年62万5,100戸（空家率：14.4％），2013年67万8,800戸（同：14.8％）と増加基調で推移している。ちなみに,2013年の全国の空家率は12.8％であり，大阪府のそれは全国に比べて2ポイント高い。
3）大阪府統計協会『統計からみた大阪のすがた（平成8年版）』1997年，pp.351-352。なお，この意識調査は「平成5年住宅需要実態調査」によるものである。
4）計画的宅地化の特例として，1992年末までに計画的宅地化の事前協議，開発許可申請などを行い，1993年末までに開発許可・地区計画策定などが行われた場合には，1992～94年度は宅地並み課税の10分の1の額に減額する。また，新築の賃貸住宅および敷地の固定資産税の特例として，土地については，①1992年1月1日～99年12月31日までに基盤整備をともなって新築した貸家住宅および敷地，ならびに1994年末までに新築の場合，5年間3分の1の額に減税する，②1995～99年末までに新築した場合，3年間3分の1の額に減額する。さらに，家屋については，最初の5年間4分の1に減額，その後の5年間3分の1の額に減額する。さらに，1985年1月1日前に相続税納税猶予制度の特例農地等の適用を受けている農地等は，1994年末までに一定の賃貸住宅の建設，都市公園用地として農地等の貸与が行われた場合には，納税猶予を継続し，期間経過後に免除する，とした。以上は，全国農委都市農政対策協議会編『生産緑地と農地税制はこうなる』全国農業会議所，1991年，による。なお，「農住組合」はこれまで85組合が設立されており，大阪府では1993年度から96年度までに7組合（泉南市中小路，同樽井東，同樽井八反，寝屋川市打上地区，堺市宮本町・北花田地区，四條畷市粟尾地区，茨木市南春日丘）が設立されている（柴原一『都市農地税制必携ガイド』清文社，2015年）。
5）宅地開発の誘導政策については，大阪府下の事例調査にもとづいて，一部（計画的宅地化）を除いてほとんど効果がないことなどが実証的に明らかにされている。橋本卓爾（研究代表者）ほか「三大都市圏における都市農地の現状と有効利用に関する研究（平成9～10年度）」（文部省科学研究費），1999年のとくに第3部「農業経営および農地利用に関する意向調査結果概要」，および足立基浩・橋本卓爾「農地課税強化と農地転用に関する仮説の実証」和歌山

173

大学経済学部『研究年報』第 3 号，1999年，参照。

6 ）「生産緑地周辺住民の農地・農業に関するアンケート調査報告書」（大阪府農業会議，1993年）によると，「宅地化」農地については，「都市公園・緑地」（70.8％，複数回答），「児童公園」（41.6％），「良好な戸建て住宅」（27.5％），「公共施設道路用地」（21.0％），「ガレージ」（15.6％）などへの利活用が主要な住民の意向であった。

7 ）同期間の三大都市圏圏別の「宅地化」農地減少率は，首都圏27.8％減，中部圏29.5％減，近畿圏32.5％減である。前掲「三大都市圏における都市農地の現状と有効利用に関する研究」，p.11。なお，1997年時点で三大都市圏特定市の市街化区域内農地面積は 3 万9,025ha，このうち生産緑地面積は 1 万5,399ha，「宅地化」農地面積は 2 万3,627haであり，生産緑地指定率は39.5％である。

8 ）買取申し出理由としては，「死亡」が366件，「重大な故障」が355件とほぼ拮抗している。前掲「三大都市圏における都市農地の現状と有効利用に関する研究」，p37。

9 ）たとえば，「地価等土地対策について」（臨時行政改革推進審議会答申，1988年 6 月），「総合土地対策要綱」（政府・閣議決定，1988年 6 月）など。

10）『土地白書（平成 2 年版）』（国土庁編）によると，1983 ～ 87年頃の地価上昇の要因（東京圏）を，①事務所ビル需要の急激な増大，②業務地化にともなう住宅地買替え需要の増大，③需要増大を見込んだ投機的取引などが金融緩和状況を背景にして複合的に影響して生じた，としている（同書，p.76）。

11）大阪府下における都市の農業・農地に関する都市住民の意識構造分析については，藤田武弘・小林宏至・大西敏夫・内藤重之・内本大樹・橋本卓爾・澤田進一「都市農業の存続と都市生活環境をめぐる都市住民の意識構造」『農政経済研究』第17集，1993年，がある。また，首都圏での大都市居住者調査（農林水産省「都市農業消費者アンケート」2000年12月）でも「居住地周辺に農地や農業がある方が良い」とする意見が圧倒的に多いなかで，「居住地周辺の環境保全，良好な景観形成，農業を通じた情操教育等を含む多様な役割への評価が伺える」と指摘されている（農林統計協会『平成12年度図説　食料・農業・農村白書』2001年，pp.285-286）。

12）橋本卓爾『都市農業の理論と政策』法律文化社，1995年，p.5，および大西敏夫「都市農業・農地の果たす役割」地域環境を考える会編『農学から地域環境を考える』大阪公立大学共同出版会，2003年，p.183，など参照。

13）前掲，橋本卓爾『都市農業の理論と政策』，pp.9-11，。

14）前掲，大西敏夫「都市農業・農地の果たす役割」『農学から地域環境を考える』，pp.187-188。

15）神奈川県（「都市農業推進条例」（2005年））や東京都日野市（「農業基本条例」（1998年））などでも同様の条例が制定されている（後藤光蔵『都市農業　暮

第5章　都市農地をめぐる問題状況と都市農業振興基本法の制定

らしのなかの食と農㊿』筑波書房ブックレット，2010年，pp.58-59）。なお，東京都の都市農地保全の動きについては，同書，pp.50-56，参照。

16) 認定のタイプは，①認定農業者（国の認定農業者およびこれと同程度の農業経営を目指す農業者），②地産地消農業者（自ら生産した農畜産物，またはそれを主たる原材料として自ら製造した加工品等を府内へ出荷・販売（直売所，学校給食，市場など）し，年間販売額50万円以上を目指す農業者），③認定エコ農業者（化学肥料の使用量及び化学農薬の使用回数を慣行の半分以下で生産した農産物を，府内へ出荷・販売することを目指す農業者），④地域営農組織（農業経営を営む組織），⑤農業支援組織（委託を受けて農作業を営む組織）である。認定されると，技術指導，補助事業，資金融資などの支援が受けられる。認定対象者は，市街化区域を含め大阪府全域である。ちなみに，大阪版認定農業者の認定タイプ別内訳（2016年度時点の累計数）は，大阪府認定農業者324人，地産地消農業者1,556人，認定エコ農業者892人，地域営農組織22組織，農業支援組織21組織である。なお，国の認定農業者は986人である。

17) 大阪府「遊休農地調査結果（2008年度実施）」によると，「農空間保全地域」の農地のうち1,004haが遊休農地（遊休農地率8.5%）とされている。

18) 農業経営基盤強化促進法（1993年制定）にもとづく利用権設定により，一定水準の「農業技術」をもつ都市住民の「小規模農地」での継続的な耕作と生産物の販売を可能とする制度である。「農業技術」とは，農業に関する研修，一定期間以上の農業従事，長期間での市民農園での栽培経験などを要件としており，また「小規模農地」とは，「おおむね３a」から「おおむね20〜30a未満」の耕作規模である。詳細は，森田彰朗「都市住民の農業参入の促進による農地の有効利用—大阪府準農家制度の例」『農業と経済』第79巻11号（臨時増刊号），2013年，参照。なお，2015年度時点の準農家数は70人である（「日本農業新聞」2015年６月７日付）。

19) 同組織令改正（2005年10月）により，都市農業の担当室として「都市農業・地域交流室」が新設され，さらに同組織令改正（2008年８月）により都市農業を専管する室として「都市農業室」が新設されている。

20) 三大都市圏特定市とは，①東京都の特別区の区域，②首都圏，中部圏又は近畿圏内にある政令指定都市，③②以外の市でその区域の全部または一部が以下の区域にあるもの。首都圏整備法に規定する既成市街地または近郊整備地帯，中部圏開発整備法に規定する都市整備区域，近畿圏整備法に規定する既成都市区域又は近郊整備区域をいう。2015年１月１日時点で特定市は214市区である。なお，1992年末時点の特定市は206市区である。

21) 深沢司『都市農業入門　農からのメッセージ』全国農業会議所，2006年，樋口修「都市農業の現状と課題」『調査と情報』第321号，国立国会図書館ISSUE BRIEF，2008年，参照。

175

22) 大阪府下33市における市街化区域内農地面積（2016年10月１日）では，100ha
を超えているのは堺市，泉佐野市，岸和田市，八尾市，貝塚市，東大阪市，
和泉市，枚方市，羽曳野市，泉南市の10市である。また，生産緑地指定率で
70％を超えているのは，吹田市，大阪市，交野市，高槻市，泉大津市，大阪
狭山市，柏原市，四條畷市，八尾市，箕面市の10市である（大阪府環境農林
水産部調べ）。

23) 農林水産省農村振興局『都市農業に関する実態調査結果』（2011年10月）によ
れば，「農業を続ける上での支障」（回答農家割合，複数回答）としては，「相
続税の負担が大きい」（65％）と「固定資産税の負担が大きい」（64％）はと
もに６割強と高い。このほかでは，「農産物販売価格が低く収益性が低い」（37
％），「周辺の市街化で営農環境悪化」（37％），「周辺住民からの苦情が多い」（24
％），「高齢化や後継者不足で労働力不足」（24％），「規模が小さく拡大困難」（17
％）などとなっている。同調査は，市街化区域内に農地を所有する農家4,707
戸（61市区町）を対象としたアンケート調査で有効回答数は2,645戸（58市区町），
回答率は56.2％，調査期間は2010年８月から2011年８月までである。

24) 国土交通省・社会資本整備審議会　都市計画部会『小委員会報告』2009年，
ならびに同都市計画制度小委員会『中間とりまとめ』2012年，参照。

25) 大西敏夫「都市農業振興に関する検討会『中間取りまとめ』について―その
意義とこれからの課題を考える―」『大阪農民会館だより』第136号，（財）大
阪農業振興協会，2012年，参照。

26) ３回目の「食料・農業・農村基本計画」（2010年３月閣議決定）においても「こ
れまでの都市農地の保全や都市農業の振興に関連する制度の見直しを検討す
る」ことが提示されていた（「３．農村の振興に関する施策」の「(3) 都市及
びその周辺の地域における農業の振興」）。

27) 農林水産省・国土交通省「都市農業振興基本法のあらまし」2015年７月，参照。

28) 大阪府『大阪府人口ビジョン～人口減少・超高齢社会における持続的な発展
をめざして～』（2016年２月）によれば，大阪府の人口は2010年の国勢調査で
は887万人と2005年の同調査から約５万人増加したが，今後は減少期に突入し，
2040年には750万人となり2010年から30年間で137万人の急激な減少が見込ま
れること，この傾向が続くと2060年には600万人程度まで減少する可能性があ
ることを指摘している。ちなみに，600万人とは1960年代前半（1962：595
万8,439人）の大阪府の人口規模である。

第6章

都市化と農地保全をめぐる現段階

1．最近の農地の転用動向と農地保全をめぐる動き

（1）最近の農地の転用動向とその特徴

　農林水産省によれば，都市農業とは，「広義の都市農業」と「狭義の都市農業」の2つの範疇が示されている[1]。前者は，農林統計用語における「都市的地域」の農業のことで，「都市とその近郊地域の農業」を指している。後者は，「市街化区域とその周辺の農業」を指している。本章で取りあげる都市農業とは，後者であり，2015年に制定された都市農業振興基本法においても第2条で「市街地及びその周辺の地域において行われる農業」と定義されている。そこで，「市街化区域とその周辺の地域」に焦点をあてて農地の転用動向とその特徴について，大阪府および堺市を取りあげ検討することとしたい。

　「市街化区域とその周辺の地域」とは，都市計画法でいう市街化区域とその縁辺部，すなわち市街化調整区域である。大阪府はほぼ全域が都市計画区域であり，堺市の場合は全域が都市計画区域である。区域区分では，大阪府域は市街化区域が50.3％，市街化調整区域が49.7％と相半ばし，堺市域は市街化区域が72.9％，市街化調整区域が27.1％と市街化区域が全体の約4分の3を占めている。また，区域別農地面積では，大阪府（2004年＝1万4,600ha）は，市街化区域内が30.9％（うち生産緑地：16.2％），農業振興地域内が68.4％（うち農用地区域：35.8％）である（第5章，**表5-7**，参照）。一方，堺市（2004年＝1,330ha）は，市街化区域内が23.4％（うち生産緑地：

177

13.5％），農業振興地域内が49.4％（うち農用地区域：15.6％）である[2]。全農地面積のうち農用地区域を除いた割合は，大阪府が7割弱，堺市は8割を超えている。

このように，大阪府ならびに堺市は，「狭義の都市農業」，すなわち「市街化区域とその周辺の地域において行われる農業」の色彩を強く帯びる都市であり，本章で取りあげるうえで意味がある地域といえる。

表6-1をみよう。この表は，農地の転用動向について1970年から5年刻みで「許可」，「届出」，「許可・届出以外」別に全国，大阪府ならびに堺市を取りあげたものである。それによると，農地転用面積は，全国，大阪府ならびに堺市はともに1970年代前半から1980年代前半にかけて減少傾向を示す。しかし，それ以降をみると，全国，大阪府，堺市において明らかに違いがみられる。すなわち，全国は1980年代後半に増加に転じるものの，1990年代後半

表6-1　許可・届出別農地転用面積の推移（全国・大阪府・堺市：1970年代以降）

| | | 全　　国 | | | | 合計 |
		合計	許可	届出	許可・届出以外	
転用面積	1970年代前半	294,543	176,823	54,789	62,930	6,413
	同後半	162,332	81,376	37,607	43,350	2,882
	1980年代前半	142,905	67,883	31,185	43,838	2,351
	同後半	144,518	70,367	33,392	40,758	2,121
	1990年代前半	166,215	90,926	35,409	39,881	2,561
	同後半	130,381	68,980	27,019	34,382	1,562
	2000年代前半	95,161	49,919	21,628	23,616	1,129
	同後半	79,507	40,091	20,146	19,269	961
構成比	1970年代前半	100.0	60.0	18.6	21.4	100.0
	同後半	100.0	50.1	23.2	26.7	100.0
	1980年代前半	100.0	47.5	21.8	30.7	100.0
	同後半	100.0	48.7	23.1	28.2	100.0
	1990年代前半	100.0	54.7	21.3	24.0	100.0
	同後半	100.0	52.9	20.7	26.4	100.0
	2000年代前半	100.0	52.5	22.7	24.8	100.0
	同後半	100.0	50.4	25.3	24.2	100.0

資料：農林水産省『農地の移動と転用（土地管理情報収集分析調査結果）』各年，より作成。
注：1）各年代は，前半が0～4年，後半が5～9年とした。なお，堺市は，1970年の許可・届出別のデータがないため，1971年以降とした。堺市の2005年以降は，美原区（旧美原町）を含む。
　　2）農業経営基盤強化促進法による農業用施設用地のための農地転用は含めていない。

第6章　都市化と農地保全をめぐる現段階

以降は再び減少傾向で推移している。また，大阪府は1990年代前半に増加に転じるが，同後半以降は再び減少傾向にある。一方，堺市の場合は1980年代後半に増加に転じ，1990年代後半に再び減少基調になるものの，2000年代後半には再び増加に転じる。このような堺市の状況については後述したい。このように，農地転用動向において全国，大阪府，堺市には明らかに違いがみられるが，農地転用のピークは，全国が1973年（農地転用面積：6万7,720ha），大阪府が1969年（同：1,660ha），堺市が1965年（同：446ha）というように，いずれも高度経済成長期である。

　また，前掲表6-1から「許可」，「届出」，「許可・届出以外」別に構成比でみると，以下のような特徴が指摘できる。全国は，「許可」のウエイトがおおむね高く5割前後から6割の水準で推移しているのに対し，「届出」は2割前後から2割台前半の水準，「許可・届出以外」は2割台から3割前後の

単位：ha，%

大　阪　府			堺　　市			
許可	届出	許可・届出以外	合計	許可	届出	許可・届出以外
1,459	3,661	1,293	332	30	238	64
252	1,955	676	245	24	178	43
308	1,434	610	192	30	100	62
328	1,500	293	196	24	132	40
409	1,872	280	207	40	152	16
257	1,082	225	160	49	107	4
200	755	173	121	21	95	6
235	635	92	168	74	90	4
22.7	57.1	20.2	100.0	9.1	71.5	19.3
8.7	67.8	23.4	100.0	9.8	72.5	17.6
13.1	61.0	25.9	100.0	15.8	51.8	32.4
15.5	70.7	13.8	100.0	12.2	67.5	20.2
16.0	73.1	10.9	100.0	19.0	73.3	7.6
17.5	69.3	14.4	100.0	30.7	66.6	2.7
17.7	66.9	15.4	100.0	17.1	78.2	4.7
24.4	66.0	9.6	100.0	44.2	53.4	2.4

表 6-2　農地転用率の推移（全国・大阪府・堺市：1970 年代以降）

単位：%

	全国	大阪府	堺市
1970 年代前半	5.1	21.4	16.8
同後半	2.9	12.1	13.2
1980 年代前半	2.6	10.7	11.4
同後半	2.7	10.7	12.9
1990 年代前半	3.2	14.1	15.1
同後半	2.6	9.1	12.8
2000 年代前半	2.0	7.4	10.9
同後半	1.7	6.6	12.7
2010 年代前半	1.4	5.3	8.9

資料：農林水産省『農地の移動と転用』各年ならびに同「耕地統計」各年，より作成。
注：農地転用率は，「各年代の前半または後半の転用面積合計÷各年代の前半または後半における最初の年の耕地面積×100」で算出した。

水準で推移している。一方，大阪府は，「届出」のウエイトが高く6割前後から7割余りの水準で推移しているのに対し，「許可」と「許可・届出以外」は1割前後から2割台半ばの水準で推移している。これに対し，堺市は「届出」のウエイトが大阪府と同様に高水準であるものの，とりわけ2000年代後半に入ると「許可」のウエイトを高めていることが注目される。

　次に，**表6-2**による農地転用率（各年代の前半または後半の転用面積合計÷各年代の前半または後半における最初の年の耕地面積×100）の動向を検討しよう。農地転用率とは，農地全体のなかで利用転換の度合（都市化の進展度合）をみる指標である。農地転用率では，全国は1980年代後半に一時増加に転じるものの，傾向としては1970年代前半の5％水準から低下し，2000年代後半の1％台の水準へと下降している。大阪府は全国とほぼ同様の傾向とはいえ，農地転用率では全国に比べて高水準で推移している。これに対し，堺市は，10％台の高水準で恒常的に推移していること，それも1990年代後半以降は大阪府よりも3〜6ポイント程度高い水準で推移していることが注目される。

　以上のように，1970年代以降の農地の転用動向において，第1に，全国および大阪府は一期間を除いて減少傾向にあるなかで，堺市の場合は2000年代後半に増加に転じていること，第2に，「許可」，「届出」，「許可・届出以外」別では，全国は「許可」が主流であるのに対し，大阪府および堺市は「届出」

が主流であるとはいえ，堺市の場合は2000年代後半に「許可」のウエイトを高めていることが注目される。さらに，第3に，農地転用率では，全国ならびに大阪府はともに低下傾向とはいえ，大阪府は全国に比べて常に高水準で推移していること，また堺市も全期間にわたり高水準で推移していることが確認できる。

このような堺市の動向に注目し次に述べることとしたい。

（2）堺市における農地の転用動向と農地保全をめぐる動き

1）農地の転用動向とその特徴

図6-1は，堺市における1990年度以降の農地の転用動向を「許可」，「届出」別に図示したものである。それによると，2007年度頃まで届出面積が許可面積を上まわっていたが，それ以降になると，両者がほぼ拮抗しながら推移していることがわかる。ここで，堺市農業委員会調べから「届出」と「許可」を，農地法にもとづく第4条（「自己転用」）と第5条（「売買」や「貸借」）規定からその特徴をみると，以下のようである。1990年度から2014年度までの25年間の農地転用面積の合計は，届出面積が504.2ha，そのうち第4条転用は320.5ha（63.6％），第5条転用は183.7ha（36.4％）である。一方，許可面積

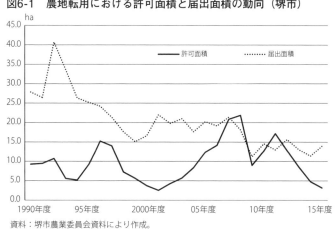

図6-1　農地転用における許可面積と届出面積の動向（堺市）

資料：堺市農業委員会資料により作成。

表6-3 農地転用面積と区域別構成比の動向（大阪府・堺市）

単位：ha，%

年次	大 阪 府			堺 市		
	農地転用面積	区域別構成比		農地転用面積	区域別構成比	
		市街化区域	市街化区域外		市街化区域	市街化区域外
1990 年	459.0	77.0	23.0	42.8	76.2	23.8
1991 年	444.4	71.2	28.8	48.3	60.1	39.9
1992 年	699.6	85.6	14.4	67.0	71.1	28.9
1993 年	525.6	78.7	21.3	45.8	77.2	22.8
1994 年	383.7	80.5	19.5	34.0	79.3	20.7
1995 年	371.8	77.1	22.9	41.2	75.5	24.5
1996 年	333.0	81.9	18.1	33.2	76.7	23.3
1997 年	277.4	80.5	19.5	34.6	71.9	28.1
1998 年	265.8	76.7	23.3	26.3	74.5	25.5
1999 年	242.9	73.9	26.1	27.5	68.7	31.3
2000 年	215.4	72.0	28.0	24.7	78.0	22.0
2001 年	231.9	74.2	25.8	26.6	84.9	15.1
2002 年	206.7	74.1	25.9	27.6	86.2	13.8
2003 年	230.6	71.9	28.1	30.0	79.2	20.8
2004 年	232.0	70.3	29.7	27.1	71.1	28.9
2005 年	228.4	69.0	31.0	32.8	61.4	38.6
2006 年	218.8	71.0	29.0	29.7	64.8	35.2
2007 年	199.9	70.7	29.3	36.6	50.0	50.0
2008 年	190.7	65.8	34.2	45.7	46.0	54.0
2009 年	123.4	72.9	27.1	23.1	54.5	45.5
2010 年	122.1	77.8	22.2	18.3	42.0	58.0
2011 年	133.8	72.7	27.3	20.5	30.9	69.1
2012 年	160.7	69.1	30.9	33.1	44.1	55.9
2013 年	161.9	70.9	29.1	19.1	63.5	36.5
2014 年	151.5	71.7	28.3	16.9	76.2	23.8
1990〜94 年	2,512.3	79.2	20.8	237.9	72.1	27.9
1995〜99 年	1,490.9	78.2	21.8	162.8	65.8	34.2
2000〜04 年	1,116.6	72.5	27.5	135.9	79.9	20.1
2005〜09 年	961.3	69.7	30.3	167.9	54.4	45.6
2010〜14 年	730.0	72.2	27.8	107.8	49.7	50.3
合計	6,811.1	75.7	24.2	812.3	67.1	32.9

資料：大阪府『大阪府統計年鑑』各年，より作成。
注：2005 年以降の堺市には，美原区（旧美原町）を含めている。なお，統計資料（転用主体の把握方法）の違いにより，表6-1 および表6-3 の大阪府，堺市のデータ計は同一ではない。

が248.9ha，そのうち第4条転用は31.8ha（12.8％），第5条転用は217.1ha（87.2％）である。すなわち，「届出」では「自己転用」（自己住宅用や不動産経営用など）が多く，「許可」では「売買」や「貸借」といった権利移動をともなう転用（転用事業者）が主になっているといえる。

　ところで，都市計画制度と農地転用制度とのかかわりを区域区分でみれば，「届出」は市街化区域であり，「許可」は市街化区域外である。このことをふまえ**表6-3**をみることにしよう。この表は，大阪府と堺市における1990年以

182

第6章　都市化と農地保全をめぐる現段階

降の農地転用面積を区域別構成比として示したものである。構成比に注目すると，大阪府は市街化区域が多くを占め全体の4分の3程度を，また市街化区域外が全体の4分の1程度で推移している。全国の場合は，市街化区域内が全体の4分の1，市街化区域外が全体の4分の3程度で推移していることから，大阪府の農地転用の主流は市街化区域といえる。つまり市街化区域内の「宅地化」農地を中心にその多くが転用されているとみられる。一方，堺市は，2000年代前半頃まで大阪府とほぼ同様の傾向がみられたものの，同後半からは明らかに市街化区域外のウエイトが高まりをみせている。

　そこで，**表6-4**から2000年度以降の「許可」，「届出」別に主な用途への転用面積をみることにしよう。それによると，「許可」のうち第5条転用では，「住宅」と「露天駐車場・露天資材置き場」がウエイトを高めながら推移していることがわかる。とくに，合計欄の「2000～04年度」と「2005～09年度」および「2010～14年度」を比較すると，「2005～09年度」および「2010～14年度」は「2000～04年度」に比べて「住宅」で6ポイント余り，「露天駐車場・露天資材置き場」で20ポイント前後上昇していることが注目される。

　このように，市街化区域外（市街化調整区域）における農地転用の増加は，権利移動をともなう「住宅」用途や「露天駐車場・露天資材置き場」用途への転用が主な要因になっていると考えられる。

2）農地の転用と保全をめぐる状況変化

　上述のような堺市における農地転用をめぐる状況変化は，2000年5月の都市計画法の改正が大きく影響していると考えられる。すなわち，改正都市計画法では，市街化区域に隣接・近接する地域において条例で指定する区域の開発行為を許容するという規制緩和措置が盛り込まれた。これを受けて堺市では2002年5月に，「堺市都市計画法に基づく市街化調整区域内における開発行為等の許可に関する条例」（以下，堺市「34-11条例」）を施行させた[3]。堺市「34-11条例」は，自然環境ならびに農業的土地利用との調和に配慮しつ，開発予定区域周辺の公共施設の整備状況を勘案して，一定の基準に適

183

表6-4　主な用途別農地転用面積の推移（堺市：2000年度以降）

単位：a

年次	許可面積 住宅	許可面積 その他の建物	許可面積 露天駐車場・露天資材置き場	うち第5条転用	第5条 住宅	第5条 その他の建物	第5条 露天駐車場・露天資材置き場	届出面積 住宅	届出面積 その他の建物	届出面積 露天駐車場・露天資材置き場
2000年度	366	48	196	306	31	37	182	226	810	534
2001年度	247	57	114	221	26	47	99	811	393	778
2002年度	420	3	152	316	107	2	132	764	316	645
2003年度	564	128	274	503	83	119	261	966	304	795
2004年度	832	135	443	705	118	89	396	774	297	661
2005年度	1,233	152	686	1,017	256	128	621	895	355	758
2006年度	1,411	56	883	1,364	379	45	869	794	260	829
2007年度	2,082	117	1,461	1,943	420	81	1,398	846	300	951
2008年度	2,184	256	1,387	2,083	508	256	1,316	709	316	760
2009年度	890	123	491	766	152	101	465	540	201	361
2010年度	1,261	17	932	1,096	219	7	861	555	306	590
2011年度	1,712	110	1,115	1,537	306	110	993	491	294	479
2012年度	1,274	88	739	1,167	370	86	698	601	265	609
2013年度	851	42	331	668	220	42	312	533	292	465
2014年度	469	131	115	329	38	113	110	451	222	417
2000～2004年度	2,429 [100.0]	372 [15.3]	1,178 [48.5]	2,051 [100.0]	366 [17.8]	295 [14.4]	1,070 [44.1]	3,542 [36.6]	2,120 [21.9]	3,412 [35.2]
2005～2009年度	7,799 [100.0]	703 [9.1]	4,908 [62.9]	7,173 [100.0]	1,714 [23.9]	611 [7.8]	4,670 [65.1]	3,785 [42.1]	1,432 [15.9]	3,660 [40.7]
2010～2014年度	5,567 [100.0]	388 [7.0]	3,231 [58.0]	4,797 [100.0]	1,153 [24.0]	358 [7.5]	2,973 [62.0]	2,631 [39.1]	1,379 [20.5]	2,560 [38.0]

資料：堺市農業委員会調べによる。ただし、各年は年度（4月～3月）である。2005年度より美原区（旧美原町）を含む。

注：用途別では主に「住宅」「その他の建物」「露天駐車場・露天資材置き場」を取りあげた。これら3つの用途の合計は、許可面積、届出面積、許可面積、届出面積の合計とは必ずしも一致しない。合計欄の[　]内は構成比・％である。なお、3つの用途以外の用途は、「農業用倉庫」および「その他」である。

合する住宅に対して許可を行うというものである。その基準（「区域基準」）とは，①市街化区域からおおむね250m以内のものであること（ただし，都市計画道路上之美木多上線の城山台から槇塚台までの区間以南の地域は，これに合わせて同線からおおむね250m以内の区域），②敷地相互の間隔が50m以内で，50以上（市街化調整区域内における戸数が26以上とする）の建築物が連たんしている地域で市街化調整区域内に必要戸数が連たんしている土地の地域の境界線から最短距離が50mを超えない土地の地域とすること，③既存道路が建築基準法第42条の規定による道路であって開発区域の接する道路幅員が4m以上であること，④排水処理が可能な区域であること，⑤除外区域[4]に入っていないこと，である。これらの「区域基準」にすべて合致すれば，住宅系の建築物（戸建専用住宅・長屋住宅・共同住宅）を建築することが可能という内容である[5]。なお，市街化区域からおおむね250mのエリアとは，試算面積でみると約1,400haとなる。「区域基準」に見合うかどうかで開発行為が限定されるとはいえ，対象エリアは市街化調整区域の約34％に相当する。これらのエリアが都市圧（住宅開発）の影響を受けることになった。

　堺市「34-11条例」が制定されて以降，市街化調整区域では住宅開発が相次いで進行する。それは，堺市における2000年代後半以降の市街化調整区域での農地転用の増加，さらにその用途が「住宅」となって出現していることが証左である。また留意すべきことは，「露天駐車場・露天資材置き場」の多くが実際には営利目的の住宅開発に利用転換していることである[6]。このように，堺市では条例制定にともなって市街化調整区域の農地が住宅用途に利用されるケースが増えていることが確認できる。

　こうしたなか，堺市「34-11条例」は，2011年6月に改正され，2012年7月に施行された。経過措置[7]を付加したとはいえ，条例改正により改正前条例による住宅系の建築物は建築できなくなったのである。同市開発指導課によると，堺市「34-11条例」の問題点として，優良農地が減少していること，土地のスプロール化（虫食い的なミニ開発）が進行していることなどが指摘

されている。さらに，条例改正の背景は，2006年5月に「まちづくり三法（都
市計画法，中心市街地の活性化に関する法律，大規模小売店舗立地法）」が
改正されたこと，2007年10月に「大阪府都市農業条例」が制定されたこと，
2010年6月に「堺市緑の保全と創出に関する条例」が制定されたことなど，
社会的変化を主要因に挙げている。条例改正により，堺市では，拡散型の都
市構造から集約型の都市構造への転換が求められているとして，①市街化調
整区域において新たな住宅地開発の拡大を抑制する，②緑地と農地の保全や
活用による環境共生のまちづくりを推進するという方向性が打ち出されてい
る。ちなみに，2013年度以降の農地転用面積は明らかに減少に転じており，
規制緩和に対する改善効果が見受けられる（前掲**図6-1**および**表6-4**，参照）。

　本来，都市計画制度の市街化調整区域は，市街化を抑制する区域として開
発行為を制限するとともに農地転用制度も「許可制」とし自由な利用転換を
規制している。ところが，市街化調整区域では，これまで公共団体が行うも
のなど開発規制除外を容認してきたこと，経済活性化や地域活性化などを名
目に農地転用規制・開発規制が相次いで緩和されてきたことなど農地保全の
観点からするとマイナス面として指摘できる[8]。一方，農地転用制度におい
ては許可基準として「一般基準」（事業実施の確実性・被害防除・一時転用
など）と「立地基準」が定められているが，「立地基準」をみると以下の取
り扱いとなる。農地転用の許可基準として，原則転用を認めないものは，農
業振興地域・農用地区域内の農地，集合農地や土地改良事業等の対象となっ
た農地（「第1種農地」，「甲種農地」）である。これに対し，①市街化が見込
まれる区域内の農地または農業公共投資の対象となっていない生産力の低い
小集団（おおむね10ha未満）の農地（「第2種農地」），②市街地の区域内ま
たは市街化の傾向が著しい区域内の農地（「第3種農地」）などは転用可能な
農地として位置づけられている。それらに加えて，堺市「34-11条例」のよ
うに，開発規制の緩和措置がなされると，市街化調整区域といえども都市の
拡大と拡散が誘発され，その結果として農地保全には否定的影響がもたらさ
れるものと考えられる。

186

大阪府「農空間保全地域制度」による堺市の指定面積は1,074haである。そのうち生産緑地は182ha，農業振興地域・農用地区域は260ha（農地は208ha）であり，それらを除くおおむね6割近くが市街化調整区域内の農地と推察される。堺市では，2013年3月に『堺市農業振興ビジョン』を策定（改訂）し，①農空間を守り，多様に活かす，②農業を支える担い手を育てる，③安全・安心な地産地消を推進する，④市民のくらしと農業をつなげる，⑤6次産業化と農商工連携を進めるの5つの戦略を提示し，市内全域を対象にしながら施策推進に取り組んでいる[9]。このような取り組みの効果が発揮されるには，行政内部の開発部局と農政部局の連携はもちろんのこと，国においても農政サイドと都市計画サイドの連携による農地保全に向けた制度の構築が求められる。

2．都市農業振興基本計画の策定とその内容

都市農業振興基本法の施行を受け2016年5月には都市農業振興基本計画（以下，「基本計画」）が策定された。基本計画は，都市農業の振興に関する基本的な計画として，これからの都市農業振興のための施策を総合的かつ計画的に推進するため，基本法第9条に基づいて計画策定が義務づけられたものである。

基本計画は，3つの柱で構成される。第1に，「都市農業の振興に関する施策についての基本的な方針」（以下，「基本的な方針」）であり，第2に，「都市農業の振興に関し，政府が総合的かつ計画的に講ずべき施策」（以下，「講ずべき施策」）であり，第3に，「都市農業の振興に関する施策を総合的かつ計画的に推進するために必要な事項」（以下，「必要な事項」）である。これらの柱は，都市農業の持続的な振興にかかわって，重要な項目を取りあげていることからその内容について詳細に述べることにしたい。

最初の「基本的な方針」で取りあげている項目は，（1）都市農業の現況と課題，（2）都市農業振興基本法の目的および理念，（3）都市農業に対する農

業政策上および都市政策上の再評価，（4）都市農業振興に関する新たな施策の方向性，（5）施策検討にあたっての留意点の5点である。

（1）および（2）の項目では，都市農業は後退の一途をたどってきたとはいえ，いまなお食料自給率の確保・向上の一翼を担っていること，都市に貴重な緑を提供していることが指摘されている。このため安定的な継続をはかるには基本法の制定の趣旨をふまえ，「都市農業の多様な機能の発揮」を中心的な政策課題に据え，それを通じて農地の有効活用および適正保全をはかり，農地と宅地等が共存する良好な市街地の形成に資することを目指すべき方向性として提示している。

次いで，項目（3）の都市農業に対する農業政策上および都市政策上の再評価をふまえ，項目（4）の都市農業振興に関する新たな施策の方向性として，①都市農業の担い手の確保，②都市農業の用に供する土地の確保の両観点がとくに重要であると述べている[10]。このなかで今後利用されることが確実な都市農地については，「生産緑地か否かにかかわりなく，農業振興施策を本格的に講ずる方向に舵を切り替えていく必要がある」と強調している。この都市農地に対する方向づけでは，「宅地化」農地を含めて農業振興施策の対象にすべきことを指摘しており注目される。

項目（5）の施策検討にあたっての留意点では，以下のような注目すべき内容が述べられている。

すなわち，1つは，対象区域にかかわる指摘である。基本法は都市農業を市街地およびその周辺の地域において行われる農業と定義しているが，そのエリアは市街化区域および非線引き都市計画区域における用途地域が想定されている。ただし，これらの地域に残された農地がきわめて少ない地方公共団体の場合には，市街化調整区域を含む域外縁辺部で営まれる農業（周辺部における農業）も都市農業として含むもの，と捉えている。このことは，従来の市街化区域を越える周辺エリアも都市農業振興の対象区域に設定することを可能とするものである[11]。

以上のことから都市農業の安定的な継続をはかり，都市農地を保全・継承

第6章　都市化と農地保全をめぐる現段階

するには，あとで述べる営農が可能な農地保全制度と土地税制の抜本的見直しが不可欠であること。その際，「宅地化」農地の取り扱いとともに，市街化区域に近接・隣接する市街化調整区域の農地についても市街化区域と一体的にとらえることが重要であると考える。すなわち，現行都市計画制度，生産緑地制度，農地制度，税制など関連制度のあり方が問われるのである。

2つは，新たな都市農業振興と土地利用計画の制度にかかわる指摘である。担い手に対する支援とその事業計画等を評価するための公的関与の仕組みの創設，農地の貸借等を促進するための制度的措置と遊休農地対策，地方都市におけるコンパクトシティ施策との連携などである[12]。

3つは，税制上の措置にかかわる指摘である。現行の税制上の措置が果たしている役割を評価したうえで，以下の2つの課題について課税の公平性等に配慮しつつ，政策的意義や土地利用規制をふまえた税制措置の検討を強調している。課題とは，①保全すべき農地の資産価値や農業収入に見合った保有コストの低減，②生産緑地等を貸借する場合における相続税の猶予制度の適用除外の2点である。これらの税制改正措置は，都市農業の安定的継続を確保するうえでいずれも重要な課題だけに，その動向が注目される。

基本計画の第2の「講ずべき施策」では，掲げられた項目ごとに具体的内容が記載されている。すなわち，項目とは，①農産物を供給する機能の向上並びに担い手の育成及び確保，②防災，良好な景観の形成並びに国土及び環境の保全等の機能の発揮，③的確な土地利用に関する計画の策定等，④税制上の措置，⑤農産物の地元での消費の促進，⑥農作業を体験することができる環境の整備等，⑦学校教育における農作業の体験の機会の充実等，⑧国民の理解と関心の増進，⑨都市住民による農業に関する知識及び技術の習得の促進等，⑩調査研究の推進の10項目である。

これら10項目の具体的内容は，表6-5に示したとおりである。たとえば，③的確な土地利用に関する計画の策定等では，ア）将来にわたって保全すべき相当規模の農地については，市街化調整区域への編入（逆線引き）の検討，イ）都市計画の市町村マスタープランや緑の基本計画に「都市農地の保全」

189

表6-5　都市農業基本計画（2016年5月策定）における講ずべき施策内容（概要）

項　目	項　目
施策内容	施策内容
1．農産物を供給する機能の向上並びに担い手の育成及び確保	5．農産物の地元での消費の促進
ア）福祉や教育等に携わる民間企業の関与	ア）直売所等で取り扱う農産物等についての効率的な物流体制の構築の推進
イ）都市住民と共生する農業経営（農薬飛散等対策）への支援策の検討	イ）学校給食における地元産農産物の利用のため，生産者と関係者の連携を強化
2．防災，良好な景観の形成並びに国土及び環境の保全等の機能の発揮	6．農作業を体験することができる環境の整備等
ア）防災協力農地の普及，地域防災計画への位置づけ	ア）市民農園等の推進に向け，広報活動や体験プログラムの作成等に知見を有する専門家の派遣
イ）屋敷林等について，緑地保全制度の活用促進，地域住民による農業景観の保全	イ）都市住民が農業を学ぶ拠点としての都市公園の新たな位置づけを検討
3．的確な土地利用に関する計画の策定等	ウ）福祉事業者等が農業参入時に必要となる技術・知識の習得等を支援
ア）将来にわたって保全すべき相当規模の農地については，市街化調整区域への編入（逆線引き）の検討	7．学校教育における農作業の体験の機会の充実等
イ）都市計画の市町村マスタープランや緑の基本計画に「都市農地の保全」を位置づけ	・都市農業者等の学校への派遣の拡大と統一的な教材の整備等を推進
ウ）生産緑地について，指定対象とならない500 ㎡未満の農地や「道連れ解除」への対応	8．国民の理解と関心の増進
エ）新たな制度のもとで，一定期間にわたる営農計画を地方公共団体が評価する仕組みと必要な土地利用規制の検討	・食と農に関する様々な展示を行うイベントの仕組みの検討
	9．都市住民による農業に関する知識及び技術の習得の促進等
	・農業関連施設の維持管理における都市住民の関与促進
4．税制上の措置	・都市農業・都市農地の保全にかかわる都市住民の参画検討
○新たな制度の構築に併せて，課税の公平性の観点等も踏まえた以下の点の検討	10．調査研究の推進
・市街化区域内農地（生産緑地を除く）の保有にかかわる税負担のあり方	・都市農業者と都市住民との連携研究
・貸借される生産緑地等にかかわる相続税納税猶予のあり方	・都市と緑・農が共生するまちづくり研究
	・都市農地の多様な機能の研究

を位置づけ，ウ）生産緑地について，指定対象とならない500㎡未満の農地や「道連れ解除」[13)]への対応，エ）新たな制度のもとで，一定期間にわたる営農計画を地方公共団体が評価する仕組みと必要な土地利用規制の検討，など4点があげられている。他の項目も多岐にわたるが，その具体化には都市農業の安定的継続のための制度設計とともに，国や地方自治体の施策が関係機関・団体の連携・協力のもとで進められることが不可欠とされる。

　さらに基本計画の第3の「必要な事項」では，農林水産省と国土交通省との連携による施策の推進と地方計画の策定が述べられている。とりわけ地方計画の策定にあたっては，農業部局，都市計画部局，財政部局などの関係部

第6章　都市化と農地保全をめぐる現段階

局との連携が重要であることが強調されている。そのためには国の基本計画を受けて，都道府県および市町村による地方計画の早期策定が必要となる。その際，地域実情を反映した対象エリアの独自設定など地方自治体の特色ある地方計画づくりが注目される。

3．基本計画策定以降の動きと課題

（1）基本計画策定以降の動向

　基本計画の策定を受けて，都市農地の保全のための制度設計・制度改善が具体化している。2017年2月10日，「都市緑地法等の一部を改正する法律案」が閣議決定され，国会に提出された。同法律案は，4月14日衆議院で可決され，4月28日参議院で可決され成立した。施行は6月15日，一部については2018年4月1日施行である。

　国土交通省によると，法律改正の趣旨は，「都市における緑地の保全および緑化ならびに都市公園の適切な管理を一層推進するとともに，都市内の農地の計画的な保全を図ることにより，良好な都市環境の形成に資する」（2017年2月10日「報道発表資料」）としている。その目標・効果として，「従前からの公園整備等に加え，民間の活力を最大限に活かして，貴重な緑・オープンスペースの整備・保全・活用（公園ストックの再生・再編・活用，広場空間の創出，農地の保全等）を効果的に推進し，緑豊かで魅力的なまちづくりを実現」（同「予算関連法律案（資料4）」）することを掲げている。

　改正の対象とされた法律は，都市公園法および都市開発資金の貸付けに関する法律関係，都市緑地法関係，生産緑地法・都市計画法および建築基準法関係の6つである。このなかで，とくに都市農地の保全・活用（生産緑地法・都市計画法・建築基準法）にかかわって要点を整理すると，以下の4点である。

　1つは，生産緑地地区の一律500m²の面積要件が緩和され，市区町村の条例により面積要件を300m²まで引き下げることが可能となった。また，生産

191

緑地の都市計画における一団の農地の考え方を緩和するとしている。すなわち，農地所有者の意思に反して規模要件を下まわるといったいわゆる生産緑地地区の「道連れ解除」について，物理的に隣接していなくても一定の範囲にある場合には一団のものとみなされる。このような要件が緩和された場合にも生産緑地にかかわる現行の税制措置が適用される。

2つは，生産緑地地区内に設置できる施設として，直売所，農家レストラン，加工施設などが追加された。ただし，これらの施設は相続税納税猶予は適用対象外であり，固定資産税は生産緑地地区内の農業用施設と同様となる。

3つは，都市計画決定の告示後30年経過した生産緑地地区の措置として，生産緑地の買取り申出が可能となる始期の延期ができることとした（「特定生産緑地指定制度」の創設）。すなわち，30年経過後は10年ごとに延長が可能となるが，それは2018年度税制改正で関連する税制が措置されてから施行されることとなる。

4つは，低層住居と農地が混在する良好な住宅市街地の環境の保護を目的とした新たな用途地域として「田園居住地域」が創設された。「田園居住地域」では，農業用施設等の立地を可能とし，建築物の容積率・高さ等形態規制は既存の低層住居専用地域と同様とする，また，居住環境および営農環境の急激な変化を抑制するため，300m²以上農地の開発にかかわる許可制度（都市計画部局による）を設ける，としている。

（2）都市農地の保全をめぐる留意点と課題

今回の「都市緑地法等の一部改正（生産緑地法，都市計画法，建築基準法など）」は，都市農業の振興と都市農地の保全にかかわる改善措置として評価できるとはいえ，都市農家が安心して営農できる仕組みづくりからすれば，いまだ「緒に就いたばかり」といえる[14]。それは，都市農業の振興と都市農地の保全にかかわる仕組みとしては，依然税制上の措置など改善・措置すべき課題が山積しているからである。つまり，都市農業振興基本法や同基本計画の趣旨に即していえば，以下の3点が重要課題になっている，と考える。

192

第6章　都市化と農地保全をめぐる現段階

1つめは，生産緑地指定から30年が経過する生産緑地に対する固定資産税や相続税納税猶予制度の適用に対する措置について，都市農家が安心して営農継続できる観点からの制度設計・運用改善が求められていることである。それは，1992年から生産緑地指定が行われたが，2022年以降になると「30年の営農義務」を終える生産緑地が現出するからである（いわゆる「平成34年問題」といわれている）。上述の「特定生産緑地指定制度」が創設されるとはいえ，どのような制度上，税制上の措置が講じられるのか，その中味が問われているからである。

2つめは，生産緑地が貸借される場合の法的仕組みづくりや相続税納税猶予制度の適用問題である。この問題は，都市農地について新しい貸借制度の創設とともに，税制上の運用改善が求められている。

3つめは，都市農業の振興と都市農地の保全にかかわってそれを担う都市農家の育成・支援策が不可欠である[15]。そのためには，総合的・計画的な都市農業振興施策の構築が求められるとともに，国の基本計画を受けて地方公共団体の地方計画づくり（「都市農業振興基本計画」）が注目されよう[16]。

都市農業振興基本法（第11条および第12条）によれば，都市農業・都市農地は，①新鮮で安全な農産物の供給，②身近な農業体験・交流活動の場の提供，③災害時の防災空間の確保，④やすらぎや潤いをもたらす緑地空間の提供，⑤国土・環境の保全，⑥都市住民の農業への理解の醸成など多様な役割を果たしている，と述べている。それは，都市農業・都市農地のもつ多面的・公益的機能や役割が，農政サイドだけでなく，都市計画サイドからも高く評価され，そのような評価は都市住民意識とも共有できるものである。しかし，現在なお市街化区域をはじめ，市街化調整区域でさえ農地転用にともなう都市の拡大と拡散（＝農地の減少）が進行している。都市農業振興基本法の目的・理念に照らすならば，本来的には都市計画制度や農地制度などの現行制度の根幹にかかわる見直しが必要といえる。

ともあれ，都市農業の振興と農地保全にかかわって国の基本計画を受けた特色ある地方計画づくりが注目される[17]。

193

注

1 ）農林水産省『都市農業をめぐる情勢について』2011年10月，参照。なお，農林統計用語における「都市的地域」とは，「可住地に占める人口集中地区の面積が５％以上で，人口密度500人以上の旧市町村等」と定義されている。「広義の都市農業」は，農家戸数70.8万戸（2005年農林業センサス）で全国シェア25％，農地面積125.0万ha（「耕地及び作付面積統計（2009年）」）で同27％である。一方，「狭義の都市農業」は，農家戸数23.9万戸（同）で全国シェア８％，農地面積19.8万ha（同）で同４％を占めている，と推計されている。

2 ）堺市『堺市農業振興ビジョン』2007年，p.66。

3 ）堺市は旧美原町との合併のあと，2006年に政令指定都市に移行している。地方自治体のなかで堺市の条例制定はもっとも早いとされている。三井孝則・佐久間康富・赤﨑弘平「大都市近郊の市街化調整区域における農地転用の実態・周辺の農地利用の変化との関係－大阪府堺市を事例として－」『都市計画論文集』No.44-3，2009年，p.49。

4 ）除外区域とは，以下のとおりである。農業振興地域の整備に関する法律に規定する「農用地区域」，農地法第４条第２項第１項第１号ロの規定に該当する「農地」，「４ヘクタールを超える一団の農地の区域」，災害防止のため保全すべき土地の区域など（堺市開発調整部開発指導課『堺市都市計画法にもとづく市街化調整区域内における開発行為等の許可に関する条例（都市計画法第34条第11号の概要）説明資料』2010年）。

5 ）建築物等の基準（「建築基準」）については，以下のとおりである（同上，注４）の『説明資料』による）。①宅地規模については，原則150m²以上であること（ただし，開発行為の規模が0.3ha未満で，開発区域及びその周辺における環境の保全上支障がないと認める場合は120m²以上とすることができる），②建築物の用途は，戸建専用住宅・長屋住宅・共同住宅に限定されること（寄宿舎，下宿及び併用住宅を除く），③建築物の制限は，外壁後退１ｍ以上，建ぺい率50％以内，容積率100％以内，高さ10m以内であること（ただし，開発行為の規模が0.3ha未満で，開発区域及びその周辺における環境の保全上支障がないと市長が認める場合は，建ぺい率60％以内，容積率100％以内，高さ10m以内とすることができる。用途地域が定められている場合は，このかぎりではない）。

6 ）前掲「大都市近郊の市街化調整区域における農地転用の実態・周辺の農地利用の変化との関係－大阪府堺市を事例として－」『都市計画論文集』，pp.51-52。「露天資材置き場」への転用申請（2000～2007年度：117筆）のうち78％にあたる91筆が現況で営利住宅（宅地造成・住宅建設中を含む）となっている，と指摘されている。

7 ）2012年６月30日までに改正前の条例適用が可能な土地については，開発審査会の議を経て許可できることとし，2013年６月30日までに，堺市開発行為等

第6章　都市化と農地保全をめぐる現段階

の手続きに関する条例第4条第3項の規定にもとづく判定書の交付のあった
ものを対象としている。

8）大西敏夫「農地転用制度の現況と課題」『研究年報』第14号，和歌山大学経済
学会，2010年，pp.273-274，参照。

9）『堺市農業振興ビジョン』は2017年3月に改定され，戦略として，①堺農業を
支える担い手の育成，②堺産農産物の市内流通・消費の拡大，③農業を活か
した連けいによる産業育成，④市民のくらしに農業を活用，⑤農空間の保全
と有効活用の推進の5点を設定している。

10）都市農業の振興と都市農地の保全に関する論考としては，後藤光蔵『都市農
業　暮らしのなかの食と農㊿』筑波書房ブックレット，2010年，参照。また，
安藤光義「都市農地を安定的な存在とするための課題－公益的機能に対する
評価の高まり」および星勉「成熟する都市と都市農地制度改革の課題と解決
に向けた試案」『農業と経済』第79巻11号（臨時増刊号），2013年，橋本卓爾「新
たな局面を迎えた都市農業－「都市農業振興基本法」の制定を中心にして－」
『松山大学論集』第28巻第4号，2016年，中島正博「都市農業の振興と農地保
全（研究ノート）」『経済理論』第387号，2017年，参照。このほか，安藤光義「市
街化区域内農地所有者の動向分析－神奈川県秦野市の事例－」『農業市場研究』
第25巻第4号［通巻100号］，2017年，参照。

11）たとえば，都市農家の耕作農地の利用実態からもそのことは明らかである。
三大都市圏特定市の都市農家1戸当たりの経営耕地面積は64a，そのうち生産
緑地が25a，「宅地化」農地が11a，市街化区域外が28aである（農林水産省農
村振興局『都市農業に関する実態調査結果の概要』2011年10月）。なお，農地
等相続税納税猶予制度は，適用農地に生産緑地が含まれると一括して適用を
受けた農地（市街化調整区域の農地など）すべてが「終生営農」となる。

12）三大都市圏以外の地方圏の市街化区域内農地面積は3万5,420ha（全国市街化
区域農地面積の47.6%），生産緑地面積は79ha（全国生産緑地面積の0.6%）で
ある（2015年：国土交通省調べ）。三大都市圏特定市以外（地方圏など）の市
街化区域内農地は税制面での取り扱いに違いがあるとはいえ，都市農業の振
興と農地保全に向けた取り組みも重要になっていると思われる。なお，三大
都市圏特定市以外の市町村の市街化区域内農地は，評価は宅地並みとなるも
のの，課税の際には負担調整措置（税額の増を前年度比最大「＋10%」まで
に抑制する措置）が講じられている（農林水産省・国土交通省『都市農業振
興基本法のあらまし』2015年7月）。

13）複数の地権者により生産緑地の指定を受けている農地の一部が相続等で失わ
れ，500m²以下になった生産緑地が営農継続の意思があるにもかかわらず解
除されるケースのことをいう。

14）大西敏夫「都市農業振興・都市農地保全に向けた最近の動きと課題」『大阪

195

農民会館だより』第154号，（一財）大阪農業振興協会，2017年，参照。

15) 大阪府下の都市農家ヒアリング調査（調査対象：13戸）によれば，今後も生産緑地を利用し「営農継続」志向の農家は9戸であり，「規模縮小・中止」志向の農家は3戸であった。残り1戸の農家は「生産拠点を市街化区域外へ」と考えている。「規模縮小・中止」志向の農家は現時点でいずれも後継者確保の見通しが立っていない農家であった。調査は2016年10月から12月にかけて，筆者と大阪都市農業研究会（財団法人大阪府農民会館内）が共同で実施したものである。なお，ヒアリング対象農家は生産緑地で営農している農家であり，生産緑地での耕作規模は210a（1戸）を最高に，100a台が2戸，「50a以上100a未満」が6戸，「10a以上50a未満」が4戸であった。なお，13戸全体では，経営耕地面積が1,550a，そのうち市街化区域内が1,121a（構成比：72.3％）であった。市街化区域内では，生産緑地が1,072a（同：69.2％），「宅地化」農地が49a（同：3.1％）であった。

16) 「日本農業新聞」（2017年6月2日付）によれば，都市農業振興基本計画の「地方計画」の策定市町村が3％（14市町村），都道府県策定後に策定は16％（73市町村）で，策定予定がないは74％（336市町村）である，と報じられている。調査は全国農業協同組合中央会が国土交通省や地域社会計画研究所と協力し，2017年2月に実施したものである。同調査は，市街化区域に農地がある624市区町村に対して都市農業に関する取り組みや今後の方針を聞いたもので，約450市区町村から回答があった。

17) 大阪府は「新たなおおさか農政アクションプラン」（以下，「アクションプラン」）を2017年9月1日に策定している。アクションプランの計画期間は2017年度から2021年度である。アクションプランの「Ⅴ　目指す方向性と10年後の姿」では，①「農業でかっこよく働こう！［しごと］」，②「農でくらしを愉しもう！［くらし］」，③「農空間をみんなで活かそう！［地域］」の3つの方向性を提示している。このアクションプランについて大阪府は，「都市農業振興基本法に基づく地方公共団体が定める都市農業の振興に関する計画（「地方計画」）の大阪府版を兼ねるもの」（「Ⅰ　2．都市農業振興基本計画との関係」）と位置づけている。なお，アクションプランの対象となる地域は，「大阪府都市農業の振興及び農空間の保全と活用に関する条例」（2008年4月施行）で実施されているエリア（農地）であることから，従来どおり「宅地化」農地や市街化調整区域の対象エリア外の農地は含まれていない（本書，第5章3，参照）。

終章

都市化と農地保全の展開過程

　本書は，大都市・大阪を事例に都市化と農地保全の展開過程について，以下の課題に即して述べてきた。

　すなわち，第1に，戦前および終戦直後における農地の所有と利用構造の特徴を明らかにするとともに，第2に，農地改革後の農地の基本動態とその特徴を農地制度・都市計画制度と関連させながら分析・解明すること。そして，第3に，都市化の進行と農地転用の動向分析を通じて，都市農業と都市農家の変貌および特質を明らかにすること。第4に，改正生産緑地制度等制度改正のもとでの農地の所有と利用の特徴を明らかにすること。さらに，第5に，都市農業の振興と都市農地の保全をめぐる問題状況を確認しながら都市農業振興基本法の制定とその内容および意義を明らかにするとともに，第6に，都市化と農地保全をめぐる現段階的特徴について明らかにすること。以上を課題としてきたが，終章では，各章の内容を再整理しながら要約し，都市化と農地保全をめぐる展開過程について総括することによってまとめとしたい。

1．農地の所有と利用構造の変化とその特徴

（1）戦前・戦後における農地の所有と利用構造の特徴

　1）戦前段階の大阪は，小作地率と小作農率の高位性に象徴されるように，地主制の進展がきわめて早い地域であった。しかし，その地主的土地所有も商工業の発展と都市化の進行，農地かい廃と農民の兼業化・脱農化，小作争議の活発化により大正期には大きな転機を迎える。そのなかで，とくに農地

197

かい廃にともなう地主の小作地引き上げ（小作争議）は熾烈さをきわめた。都市化の過程で農業的土地利用と都市的土地利用の衝突が，戦前段階ではあれ，耕作権問題として地主と小作人の対抗関係に入り込んだといえる。加えて，小作争議の激化を背景とし，さらに戦時経済体制のもとで進められた農地法制化は，地主機能の弱体化に一定の影響をもたらしたが，地主制そのものの解体は戦後の農地改革に委ねられた。

　2）戦後農地改革の実施は，大阪農業の展開にとって新たな出発点となった。それは，農民的土地所有を基礎に多数の自作農を創出した点で重要な意義をもつが，一面では経営規模の零細性という農政課題を残すことになる。また，大阪では農地改革途上における地主の抵抗は激しく，とくに都市周辺部では改革後も農地訴訟という形態で旧地主と旧小作人の対立関係が継続する。

　3）大阪市を中心とした都市周辺部の農地訴訟は，法廷において解放農地をめぐって農地性と非農地性を争点に争われる。また，農地改革で創り出された創設自作の転用問題（旧地主層の干渉）も発現するが，それは，戦後の厳格な農地統制のもとで抑制されていた農地転用が，公共開発・都市開発の進行にともなって引き起こされた問題といえる。そして，その後の高度経済成長にともなう経済活動の活発化は，大阪の農地転用を激増させるのである。

（2）戦後の農地の基本動態とその特徴

　1）戦後の大阪農業は，とりわけ1960年代以降の高度経済成長の本格化にともなう急激な都市化・工業化の過程で，農地のかい廃が進行し，同時にその利用度も低下するなど総じて縮小・後退の一途をたどる。とくに著しい農地のかい廃は，戦後の農地改革で生み出された自作農体制に大きな動揺を与え，農家のみならず地域農業の存立基盤にも大きな影響を与えた。また，農地のかい廃は，農業生産環境の悪化，農地の遊休化・荒廃化，農地価格の高騰を誘因するとともに，スプロール化と土地利用の混乱をもたらした。

198

終章　都市化と農地保全の展開過程

2）農地改革の成果を維持する目的で制定された農地法は，日本の農地制度の根幹としてこんにちなお重要な役割を果たしているが，新都市計画法の制定・施行を受けて，市街化区域内の農地転用を届出制にするなど農地を保全・防衛するうえで重大な後退もみられた。大阪の農地の基本動態は，農地貸借の低迷，農地売買と農地転用の連動性など全国とは異なった様相を呈しているが，それは農地の転用（利用転換）を基調にした都市的土地市場の拡がりと地価上昇に影響された農地動態（商品化）といえるものである。

3）農地価格の著しい上昇要因は，農業内部（農業収益性等）から派生したものではなく，農業外的な要因，つまり農地転用需要の増大の結果である。新都市計画法の「線引き」後も農地価格は上昇を続け，農業振興地域・農用地区域の農地でさえ都市の土地価格に強い影響を受けながら変動している。

新都市計画法の制定は，大阪の農業と農地の利用構造に大きなインパクトを与えた。それは「線引き」により，府域のほとんどが都市計画区域に編入され，そのうち市街化区域が半数近くを占めたこと，それによって農地の約半数が市街化優先の区域に組み込まれたことによる。そして，市街化区域内の農地は，転用が届出制となり「自由」になったが，絶え間ない税の重圧に悩まされることとなる。他方，市街化調整区域は，市街化を抑制する区域とされたが，大規模開発の容認や転用規制の相次ぐ緩和のもとで，徐々にではあれ農地かい廃が進行している。

（3）農地転用の動態と農業・農家の変貌

1）農地転用が国の統制対象になるのは，戦時経済下（1941年，臨時農地等管理令）である。この転用規制は農地改革を経て農地法に引き継がれる。農地転用規制は，農地を維持・防衛するうえで，農地の権利移動規制とともに重要な役割を担う。しかし，高度経済成長が本格化するなかで，農地転用制度は，一方では非農業的な土地需要に道を開き，他方では農地を防衛するという二重の側面を合わせもつことになる。そして，前述のように，新都市計画制度のもとで，農地を防衛することから後退し，市街化区域の農地転用

199

は届出制となる。

　２）農地転用は，面積・規模とも1960年代がもっとも突出しており，さらにこの年代以降からは都心部を中心に外延的に広がる傾向（農地転用の拡大・拡散）を示す。戦前の農地問題は，地主と小作人との対抗関係に集約されるが，戦後の農地問題は転用増大のもとで，都市的土地利用と農業的土地利用の激しい対抗関係に重点が移る。「線引き」が行われた1970年代の農地転用は減少傾向を示すが，転用率では1960年代とほとんど同率で推移する。さらに，1980年代の農地転用は横ばい傾向にあったが，1990年代前半には一転増加に転じる。

　「線引き」後の農地転用はおおむね市街化区域に集中するなかで，「４条転用（自己転用）」が主流となり，用途は駐車場・貸倉庫・貸事務所（都市農家の不動産経営）などに重点を移す。一方，市街化調整区域でも農地転用が進行し，とくに露天型転用（駐車場・資材置場）の増加のもとで「５条（賃貸転用）」の「４条」化傾向が顕著になる。

　３）都市化・工業化は，農家に農地の利用転換を迫り，総じて兼業化・脱農化，経営規模の零細化をもたらすが，この傾向はとりわけ都市部で顕著にみられる。そして，都市農家のなかには，集約的な野菜経営や施設経営に取り組む専業的農家も少なからずみられるものの，総じて兼業深化のもとで自営兼業化の傾向を強め，またその経済基盤は，農外収入，とくに不動産収入や配当・利子収入依存型の傾向を強めることとなる。

（４）改正生産緑地制度下の都市農地の所有と利用の特徴

　１）市街化区域内では農地の利用をめぐり，おおよそ20年間にわたる都市サイドと農業サイドの激しいせめぎ合いがみられた。しかし，1991年の税制改変と生産緑地法の改正により，市街化区域内農地（以下，都市農地）は「二区分化」（「保全農地」，「宅地化」農地）され新たな時代を迎えることになる。「二区分化」措置により，大阪府33市の都市農地は，「保全農地（生産緑地）」が約４割，「宅地化」農地が約６割に分化する。「二区分化」措置は，都市農

終章　都市化と農地保全の展開過程

家の農地所有と利用構造に大きなインパクトを与え，経営耕地規模の零細化・細分化と土地の資産的保有傾向を助長させた。

　2）大阪府下の3つの事例地分析を通じて，生産緑地希望農家の諸特徴としては，おおむね以下の点が明らかになった。

　①雇用兼業・米単作型農業地域では，自給農家と高齢担い手層が多いものの，家の後継ぎ（農業含む）は比較的よく確保されている。生産緑地の希望理由は，農地の継承，税金対策，農産物の自給が主であり，経営の見通しでは圧倒的多数が稲作兼業のもとで現状維持志向の特色を有している。

　②都市型農業地域では，資産保有的な自営兼業農家が多くを占める。土地集約型・施設型経営も多いものの，後継ぎの確保問題が重要課題である。生産緑地の希望理由は，生きがい，税金対策，農地の継承が多いなかで，農業収入依存を理由とする農家も少なくない。経営の見通しでは，約半数が現状維持であるが，規模拡大志向と規模縮小・農業中止志向も比較的多い。

　③施設・複合型農業地域では，経営規模が比較的大きく，専業農家とともに農業専従者の層も厚い。経営形態は施設園芸，野菜複合，米単作と多彩ではあるものの，後継ぎを確保している農家は少ない。生産緑地の希望理由は，農地の継承，農産物の自給を基本にしているものの，農業収入依存を理由とする農家も多い。経営の見通しでは，約半数が現状維持ではあるが，規模拡大志向と規模縮小・農業中止志向も少なくなく，三極に分化している。

　以上のように，都市農家の生産緑地の希望理由は，おおむね農地の継承，農産物の自給，税金対策，生きがいといった点におおむね集約されるが，その一方で農業収入依存型の農家も少なくない。それは地域においてかなり差異がみられるが，いずれにしても，営農をめぐる生産環境の悪化が懸念されるだけに，地域特性をふまえた生産緑地の維持・保全のための制度見直しと施策展開が急がれる。

　3）「宅地化」農地には，都市計画・土地税制からみて，従来の市街化区域内農地よりもはるかに厳しい措置が適用される。「宅地化」農地をめぐる都市農家の対応としては，2つの形態が析出された。1つは，農地の一部を

201

「宅地化」農地として選択している生産緑地希望農家である。その選択理由は，将来の農外収入源確保や相続税対策とともに労働力不足・生産環境の悪化などである。いま１つは，すべての農地を「宅地化」農地として選択した農家である。その主な理由は，生産緑地指定要件の厳格さ（「30年営農」，相続税納税猶予制度は「終生営農」），農業収益の悪化，担い手不足，相続税対策などである。

　両者に共通するものとして，総じて農地（土地）の資産的保有意識の高さを否定しえないが，必ずしも土地利用の転換を志向して積極的に「宅地化」農地を選択しているわけでもない。「宅地化」農地の多くは，当面農業継続されるものもあるが，いずれ利用転換されそれにともなってその周辺に残された生産緑地への影響をはじめとして，都市住民の良好な生活環境の保全・形成，計画的なまちづくりともかかわって看過できない問題を内包している。

（5）都市農地の動向と農地保全をめぐる新たな動き

　１）大阪府では1970年の都市計画制度にもとづく線引きで，約１万4,000haの農地が市街化区域に編入された。当時，編入された都市農地は大阪府全農地の約45％であった。それが2004年時点では4,511haとなり，当初の30％余りにまで減少している。このようななか，多くの大阪府民は，都市農業・都市農地に生鮮野菜等農産物の供給，良好な生活環境の形成，自然とふれあう場，防災空間，レクリエーションの場の提供などその多様な機能・役割に高い評価を与えている。

　２）2000年代を間近に控え，都市農業の位置づけを法律で明記した食料・農業・農村基本法が1999年に制定される。同法にもとづく「食料・農業・農村基本計画」は都市農業の振興を取りあげ，とりわけ４回目となる「基本計画」（2015年３月閣議決定）では，「多様な役割を果たす都市農業の振興」（「第３　食料，農業及び農村に関し総合的かつ計画的に講ずべき施策」）が提示される。これらの動きと相まって農政サイド（農林水産省）と都市計画サイド（国土交通省）はともに都市農業・都市農地の多面的・公益的機能に着目

し，その振興と保全の必要性から制度面や施策展開のあり方について問題提起する。

3）一方，大阪府でも2007年10月に「大阪府都市農業の推進及び農空間の保全と活用に関する条例」（以下，「大阪府都市農業条例」）が制定される。大阪府都市農業条例は，対象農地を生産緑地，農業振興地域の農用地区域のほか集団性のある市街化調整区域の農地に限定するものの，多様な都市農業の担い手を確保・育成するとともに，保全する農空間を明らかにしながら，府民の健康的で快適な暮らしの実現および安全で活気と魅力に満ちたまちづくりの推進をめざすこととなる。

4）人口減少時代を迎え，大都市政策のあり方が問われるなか，2015年4月に都市農業振興基本法（以下，「基本法」）が制定される。基本法は，都市農業の安定的な継続をはかるとともに，都市農業の多様な機能の発揮を通じて良好な都市環境の形成に資することを目的にしている。この目的実現のために必要な法制上，財政上，税制上などの措置を講じること，総合的・計画的に施策が推進されるよう都市農業振興基本計画を策定することを明記するとともに，国や地方自治体が講ずべき基本的施策を示した。

（6）都市化と農地保全をめぐる現段階

1）基本法の制定を受けて2016年5月に都市農業振興基本計画が策定される。同基本計画では，都市農業の振興に関する基本的計画として，施策についての基本的方針，政府が総合的かつ計画的に講ずべき施策，施策を総合的かつ計画的に推進するために必要な事項が示される。計画実現のための留意点としては，①「宅地化」農地を含めて都市農地区域を広く捉えること，②新たな都市農業振興と土地利用計画にかかわる制度的措置を進めること，③保全すべき農地に対する税制上の措置を講じることを取りあげている。

2）現行生産緑地制度のもとで地区指定された生産緑地は2022年以降には「30年営農義務」を終える。都市農業の安定的な継続を保障するため，2017年に生産緑地指定面積要件が緩和され，特定生産緑地制度が創設された。引

き続き貸借制度の新設とそれにともなう固定資産税・相続税等税制の見直し作業が現在進められている。同時に，国と地方との一体的な取り組みを進めるうえで，地方計画づくりが都道府県や市区町村など地方自治体で進行している。このような動きに連動して，都市農業の安定的継続と農地保全を将来的に保障するには，都市計画区域・市街化区域を規定している都市計画制度をはじめ，農地制度，関連税制など制度の根幹部分にかかわる見直し作業も必要になっていると考える。

2．総括—都市化と農地保全の展開過程—

　大阪における農地の基本動態をふまえ，都市化と農地保全をめぐる展開過程についてはおおむね以下のように時期区分することができる。

　第1期は，戦前段階。第2期は，戦後農地改革から1950年代。第3期は，高度経済成長が本格化する1960年代。第4期は，新都市計画法下「線引き」が施行され市街化区域農地への課税強化に翻弄された1970年代・1980年代。第5期は，改正生産緑地法が施行される1990年代。そして第6期は，2000年代以降の都市農業の振興と農地保全をめぐる動きが具体化する現段階，となる。

　以下では，上記の時期区分に即して都市化と農地保全の展開過程を述べ総括とする。

　第1期（戦前段階）。大阪市および同周辺部で商工業の発展と都市化がみられ，農地かい廃と農民の兼業化・脱農化が進むなかで，小作争議が活発化する。戦時経済統制下の農地法制の整備のもとで地主の機能が低下するものの，土地所有の基本形態は地主的土地所有として推移する。

　第2期（戦後農地改革〜1950年代）。戦後農地改革の実施によって，農民的土地所有を基礎に多数の自作農が創出された。しかし，耕作規模が零細なうえ，都市周辺部では旧地主と旧小作人との対立関係が農地訴訟というかたちで継続する。戦前からの農地統制（権利移動統制，農地転用統制，耕作権

終章　都市化と農地保全の展開過程

保護など）は，農地改革で強化され，農地法に引き継がれる。農地改革後，農地売買の増加，農地貸借の停滞のなかで，1950年代後半以降農地転用が増加基調となり，都市化の進展地域では創設自作地の転用問題が発生する。一方，戦後自作農体制のもとで，一部では兼業化も進行したが，水田の裏作利用，野菜作・果樹作の展開など積極的な農地利用がみられた。

　第3期（1960年代）。高度経済成長の本格化にともなう急激な都市化・工業化の過程で，農地転用が急増し，戦後自作農体制に大きな動揺を与えるとともに，大阪農業の生産基盤が堀り崩された。このため，①農地利用度の低下，農業生産環境の悪化，農地の遊休化・荒廃化，農地価格の高騰がみられた。②農地転用と農地売買の連動性，農地貸借の停滞など農地転用は農地の保有と利用にさまざまな影響を及ぼすなかで，農地の資産的保有傾向が認められるようになった。

　第4期（1970年代・1980年代）。新都市計画制度のもとで「線引き」が実施され，農地の約半数が市街化優先の区域（市街化区域）に組み込まれ，この区域の農地転用を許可制から届出制（転用自由）にした。この時点で，半数に及ぶ農地が都市的土地市場に包摂された。市街化区域内の農家（都市農家）は都市圧と税制の強化（ただし，税の軽減措置が実施された）のもとで営農継続せざるを得なかったが，その一方で，農地を資産運用（「4条転用」）し自営兼業化する農家もみられ，耕作者としての農民（農民的土地所有）から商品所有者としての土地所有権者の性格を強めることになる。一方，市街化調整区域内でも，一定の水準で転用が進み，とくに露天型転用での「5条転用」の“4条化”傾向の強まりが確認された。

　第5期（1990年代）。土地税制の改変と生産緑地法の改正により，農地の「二区分化」措置によって，市街化区域内農地の約6割が「宅地化」農地に位置づけられた。当面は営農継続される農地もあるとはいえ，自由分散的かつ無秩序な転用が進み，生産緑地も営農環境の悪化によりその維持・管理が困難になる事態を迎えた。とりわけ相続税や固定資産税などの税が都市農家に重圧となり，それが，都市農業の振興と都市農地の保全に大きな障壁となって

いる。バブル経済の崩壊以降地価が下落・沈静化し，都市の土地需要も低迷しているとはいえ，自己転用（不動産的利用）を中心に農地の利用転換が進んだ。

　第6期（2000年代〜現段階）。1999年の食料・農業・農村基本法制定以降，農政サイド，都市計画サイドにおいて都市農業の振興と農地保全に向けた動きが活発化し，大阪府でも「大阪府都市農業条例」が制定される。人口減少時代を迎え，大都市政策のあり方が問われるなか，農業・農地が都市に不可欠な存在として位置づけられた都市農業振興基本法が2015年に制定される。これを受け国の都市農業振興基本計画が2016年に策定され，都市農業の安定的継続と農地保全に向けた制度の創設・見直しが進められる一方で，地方自治体による地方計画づくりが進行している。

　戦後農地改革によって農業発展の基礎となる多数の自作農（農民的土地所有者）が創設されて以降，都市の膨張にともなう農地転用の拡大・拡散は，農業・農地の縮小・後退をともないながら農家の土地所有・利用構造をも大きく変容させた。とはいえ，こんにち，都市において農業・農地の存在が都市に不可欠とされ，その機能と役割を活かす法制度が整備されつつある。「農業のあるまちづくり」の推進は，都市と農業の再生につながる道であろう。そのことを確信しつつ，今後とも都市農業の振興と農地保全をめぐる動きに注視したい。

補論 I

農地転用制度論
―農地転用制度の役割―

はじめに

　「平成の農地改革」（農政改革関係閣僚会合決定「農政改革の検討方向」2009年4月14日）とも称される農地法等の一部を改正する法律が2009年6月17日成立（同月24日公布）し，同年12月15日に施行された。戦後農地改革の成果を恒久的に維持するとして1952年に農地法が制定されたが，この改正は1970年以来の大幅な改正といわれている。改正の趣旨（法案提出理由）は，国内の食料生産の増大を通じ国民に食料の安定供給をはかるには，基礎的な資源としての農地を確保しその有効利用を進めることが必要であるとし，改正のポイントとして次の4点を提示している。すなわち，①農地の転用に関する規制の強化，②農地の権利移動についての許可基準の見直し，③遊休農地の農業上の利用の増進をはかるための措置の充実，④農地の利用集積を円滑に実施するための事業の創設等の措置である。

　改正農地法の内容を詳細にみると多岐にわたる。目的規定の見直しに始まり，農業生産法人制度の見直し，農地の権利移動規制の見直し，農地転用規制の見直し，農地賃貸借の存続期間50年以内の創設，さらに遊休農地対策の強化措置などである。その一方で，小作地の所有制限，強制買収措置および標準小作料制度，国が自作農創設のために強制的に未墾地を買収し農家に開墾させる制度などの諸規定は廃止された。さらに「小作地」，「小作農」等の用語（定義規定）は条文に用いないこととした。農地法の改正に関連して，

207

農業経営基盤強化促進法，農業振興地域の整備に関する法律，農業協同組合法も改正された。

改正では廃止された小作地の所有制限，強制買収措置，標準小作料制度など多くの重要な問題も含まれているが，最大のポイントは，権利移動規制において所有権は従前どおりとするものの，貸借については一般企業等（個人も含む）が自由に参入できるように大幅緩和（「農地貸借の自由化」）したことである[1]。また，政府原案で廃棄とされた「農地耕作者主義」の規定（第1条）は，かろうじて条文に存続することとなった[2]。

ところで，農地法の権利移動規制は農業内部における農地の権利・利用関係の調整を規定したものであり，転用規制は主に農業外部との土地の農業上の利用関係の調整を規定したものである。両者は農地法制を構成する根幹部分でありかつ不可分な関係にあるが，それは食料の安定供給をはかるうえで生産基盤となる農地（農地総量）を確保し有効利用をすすめるにあたって重要な機能・役割を有しているからである。

補論Ⅰでは，以上のような視点から農地法の権利移動規制と転用規制との関連性に改めて注目し，2009年の法改正による制度見直しの意味をふまえながら農地転用制度の役割について述べることとしたい[3]。

1．農地法制の基本構成と農地転用制度の経緯

（1）権利移動規制と転用規制の関連性

農地法の基本構成を確認しておこう。それは，簡単にいえば第1条が礎石となり，権利移動規制（第3条）と転用規制（第4・5条）が支柱となって成り立っていることである。両規制は，第1に，並列的に配置されたものではなく，互いが存在することによって農地の確保・保全，農業生産の維持・増進，農業経営の安定（耕作者の地位の安定）がはかられるという役割を有している。第2に，農業外部からの投機的土地取引を排除するという機能・役割をも併せ持った関係にあることが注目される。このようにして，第3に，

補論Ⅰ　農地転用制度論

権利移動規制は農業目的外（不耕作目的，資産保有目的，投機目的など）の農地取得を禁止しながら転用規制は非農地化を必要最小限に抑えることに意味がある。要するに，両規制は耕作する者に農地の権利取得を認めるが，それはまた当然として転用規制も権利取得者に課すというものである。両者の関係は，文字通り車の両輪としての役割を果たしていると理解してよい。そしてこれらの規制は，わが国の農業振興という強力な農政展開においてその機能と役割が発揮できるのである。

ところで，2009年改正農地法において，第1に，農地の貸借については大幅に緩和されたことである。すなわち，①農地を適正に利用していない場合に貸借を解除する旨の条件を契約に付されていること，②地域の他の農業者との適切な役割分担をしたうえでの継続的・安定的な農業経営を行うと見込まれること，③法人の場合にはその業務執行役員のうち1人以上の者が農業に常時従事することの3つの条件が満たされれば，「農業生産法人以外の法人」や「農作業に常時従事しない個人」であっても貸借に限っては権利設定できることとした。ただし，①毎年農地の利用状況を農業委員会に報告する義務があること，②農地が適正に利用されていない場合等には，まず当事者が農業委員会に届け出て契約を解除する，当事者が解除しない場合は許可を取り消すことができるとしている。

第2に，農業生産法人（現在は「農地所有適格法人」という）の出資制限等についても緩和されたことである。法人へ農作業を委託している者についても議決権制限を受けない構成員とすること，また，関連事業者の議決権を1事業者当たり10分の1以下とする制限を廃止するとともに（ただし，最大で関連事業者の議決権の合計の上限は原則4分の1以下），農商工連携事業者等が構成員である場合には，関連事業者の議決権の合計の上限を最大総議決権の2分の1未満まで拡大したことである。これらによって，農業生産法人制度において農業への企業参加の間口が拡がることとなった[4]。

第3に，農地の権利取得に当たっての下限面積（原則50a以上，北海道は2ha以上）について，地域の実情に応じて農業委員会の判断（改正前は知事）

209

で引き下げることができるとした。農業委員会による下限面積の引き下げによっては非農家の零細な農地（小規模・小区画農地）の権利取得を容認するとともに，それによって権利者が増えると農地の細分化は避けられず地域の農地管理に支障をきたす可能性もある。

　このような制度改正が農地の権利移動や転用に今後どのような影響をもたらすのかが注目される。ともあれ，農地法は，農地の権利移動規制と転用規制という両規制の存在によって不耕作目的や投機目的の農地取得・権利移動を排除する機能・役割を有しているのであって，開発圧力・転用圧力の影響が強い日本において，こんにちなお重要な意義と役割を有しているといえる。そこで，次に農地転用制度について取りあげ述べることにしよう。

（2）農地転用制度の経緯とその特徴

　農地転用が国の統制対象とされたのは，第2次世界大戦の戦時体制下であった（**表補Ⅰ-1**，参照）。戦時体制の遂行に必要な国民食料を確保するために農地のかい廃を極力抑制するとして1941年に臨時農地等管理令が制定されたのがそれである。戦後は，同管理令の廃止にともなって一時的に転用は自由となったが，農地調整法（1946年）の制定で権利移動をともなう転用のみが規制の対象となり，次いで第2次農地改革で転用規制が全面的に行われることとなった。この転用規制は農地法に引き継がれる。なお，転用規制の農地法第4条規定は権利移動をともなわない転用制限で，同第5条規定は権利移動をともなう転用制限である。

　戦時体制下に創設された農地転用制度は，戦後農地制度の大きな枠組みの1つとなるが，その制度は農地を確保・保全し農業経営の安定を保障するうえで重要な意義をもつ。日本のように限られた国土のなかでとりわけ都市およびその周辺地域では，土地利用をめぐる競合が著しいだけに，転用規制は開発圧力から農業・農地を守るうえでいわば防波堤的な役割を果たすことになる。

　ところで，高度経済成長の過程で都市化・工業化が著しく進展し，農地転

補論Ⅰ　農地転用制度論

用が増加基調を示すなかで，農林省は1959年に「農地転用許可基準（農林事務次官通達）」を策定する。この許可基準は，農業外部の土地需要の要請に一定程度応える一方で，農業内部の優良農地および集合農地等の保全をはかることを基本理念としたものである。その仕組みは，「保全の必要性の度合に応じて農地を区分し，その必要性の低い区分の農地から順に転用を認める」[5]というものである。その考え方の基本は現行の許可基準に継承される。

このような農地転用制度は，農地を確保・保全する意味で重要な役割を果たすものの，開発優先の国土政策・産業政策・住宅政策のもとでは，土地（転用）需要を完全に抑止することができなかった。さらに大きな問題は，新都市計画法の制定（1968年）にともない市街化区域内の農地転用を許可制から届出制（転用自由化）に改変したことにある。市街化区域は既存の市街地およびおおむね10年以内に優先的かつ計画的に市街化をはかる区域とされ，この区域に編入された農地は市町村農業委員会（かつては知事）に事前に届出すれば，転用を可能としたのである。

都市計画制度に基づく市街化区域と市街化調整区域への区分（「線引き」）によって，当初30万ha近い膨大な農地が市街化区域内に包摂され，農地のかい廃が著しく進んだ。とはいえ，三大都市圏を中心に20年近くに及ぶ市街化区域内農地の「宅地なみ課税」問題をめぐる都市農家の抵抗運動などを経て，現在では生産緑地法の改正（1991年）等により現行生産緑地制度が適用されている。なお，同制度は2017年に改正され，生産緑地地区の一律500m²の面積要件が緩和され，さらに都市計画決定の告示後30年経過した生産緑地地区の措置として，生産緑地の買取申出が可能となる始期の延期ができる措置（「特定生産緑地指定制度」）が創設されている。

他方，市街化調整区域の農地転用は，引き続き許可制とし，1969年に「市街化調整区域における転用許可基準（農林事務次官通達）」が策定された。その仕組みは農地を甲種・乙種（第1種・第2種・第3種）に区分し，甲種農地（優良農地）の転用は原則認めないが，乙種農地はグレードの低いものから順次許可するというものである。都市計画上，市街化調整区域は，市街

表補 I -1　農地転用制度の変遷・経過

年月	関係法令・通達・内容等
1941.6	・臨時農地等管理令　農地転用は地方長官の許可制（但し 5 千坪以上は農林大臣許可）。
1946.2	・農地調整法　転用目的の権利移動のみ地方長官の許可制。
1947.2	・農地調整法改正　農地転用は地方長官の許可制（50 坪未満は農地委員会の承認制）。
1949.6	・農地調整法改正　農地転用は都道府県知事の許可制（5 千坪以上は農林大臣の承認）。
1952.10	・農地法制定　農地転用は都道府県知事の許可制（5 千坪以上は農林大臣許可）。
1959.10	・農地転用許可基準制定（農林事務次官通達）農地確保の必要性に応じて農地区分（第 1 種・第 2 種・第 3 種）および土地利用計画との調整を了した地域の取扱いを規定。
1969.10	・市街化調整区域における転用許可基準の制定（農林事務次官通達） 　　農地保全の必要性として農地を甲種と乙種（第 1 種・第 2 種・第 3 種）に区分し，保全のグレードの低いものから転用許可。※1968 年都市計画法制定，1969 年農振法制定。
1970.10	・農地法改正　市街化区域内農地等の転用は届出制に移行。
1970.2	・水田転用についての農地転用許可に関する暫定基準制定（農林事務次官通達） 　　水田転用の許可基準緩和。暫定基準は 1976 年 3 月末までの時限措置。
1972.3	農村地域工業等導入法による農村地域工業等導入実施計画での農地転用緩和。
1983.5	高度技術工業集積地域開発促進法（「テクノポリス法」）による開発区域の農地転用緩和（〜2005.3）。
1983.7	市街化調整区域における開発許可の規模要件の引き下げに伴う転用許可範囲の拡大。都市計画法施行令改正（20ha→5 ha）。
1985.12	旧開拓事業および農道事業のみ受益地について第 1 種農地から除外。
1986.8	市街化調整区域における開発許可の運用基準改正。市街化調整区域において開発許可対象となった沿道の流通業務施設等の農地転用緩和。
1987.7	総合保養地域整備法（「リゾート法」）による重点整備地区内の農地転用緩和。
1989.3	農村活性化施設，国道沿いの流通業務施設，沿道サービス施設についての第 1 種農地の例外許可範囲拡大。
1989.3	多極分散型国土形成促進法，地域産業の高度化に寄与する特定事業の促進に関する法律（「頭脳立地法」）に基づく開発計画（〜2005.3），集落地区計画区域の農地転用緩和。
1990.2	農村活性化土地利用構想に基づく施設等への農地転用緩和（〜2000.3）。
1993.2	地方拠点都市地域の整備及び産業業務施設の再配置の促進に関する法律（地方拠点法）に基づく農地転用緩和。
1994.6	農業集落地域土地利用構想に基づく農地転用緩和。
1998.7	優良田園住宅の建設の促進に関する法律に基づく農地転用緩和。
1998.10	・農地法改正　農地転用許可基準の法定化，4 ha 以下の農地転用許可権限を農林水産大臣から都道府県知事に委譲。
2000.4	地方分権一括法の施行（制定は 1997 年），都道府県から市町村への特例条例による移譲（事務処理特例制度：農地転用許可等）制度創設。
2009.6	・農地法改正　農地転用制度の厳格化と規制強化措置。
2015.6	第 5 次地方分権一括法公布，転用は 4 ha を超える場合でも都道府県知事許可，農地転用に係る事務処理権限を委譲する指定市町村の創設。
2015.9	・農地法改正　都道府県知事の農地転用許可への農業委員会の意見送付と，農業委員会から都道府県農業委員会ネットワーク機構への意見聴取を法定化。

資料：大西敏夫「農地転用制度の現況と課題」『研究年報』第 14 号，和歌山大学経済学会，2010 年，『新農地のわかる百問百答〈改定 2 版〉』一般社団法人全国農業会議所，2016 年，などにより作成。

化を抑制する区域とし，同時に農地転用も許可制としたものの，農地を確保・保全するうえで多くの問題が内包されている。すなわち，市街化調整区域内の開発行為は，市街化を抑制する立場から制限されているとはいえ，開発規制除外を広く認めていることである。たとえば，国や都道府県など公共団体が行うもの，公益上必要な建築物の建築に要するもののほかに，20ha以上（そ

補論Ⅰ　農地転用制度論

表補Ⅰ-2　農地転用面積の動向（全国）

単位：ha，%

| 年次 | 実数 | | | | 構成比 | | | |
| | 合計 | 許可・届出別 | | | 合計 | 許可・届出別 | | |
		許可	届出	該当以外		許可	届出	該当以外
1970年	57,134	44,363	2,156	10,615	100.0	77.6	3.8	18.6
1975年	34,603	17,970	7,537	9,096	100.0	51.9	21.8	26.2
1980年	30,778	14,428	6,960	9,390	100.0	46.9	22.6	30.5
1985年	27,344	12,448	5,937	8,959	100.0	45.5	21.7	32.8
1990年	35,214	19,811	7,212	8,191	100.0	56.3	20.5	23.3
1995年	28,969	15,144	6,080	7,745	100.0	52.3	21.0	26.7
2000年	21,658	11,384	4,707	5,567	100.0	52.6	21.7	25.7
2005年	16,954	9,058	4,486	3,410	100.0	53.4	26.5	20.1
2010年	12,262	5,761	3,151	3,350	100.0	47.0	25.7	27.3
2011年	11,281	5,284	3,247	2,750	100.0	46.8	28.8	24.4
2012年	11,986	5,696	3,687	2,604	100.0	47.5	30.8	21.7
2013年	13,804	6,794	4,066	2,943	100.0	49.2	29.5	21.3
2014年	15,237	7,787	3,753	3,697	100.0	51.1	24.6	24.3

資料：農林水産省経営局構造改善課『農地の移動と転用（土地管理情報収集分析
　　　調査結果）』各年，より作成。
注：「許可」，「届出」はともに農地法第4条と第5条の合計である。構成比は
　　四捨五入の関係で必ずしも100とはならない。

の後5ha以上）の大規模開発（宅地開発など）も運用上は許可される。なお，現在は大規模開発の規定は廃止され，学校，医療施設，社会福祉施設，庁舎・宿舎といった公共関連施設も規制を受けている。

　以上のように，公共関連施設や大規模宅地開発を中心に地価の相対的に安い市街化調整区域の開発に道が開かれ，また同区域は市街化区域の予備的な性格（「線引き」見直しにより市街化区域への編入も可能）も有している。

　さらに，これまで農地転用規制は，景気対策や内需拡大，農村活性化対策の一環として緩和されるなど，本来厳格であるべき転用行政に大きな影響を及ぼしている。また，近年では，2000年の都市計画法改正で，①線引きの選択制，②市街化区域に隣接・近接する地域で知事が条例で指定する区域内の開発行為の許可（法第34条8号3），③準都市計画区域制度などの規制緩和が行われている[6]。

　表補Ⅰ-2から1970年以降の農地転用の動向をみることにしよう。それによると，農地転用面積は1970年代前半がもっとも多く，以降は減少基調となる（ピークは1973年の6万7,720ha）。しかし，1990年前後には再び増加に転

213

じるものの，その後はバブル経済の崩壊・経済不況ともかかわって減少傾向
となり，最近では年間2万haを切って1万ha台で推移している。また，「許可」
（市街化区域外：知事または大臣許可），「届出」（市街化区域内：農業委員会
への届出），「該当以外」（「第4・5条該当以外」：公共転用など）別構成比
をみると，1970年代後半以降，「許可」が常に5割前後で推移しているのに
対し，「届出」は2割余り，「該当以外」が3割前後から2割前後で推移して
いる。

2．農振制度と農地転用制度との関連性および動向

　農業振興地域の整備に関する法律（以下，「農振法」）は農村における総合
的な農業振興のための農地保全制度として1969年に制定されたが，それは新
都市計画法制定の1年後であった。都市計画法が「都市の領土宣言」とすれ
ば，農振法は農政サイドの「領土宣言」ともいわれている。同法は，一定の
地域を農業の振興をはかるべき区域として明確化し，都市計画との調和をは
かりながら農地を確保・保全するとともに，集中的に公共投資するなどの施
策を講ずることを目的にしている。

　同法は都道府県知事が農業振興地域整備基本方針を策定し，この方針に基
づいて市町村と協議のうえ農業振興地域を指定し，市町村は農業振興地域整
備計画（農用地利用計画（農用地区域の設定・農用地区域内の土地の農業上
の用途の指定），生産基盤の整備・開発，近代化施設整備，生活環境施設整
備など）を定める。そして，農業振興地域・農用地区域の農地については，
農地転用は原則認めないこととしている。

　農振制度については，第1に，市街化区域は農業振興地域に含めることが
できないため，都市部では指定地域が限定されること。第2に，農業振興地
域・農用地区域と都市計画区域・市街化調整区域が重複して存在していると
ころが少なくないこと。第3に，都市近郊では都市部の農地かい廃にともな
う農地の「代替取得」（事業用資産としての農地の買換え特例）の対象地に

なっていること。第4に，土地利用の規制緩和が一貫して進行していることなどから，農地の確保・保全を進めるうえで課題も多々ある。

　農用地区域からの除外のための農用地利用計画の変更ができるのは，①土地改良法にもとづく非農用地区域を設定する場合，②優良田園法にもとづく優良田園住宅を建設する場合，農村地域工業等導入促進法（農工法），リゾート法等の地域整備法にもとづく計画に位置づけられた施設を建設する場合，③公用公共用地としてやむを得ず農用地区域内の土地をあてる必要が生じた場合，④地域の農業の振興に関する地方公共団体の計画に定められた施設を建設する場合，⑤農業振興地域整備計画に定められた施設を建設する場合である[7]。これらの理由以外で農用地区域内の土地を農用地区域から除外するときには，①農用地以外に供することが必要かつ適当であって，農用地区域以外に代替すべき土地がないこと，②農業上の効率的かつ総合的な利用に支障を及ぼすおそれがないこと，③土地改良施設の有する機能に支障を及ぼすおそれがないこと，④農業生産基盤整備事業完了後8年を経過しているものであることの4つの要件を満たす必要がある。

　2009年の改正農地法では農地転用に関する規制の強化がはかられた。その1つは，国・都道府県などが行う農地転用はすべて許可不要であったが，病院，学校，社会福祉施設，庁舎および宿舎の公共施設（農地法施行規則で規定）に限定して許可および許可権者である都道府県知事等と協議を行う仕組みが設けられたこと。2つは，違反転用が行われた場合において都道府県知事等による行政代執行制度が創設されたこと。3つは，違反転用に対する罰則が強化され，違反した場合，法人の罰金額が300万円以下から1億円以下に引き上げられたこと。また，原状回復命令違反も個人の場合，6ヶ月以下の懲役が3年以下，罰金30万円以下が300万円以下に引き上げられたこと（法人の場合は30万円以下を1億円以下に引き上げ）。さらに，4つは，必要がある場合に農林水産大臣は都道府県知事に対し，農地転用許可事務の適切な執行を求めることができることとした。このなかで，許可不要であった病院，学校，社会福祉施設，庁舎および宿舎の公共施設転用については，公共転用

そのものが減少傾向にあるとはいえ，その開発にともなう転用規模が大きいこと，またその開発にともなって周辺地域での市街化を誘発する傾向が強いことから，転用規制の強化措置は農地を確保・保全するうえで一定の意義を有していると考えられる[8]。

　一方，農振法の改正では，農用地面積の目標の達成に向けた仕組みの整備，農用地区域からの除外の厳格化として，担い手に対する利用の集積に支障を及ぼすおそれがある場合には，同区域から除外を行うことができないこととした。

　ところで，データは少し古いが，農振制度と都市計画制度のもとで農地を土地利用区分別（全国：1999年現在，農地面積528万ha）にみると，複雑な様相を呈していることがわかる[9]。全国で農業振興地域が1,720万ha（域内農地面積：506万ha），そのうち農用地区域が503万ha（同：432万ha）である。一方，都市計画区域は973万ha（同：240万ha），そのうち線引き都市計画区域が520万ha（同：126万ha），非線引き都市計画区域が419万ha（同：110万ha）である。線引き都市計画区域のうち，市街化調整区域が378万ha（同：115万ha），市街化区域が142万ha（同：11万ha，生産緑地面積：1.6万ha）である。

　以上から農業振興地域・農用地区域は全農地の82％で8割余りを占めているものの，それ以外が2割弱と一定のウエイトを占めている。また，農用地区域と都市計画区域との重複農地が175万ha（農地全体の約33％）に及び，農用地区域でない農業振興地域と都市計画区域との重複農地は43万ha（同約8％）に達している。このほか農業振興地域でない市街化調整区域の農地は4万ha（同約1％），農業振興地域でない非線引き都市計画区域の農地は7万ha（同約1％）となっている。

　このように，土地利用面では農業的土地利用と都市的土地利用が混在している地域が少なくなく，その利用と調整のあり方は農地の確保と保全をはかるうえで看過できない問題を内包していると考える。

3．農地転用制度の仕組みとその問題状況

　前述のように，農地転用制度は，届出制と許可制のもとで，また許可制も
市街化調整区域の許可基準と一般基準の2つの基準が適用されていたが，地
方分権一括法に対応して1998年に農地法が改正され，転用許可基準としては
2つの基準が一本化され法定化されている。同時に，2ha超4ha以下の転
用許可権限は国から都道府県知事に委譲（ただし，事前に農林水産大臣と協
議）されている[10]。従来の「事務次官通達」による許可基準が法定化（農地
法第4条・第5条の各2項）されたのであり，地方分権推進の一環とはいえ，
転用行政に大きな意義を画している。転用許可の手続きは，許可権者が都道
府県知事であるときは，その農地の所在地を管轄する農業委員会に，また許
可権者が農林水産大臣であるときは，その農地の所在地を管轄する都道府県
知事に提出することとなる。なお，事務処理の迅速化をねらいとして市町村
への特例条例による権限委譲（事務処理特例制度）が，地方分権一括法の一
環として地方自治法が改正・施行（2000年）されている。この特例条例（地
方自治法第252条の17の2第1項規定）によって都道府県から市町村への農
地転用許可等の権限委譲は，2009年4月1日現在，1,777市町村のうち317市
町村（1道32県）で委譲されている[11]。そのうち地方自治法第180条の2の
規定による農業委員会への事務再委任は292市町村となっている。なお，農
地転用制度における現行の手続きは，**図補Ⅰ-1**に示したとおりである。

　農地転用制度において許可を判断する際には，以下のような仕組みとなっ
ている。すなわち，農地をその営農条件および周辺の市街化の状況から区分
し許可の可否を判断する「立地基準」と，農地転用の確実性や周辺農地等へ
の被害防除措置の妥当性などを審査する「一般基準」とに分かれており，両
基準から総合的に判断される[12]。

　「立地基準」としての農地の区分は，農振法の農用地区域または都市計画
法の市街化調整区域という制度的な土地利用計画における位置づけが重視さ

図補Ⅰ-1　市街化区域・市街化区域外における農地転用手続き

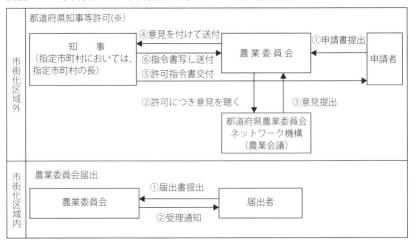

資料：一般社団法人・全国農業会議所『新農地の法律がわかる百問百答〈改定2版〉』2016年，より転載。
注：4ha以下の農地転用許可事務が自治事務とされていることから，都道府県は知事のこの事務を条例で市町村が処理することとし，さらに市町村長から農業委員会に事務委任しているところがある。

れる。許可されない農地は，①農振・農用地区域内農地，②おおむね10ha以上（2010年6月1日から適用，かつては20ha以上）の規模の一団の農地，土地改良事業等の対象となった農地等営農条件を備えている農地（「第1種農地」），③第1種農地のうち市街化調整区域内の土地改良事業等の対象となった農地（8年以内）等とくに良好な営農環境を備えている農地（「甲種農地」）の3種類である。許可される農地は，④市街化が見込まれる区域内の農地または農業公共投資の対象となっていない生産力の低い小団地（おおむね10ha未満）の農地（「第2種農地」），⑤市街地の区域内または市街化の傾向が著しい区域内の農地（「第3種農地」）の2種類である。問題は，第1種農地や甲種農地であっても，土地収用法の対象事業など公共性の高い事業に用する場合などは許可可能となること，さらに条件を満たせば農用地区域内の農地転用も区域除外のうえ可能となることである。現に農用地区域の農地転用は，1980年代後半以降をみても全転用面積のうち15～20％前後で推移してい

補論 I　農地転用制度論

る[13]。また，開発の進行度合によってはかつての第1種農地や甲種農地が第2種農地や第3種農地になりうる可能性もある。

　一方，「一般基準」では，資金計画，申請適格，過去の実績などから農地転用の確実性が判別され，さらに被害防除措置の妥当性が判断される。前者は，社会経済上必要な農地転用を許容する反面，資産保有目的や投機目的での農地取得を排除することをねらいとしている。後者は，周辺農地の営農条件に支障があると認められるかどうかが審査の基準とされる。

　農地転用許可制度では「立地基準」と「一般基準」に基づいて許可できるのかが判断されるが，近年の土地利用計画の区域区分別の農地転用状況をみると，表補 I-3 のとおりである。これによると，構成比では都市計画区域内・市街化区域が24.0％と2割強を，市街化区域を除く都市計画区域（市街化調整区域，非線引きの都市計画区域，同・用途地域の合計）が47.1％と5割近くを占めている一方で，都市計画区域外も28.9％と3割近くを占めている。市街化区域を除く都市計画区域および都市計画区域外での農振・農用地区域を除くエリアが立地基準でいう第1種農地や甲種農地であり，さらに第2種農地・第3種農地と想定される。

　このように，「立地基準」でいえば第3種農地・第2種農地とともに，第1種農地や甲種農地，さらには農用地区域内農地も転用されているのである。また，用途別にみた転用面積をみると，「住宅用地」は市街化区域と非線引きの用途地域，「公的施設用地」は市街化調整区域，都市計画区域外，非線引きの都市計画区域（用途地域除く），「工・鉱業用地」は市街化調整区域と非線引きの都市計画区域（用途地域除く），「植林」は都市計画区域外に多い。「その他業務用地」は各区域区分ともに20％から30％台を占めておりウエイトは総じて高い。なお，1件当たりの転用面積（2010年）は，「農地法第4条・第5条許可」全体では8.8a，そのうち「第4条許可」は8.4a，「第5条許可」は9.0aといずれも10a弱であることから，たとえば水田区画でいえば1筆程度（1反区画）の転用規模といえる。

　以上のように，土地利用区域区分別にみた農地の存在形態は複雑化してお

219

表補 I-3 土地利用区域区分別・用途別にみた転用面積（全国：1995〜2009 年（15 年間）の合計）

単位：ha、%

	合計	住宅用地	公的施設用地	学校用地	主な用途		工・鉱業用地	商業・サービス等用地	その他業務用地	植林	その他
					公園・運動場用地	道水路・鉄道用地					
転用面積											
市街化区域	73,254 [24.0]	42,672	2,761	196	382	1,680	2,250	5,297	17,516	200	2,556
市街化調整区域	66,825 [21.9]	11,289	14,797	760	1,877	10,551	6,100	3,223	23,385	2,281	5,750
非線引き用途地域	18,193 [6.0]	8,277	1,632	96	204	1,141	1,190	1,497	4,401	469	733
非線引き都市計画区域（用途地域除く）	58,645 [19.2]	15,399	10,233	347	1,069	8,061	5,790	3,766	17,143	3,188	3,128
都市計画区域外	88,136 [28.9]	12,219	18,296	257	984	16,280	6,851	2,411	24,812	15,889	7,659
合計	305,049 [100.0]	89,854	47,720	1,654	4,515	37,712	22,177	16,195	87,256	22,021	19,824
構成比											
市街化区域	100.0	58.3	3.8	0.3	0.5	2.3	3.1	7.2	23.9	0.3	3.5
市街化調整区域	100.0	16.9	22.1	1.1	2.8	15.8	9.1	4.8	35.0	3.4	8.6
非線引き用途地域	100.0	45.5	9.0	0.5	1.1	6.3	6.5	8.2	24.2	2.6	4.0
非線引き都市計画区域（用途地域除く）	100.0	26.3	17.4	0.6	1.8	13.7	9.9	6.4	29.2	5.4	5.3
都市計画区域外	100.0	13.9	20.8	0.3	1.1	18.5	7.8	2.7	28.2	18.0	8.7
合計	100.0	29.5	15.6	0.5	1.5	12.4	7.3	5.3	28.6	7.2	6.5

資料：表補 I-2 に同じ。なお、非線引きの都市計画区域は用途地域を除いている。

注：区域区分別・用途別の合計は四捨五入の関係で必ずしも一致しない。また、市街化区域内外別の用途別面積については、区域区分がまたがるとき、面積の大きい区分に含めて集計されている。

り，農地転用もそれに即して進行している。それゆえに農地を確保・保全しその利用をはかるには，区域区分に対応した制度改善が必要とはいえ，問題は農地転用制度の機能をどのように活かすのか，その機能構築のあり方も問われている。

むすび

補論Ⅰでは，「平成の農地改革」と称される2009年の農地法の大幅改正をふまえ，農地転用制度を論じた。農地法における権利移動規制と転用規制とは車の両輪のごとく一体的な関係にあること，それを基礎に農地制度が成り立っていること，さらに農地を確保・保全するうえで農地転用制度は重要な役割を演じていることを改めて確認した。また，農振制度は農業を振興すべき農地保全制度であって，農地法の転用規制と連動しながら農地を確保・保全するという役割を担っている。その意味では，農地法の転用規制のない単なるゾーニングのみで農地を確保・保全することは困難である。

改正農地法では転用規制の厳格化と罰則規定の強化がなされるなど農地を確保・保全するうえで評価できる側面はあるとはいえ，農地貸借や下限面積の引き下げなど規制緩和措置も進められた。規制緩和としての農地所有の自由化（農地法第3条規制の緩和・自由化）の事態も想定されるだけに，それらが農地転用制度にどのような影響をもたらすのか，その動向が注視される。

注
1）農地法等の改正問題にかかわっては，大西敏夫「改正農地法，今，地域に求められる対応策とは」『農業と経済』臨時増刊号（第76巻第1号），昭和堂，2010年，参照。
2）改正前の農地法第1条の目的は，改正前は「この法律は，農地はその耕作者みずからが所有することをもっとも適当であると認めて，耕作者の農地の取得を促進し，及びその権利を保護し，並びに土地の農業上の効率的な利用を図るためその利用関係を調整し，もって耕作者の地位の安定と農業生産力の増進を図ることを目的とする」と規定されていた。改正後は「この法律は，

221

国内の農業生産の基盤である農地が現在及び将来における国民のための限られた資源であり，かつ，地域における貴重な資源であることにかんがみ，耕作者自らによる農地の所有が果たしてきている重要な役割を踏まえつつ，農地を農地以外のものにすることを規制するとともに，農地を効率的に利用する耕作者による地域との調和に配慮した農地についての権利の取得を促進し，及び農地の利用関係を調整し，並びに農地の農業上の利用を確保するための措置を講ずることにより，耕作者の地位の安定と国内の農業生産の増大を図り，もって国民に対する食料の安定供給の確保に資することを目的とする」となった。なお，第2条では「農地について権利を有する者の責務」として農地の権利を有する者は，当該農地の農業上の適正かつ効率的な利用を確保するようにしなければならないと明記した。

3）農地制度の展開および沿革，役割については，大西敏夫「農地制度の展開と農地政策の課題」農業問題研究学会編『農業構造問題と国家の役割　現代の農業問題④』筑波書房，2008年，参照。

4）2016年4月1日，改正農地法が施行され，農業生産法人制度において法人要件が緩和されるとともに，農地を所有できる法人の呼称を農業生産法人から「農地所有適格法人」に改められた。要件緩和では，農業者以外の者の議決権を総議決権の2分の1未満まで認めるほか，役員の農作業要件について理事等および省令で定める使用人のうち1人以上の者が農作業に従事すればよいこととされた。

5）若林正俊『最新版農地法の解説』全国農業会議所，1981年，pp.109-110。

6）田代洋一『「戦後農政の総決算」の構図　新基本計画批判』筑波書房，2005年，pp.100-101。

7）「農業振興地域制度のあらまし」全国農業会議所，2006年，参照。

8）全国農業会議所『公共転用等が土地利用に与える影響分析調査報告書』2009年，p.19。なお，2007年の公共施設転用面積は1,768.7haでそのうち「学校用地」は74.1ha，「官公・病院等公的施設」は223.9haである。全転用面積のうち公共施設転用は11.0％，そのうちで「学校用地」は0.5％，「官公・病院等公的施設」は1.4％である。

9）農地制度実務研究会編『新訂農地の法律がわかる百問百答』全国農業会議所，2004年，p.281。

10）なお，2015年6月から4ha超も都道府県知事許可となった。ただし，4ha超は事前に農林水産大臣と協議することとなっている。

11）『全国農業新聞』2009年6月26日付，参照。

12）全国農業会議所『三訂　わかりやすい農地転用許可制度の手引き』2007年，参照。

13）農林水産省『平成21年版　食料・農業・農村白書』2009年，p.78。

補論II

農業委員会制度論
─農業委員会制度の変遷と問題状況─

はじめに

　「農業協同組合等の一部を改正する等の法律」が2015年8月28日に成立した（公布は9月4日，施行は2016年4月1日）。この改正法には，農業協同組合法，農業委員会等に関する法律（以下，「農業委員会法」），農地法の3つの法律が盛り込まれている。

　法案提出の理由をみると，「最近における農業をめぐる諸情勢の変化等に対応して，農業の成長産業化を図る」とし，そのために農業協同組合については，その目的の明確化，事業の執行体制の強化，株式会社等への組織変更を可能とする規定の整備，農業協同組合中央会の廃止等の措置を講ずるとしている。また，農業委員会法については，「農業委員会の委員の選任方法の公選制から市町村長による任命制への移行」に加え，事務の重点化，農地利用最適化推進委員の新設，全国および都道府県農業委員会ネットワーク機構の創設などを柱にしている。農地法については，「農業生産法人に係る要件の緩和等の措置を講ずる必要がある」として，制度要件の緩和とともに，農地を所有できる法人の呼称を「農業生産法人」から「農地所有適格法人」に改める，としている。

　上記の法改正は，戦後改革の一環として法制化された農業協同組合制度や農業委員会制度には，まさに組織と制度の根幹を大きく変える改変といえる[1]。

223

補論Ⅱでは，戦後農地行政の一翼を担ってきた農業委員会制度に焦点をあて，農業委員会の発足とその意義を確認しながら，制度の変遷とその特徴，さらには今般の法改正の内容とその意味を検討する。それらのことを通じて，農業委員会制度とは何か，その制度の機能と役割をふまえながら今日における問題状況について明らかにしたい。

1．農業委員会の発足経緯と農業委員会制度の確立

（1）農業委員会の発足経緯

　最初に，農業委員会の発足経緯とその意義を確認しておこう。

　農業委員会は，1951年制定の農業委員会法に基づいて発足している（**表補Ⅱ-1**，参照）。その経緯をみると，農地改革の実施主体であった農地委員会を母体に，農業調整委員会（食糧増産と供出政策の推進機関），農業改良委員会（農業技術普及の実施・推進機関）の3つの農業関係機関を再編統合するかたちで市町村段階，都道府県段階に設置された。この3つの委員会の再編統合は，食糧需給事情が逼迫から緩和に転じたこと，1949年のドッジライン（Dodge's line）[2]後の緊縮予算措置にともなう農業関係機関の統廃合が要請されたことなどが背景とされているが，発足の意義としては，次の2点が指摘できる。

　第1に，農地改革の成果を維持するためにその業務を担う行政機関（行政委員会）を必要としたこと，第2に，その業務を執行する機関を農民代表による民主的組織により整備したことである。

　このような発足意義を有する農業委員会は，農地法制を地域で担う「農地の番人」とも称され，農民の直接選挙による選挙委員を母体に議会や農協組織などからの選任委員によって構成され，その運営形態は民主的な合議制によっていた[3]。農業委員の選挙権・被選挙権は，農業委員会のおかれている区域に居住している20歳以上の農民であれば男女の別なく平等に与えられた[4]。農業委員選挙は公職選挙法に準拠し，農業委員会は市町村長から独立

224

した行政委員会（地方自治法第180条の５）であった。選挙委員の任期は３年で，選任委員の任期は原則として選挙委員の任期満了の日（ただし，団体推薦委員は理事または組合員でなくなったときに失職）であった。

このように，農民による自治組織として発足した農業委員会とは，農民代表による公的機関が，地域の自主的な農地管理を通じて，地域農業と家族経営の維持・発展（「農民の地位の向上」）に寄与することを目的に設置された農業・農村の民主的機関であった。また，農業委員会業務においては，全国的な統一性，客観性が求められるとともに，その業務遂行にあたっては公平・中立を基本としていた[5]。

（２）農業団体再編と農業委員会制度の確立

上述のような経緯で設置された農業委員会は，発足後まもなく農業協同組合（以下，「農協」）組織も巻き込んで，以下に述べるような第１次および第２次団体再編が行われることとなる。

第１次団体再編の背景は，第１に，政府が農政浸透機能を備えた農業団体を必要としたこと，第２に，農協の経営不振が続き農協制度のあり方が問題化したこと，第３に，農業生産・農業技術指導についてどのような農業団体がそれを担うのかが問われたこと，第４に，農地改革後の農地業務の縮小にともない農業委員会制度のあり方が問われたこと，さらに第５に，農民の利益を代表する団体の設立が模索されていたこと，などである[6]。

第１次団体再編は，農業生産指導と農民の利益代表機能を備えた団体の再編をめぐり農協組織と農業委員会組織の主導権争いにも発展したが，結果的には，政治主導・行政主導により再編が進行した。すなわち，①生産技術指導は国および地方公共団体を主体に充実強化する（農業改良普及制度の新設），②農民と農業の代表機関を整備する，③農協の事業を刷新強化する，という当時の農林省の方針「農業団体等の制度に関する件（団体再編成の三原則）」（1952年）を受けて，1954年に農業委員会法と農協法が改正される。

改正農業委員会法では，①市町村段階の農業委員会は選任委員の委員構成

表補Ⅱ-1　農業委員会制度と農地法制の動向（年表）

年次	農業委員会制度	年次	農地法制
1938	農地委員会発足（農地調整法制定）		
		1945～50	農地改革実施
1948	農業調整委員会発足（食糧確保臨時措置法制定）農業改良委員会発足	1949	・土地改良法制定
1951	農業委員会発足（農業委員会法制定）　・市町村・都道府県農業委員会発足	1952	・農地法制定
1954	農業委員会法改正（「農業委員会等に関する法律」に改称）　・選挙委員定数下限の引き下げ（15→10人），選任委員必置化，選任委員の選任委員資格者に農協・農業共済組合（理事）追加，都道府県農業委員会を廃止し農業会議設立，全国農業会議所設立		
1957	農業委員会法改正　・選挙委員定数上限の引き上げ（15→40人），選任委員に農協および農業共済組合理事の必置化，所掌事務（任意）の範囲拡大，農業会議会議員構成は市町村単位・部会制　・農地主事を制度化	1959 1962 1969 1970 1975	・農地転用許可　基準制定 ・農地法改正農業生産法人制度創設 ・農業振興地域の整備に関する法律（農振法）制定市街化調整区域における転用許可基準の策定 ・農地法改正　借地規制の緩和，小作地性の緩和，市街化区域農地の転用届出制 ・農業者年金基金法制定 ・農振法改正　農用地利用増進事業創設
1980	農業委員会法改正（「農地三法」制定）　・選挙委員定数上限引き下げ（40→原則30人），政令指定都市の設置基準緩和，農業会議会議員構成見直し（原則農業委員会会長，常任会議員制（部会制廃止）），農業委員会法令業務に農用地利用増進法追加	1980	・農用地利用増進法制定，農地法改正
1985	農業委員会人件費等交付金化，都道府県農業会議人件費負担金化	1989 1990 1991 1993	・農用地利用増進法改正，特定農地貸付法制定 ・市民農園整備促進法制定 ・新生産緑地法制定 ・農業経営基盤強化促進法制定（農用地利用増進法改称），農地法改正，特定農山村振興法制定
1998	農業委員会法施行令改正　・農業委員会交付金配分基準の見直し，農業委員会設置基準の引き上げ（北海道120→360ha，都府県30→90ha），選挙委員定数基準の弾力化（4区分→3区分）	1998	・農地法改正農地転用許可基準の法定化
1999	農業委員会法改正　・農地主事必置規制の廃止，都道府県の機関委任事務の自治事務化		
2000	一定の要件を満たす農業生産法人の株主に選挙権，被選挙権を付与	2000	・農地法改正農業生産法人形態に株式会社組織追加
2004	農業委員会法改正　・農業委員会の必置基準面積の算定から生産緑地地区を除く，農業委員会の必置基準面積200ha超（北海道800ha超），農地および農業経営に関する業務の重点化　・下限定数（10人）の条例への委任，農協，農業共済組合および土地改良区の理事等または組合員各1人，議会推薦の学識経験者4人（条例で少ない数を定めた場合その数）以内。	2009 2013	・農地法改正目的規定の改訂，借地規制の緩和，転用規制の厳格化，農業生産法人制度の要件緩和，標準小作料制度の廃止，遊休農地の強化措置など ・農地中間管理事業関連二法制定農地中間管理機構の創設，遊休農地対策強化，農地台帳等の法定化
2015	農業委員会法改正　・農業委員の選出方法の見直し（市町村長の任命制，過半が認定農業者，利害関係のない者が1人以上，年齢・性別に著しい偏りがないよう配慮，委員数を半分程度に縮減），農地利用最適化推進委員の新設　・都道府県および全国段階の農業委員会ネットワーク機構への移行	2015	・農地法改正農業生産法人制度の要件緩和と名称変更（農業生産法人→農地所有適格法人）

注：全国農業会議所編『改訂版農業委員会法の解説』1998年，財団法人農政調査会『農業構造政策と農地制度』2008年，全国農業会議所『農業委員会制度改訂版』2014年，などにより作成。

補論Ⅱ　農業委員会制度論

が変更され，同委員は5人以下（農協または農業共済組合の理事，議会推薦の学識経験者）でかつ選挙委員定数の3分の1以下とし，②都道府県段階は農業委員会を廃止し新たに農業会議（特別法人）が設けられた。さらに，③全国段階には全国農業会議所（社団法人）が設置された。このように，改正法において市町村段階，都道府県段階，全国段階というように，組織の性格および機能が異なる農業委員会制度（農業委員会系統組織）が整備された。なお，改正農協法においては，都道府県と全国の指導連は解散となり，新たに農協中央会制度が設けられ農協制度（農協系統組織）が整備された。これにより農協中央会は農協組織の総合指導機関に位置づけられ，制度上も特異な組織とはいえ，全国農協中央会主導の「農協運動」が展開されることとなった。

このように，第1次再編の特徴は，都道府県および全国段階に農業団体を整備したことである。なかでも注目されるのは，農業委員会系統の全国農業会議所，農協系統の全国農協中央会の設立は，制度上の違いや組織基盤，さらに団体の機能・役割には違いがみられるとはいえ，全国段階の農業団体が法律に基づき設置されたことである。

しかし，第1次再編後，数年にして第2次再編問題が浮上する。第2次再編問題は，①農村振興・営農指導を担う団体が求められたこと，②1953年の町村合併法制定にともない町村合併が進行し行政区域が広域化したこと，③政策がらみの新農業団体再編構想（「平野私案」：農民会制度の創設と農協制度の改正等）が提示されたことなどが背景とされている[7]。しかし，第2次再編では，大幅な団体再編はみられず，1957年の農業委員会法改正と農協の営農指導体制の整備・強化措置で決着することとなる。改正農業委員会法では，農業委員会について，選挙委員定数の拡大（「10〜15人」→「10〜40人」），農地部会制度の創設，農業団体的側面（行政庁への建議など事務所掌規定の拡大）の付与がなされ，農地主事（専門性の高い職員）の必置化が明示された。また，農業委員会と農業会議の連携強化のために農業会議には市町村農業委員会選出会議員の拡大などがなされた。

227

以上のように，第1次，第2次にいたる団体再編は，新たな農業団体を設立するのではなく，既存の農協組織，農業委員会組織を再編整備するかたちで進められ，現在の農協制度，農業委員会制度が確立した。その後，両組織において大きな再編はなく，今回の抜本的な改正を迎えることとなる。

2．農業委員会の業務・活動と系統組織の特徴
—2015年制度改正前—

（1）改正前における農業委員会の業務と活動

1）改正前における農業委員会の業務とその特徴

　以下では，制度改正前の農業委員会の業務・活動に焦点をあてながら，その制度の機能・役割について述べることにしよう。

　農業委員会は，農地法にもとづく農地の売買・貸借の許可，農地転用案件への意見具申などを中心に農地に関する事務を執行する行政委員会として市町村に設置された。この農業委員会は，農民全体の共同的利益を増進する団体（農業機関）であり，それも農民および農民の組織する団体によって構成され運営される[8]。行政委員会とは，地方自治体などの一般行政部門に属する行政庁であり，複数の委員による合議制の形態をとり，かつ母体となる行政部門からはある程度独立したかたちでその所管する特定の行政権を行使する地位を認められたもの，と定義されている[9]。

　行政委員会である農業委員会の性格は，業務や活動内容にあらわれている。改正前の農業委員会法に即して業務の内容を確認すると，①法令に基づく必須業務（農業委員会法第6条第1項），②法令業務以外の任意業務（同法第6条第2項），③農業・農民に関する事項についての意見の公表，他の行政庁への建議，又はその諮問に応じた答申（同法第6条第3項）という3本柱から構成される。簡略化すると，農業委員会は，農地行政の担い手（公的機能）であり，農民の利益代表機関（団体的機能）でもあるという2つの機能を兼ね備えた組織といえる。ここで，後述の農業委員会制度の今日的問題状

況を検討するうえで，いま少し詳細に農業委員会の業務と活動内容について
みておこう。

　第1。法令に基づく必須業務は，専属的権限に属する業務ともいわれ，農
地法等農地行政の担い手としての農業委員会の根幹となる業務（許認可業務）
である。この業務は地域の農地管理に責任を負い，農地の利用調整を通じて
地域農業と家族経営の維持・発展に寄与するという機能・役割を果たすもの
である。主には，農地の権利移動等利用関係の調整（売買や貸借：農地法第
3条）や転用規制（同第4条，第5条），農業生産法人（現在は農地所有適
格法人という）の要件確認と指導（同第6条），農地の利用状況調査（同第
30条），遊休農地の所有者への対応（同第32条〜第43条）など農地法を軸に
した法令業務に加え，農業経営基盤強化促進法，農地中間管理事業の推進に
関する法律，市民農園整備促進法，特定農地貸付法，農業振興地域整備法，
集落地域整備法，土地改良法，農業者年金基金法，租税特別措置法等関係法
令業務など多岐にわたる。

　第2。法令業務以外の任意業務はいわば専属的業務ではないが，農業委員
会の公的性格に加えて，団体的機能に着目して付与された業務である。主に
は，①農地等の利用関係のあっせんおよび争議の防止，②農地等の交換分合
のあっせんおよびその他農地事情の改善，③農業・農村に関する振興計画の
樹立および実施の推進，④農業生産の増進，農業経営の合理化，農民の生活
改善，⑤農業生産・農業経営，農民の生活に関する調査・研究，⑥農業・農
民に関する啓もう・宣伝などである。このうち③から⑥が，1957年の農業委
員会法改正で付与された事項である。任意業務とはいえ，農業委員会が地域
農業と農民問題に取り組むための重要な活動領域といえる。

　第3。農業・農民に関する事項についての意見の公表，建議，諮問答申は，
1957年の農業委員会法改正でその活動範囲が拡大されたものである。この業
務は，農民の利益代表機能を発揮するうえで，他の農業団体にはない独自の
活動領域である。それゆえに，農業委員会がこの事項を主体的・積極的に活
かすならば，農民の声を国や自治体の農政展開・施策に反映させることがで

229

きる活動領域といえる。

　農業委員会は，以上のような３本柱にも基づいて業務・活動を展開している市町村の行政委員会であり，それも農民代表により運営されていることから，「農民の議会」ともいわれてきた。このことが農業委員会の存立基盤を条件づけるものであり組織の性格を特色づけるものである。しかし，農業委員会業務は，農政展開や農地法制等の整備にともない，また国の政策展開のもとで変化せざるを得ない側面も有している。

２）農業委員会業務をめぐる動向と特徴

　以下では，農政展開（構造政策・農地政策）と開発政策・土地政策など国の政策展開とのかかわりで，農業委員会業務の内容に焦点をあてて検討することにしよう。

　農業委員会業務をめぐる動向の第１は，構造政策の展開にともなって規模拡大・農地流動化のための農地法改正と農地流動化法の制定・整備が進められたことである。農地法は，主なものだけでも1962年，1970年，1980年，1993年，2009年と改正されたが，その改正目的は，規模拡大・農地流動化のための権利移動規制の緩和措置であり，他方では，農地流動化関連法制度のための条件整備ともいえる（前掲**表補Ⅱ-1**，参照）。

　このような構造政策・農地政策の展開にともなって農業委員会の業務・活動は，構造政策の推進へと軸足を移している。それは，認定農業者への農用地の利用集積，経営体の育成や経営指導など構造政策の推進主体として農業委員会組織が位置づけられ，業務内容事態もそれらへシフトする方向へと進んでいる。

　第２は，農地転用規制が緩和されることによって農地を確保・保全するという農地法本来の機能・役割が低下していることである[10]。とりわけ工業化・都市化優位の開発政策・土地政策にともなう農地転用規制の緩和措置は，農業委員会業務に否定的影響をもたらすだけでなく，農地の確保・保全や利用調整にも支障を来す要因にもなる。

補論II　農業委員会制度論

　ところで，農地法制と農業委員会業務は一体的な関係にあるだけに，農地政策・農地法制の動向や開発政策・土地政策の動向およびそのあり方が注視される。というのも農地法の心髄は，耕作者の耕作権擁護（「権利移動規制」）と転用の抑制（「転用規制」）にある。農地法の権利移動規制は農業目的外の農地の取得禁止をねらいとしており，転用規制は非農地化を必要最小限（「農地の総量確保」）に抑えることを目的にしている[11]。

　このような農地管理業務を一元的に担っているのが農業委員会である。上述の権利移動規制と転用規制という両者の関係がバランスを失うと，農地制度や農業委員会制度が意味をなさなくなり空洞化しかねない。たとえば，農地の権利移動規制がいっそう緩和され，株式会社等一般企業を含めて農地取得（所有権移転）が自由化されると，それは権利移動規制の崩壊につながるのみならず，農地を確保・保全し有効利用を促す農業委員会の機能をも弱体化させる。そして，家族農業と地域農業の維持・存続ならびに国民食料の安定供給にも否定的影響をもたらすと考えられる。

（2）改正前農業委員会制度の特徴と農業委員会の動向

1）改正前農業委員会組織・制度の特徴

　改正前の農業委員会組織・制度についてその特徴を述べておこう。

　農業委員会系統組織は，第1に，農業委員会法に規定されているとはいえ，市町村段階，都道府県段階，全国段階とも組織の性格を異にしていた。農業委員会は市町村の行政委員会であり，都道府県農業会議は知事認可の特別法人であり，全国農業会議所は農林水産大臣認可の社団法人であった。このように，上部組織ほど農政団体的な性格を色濃くしていた（**図補II-1**，参照）。

　第2に，系統組織のそれぞれの組織構成も異にしている。農業委員会は選挙委員と選任委員という農民と農民団体代表ならびに議会関係者(議会推薦)による委員で構成されていたが，都道府県農業会議は農業会議員，全国農業会議所は会員と称していた。このうち都道府県農業会議は，農業委員会の代表（原則会長が会議員）を主たる構成員とし，それに都道府県段階の農協中

231

図補Ⅱ-1　改正（2015年）前後の農業委員会組織図

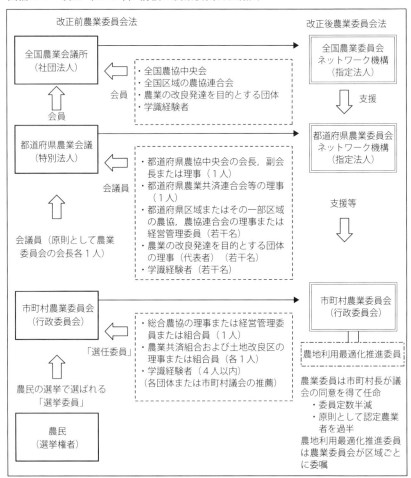

注：全国農業会議所『農業委員会制度　改訂版』2014年，行友弥「農業委員会制度の見直しについて—「農地の番人」はどこへ向かうのか—」『農林金融 2015.7』通巻833号，p.40，第4図，2015年，などにより作成。

補論 II 農業委員会制度論

央会などの農業団体が推薦した理事および学識者の会議員で構成され，その
資格は個人であった。また，全国農業会議所は，都道府県農業会議が主たる
構成員（会員）で，それに全国農協中央会等全国段階の農業団体と学識経験
者などの会員で構成されていた。それゆえ，全国農業会議所は，農業委員会
とは組織的な結びつきがなかったともいえる。

　第3に，都道府県農業会議や全国農業会議所は，農業委員会を指導・監督
する権限がなく，農業委員会活動に支援・協力する団体であった。それゆえ
に，業務の繋がりは，法令業務を除いた任意業務（農業・農民に関すること）
に限定され，それはとくに国の補助事業等を通じて組織的な協力関係が形成
されていた。他方，都道府県農業会議は法令業務として農地法にもとづく農
地転用等の知事諮問機関ではあるが，通常の主たる業務は任意業務であり，
全国農業会議所には法令業務はなかった。

　第4に，上記の点とも絡んで，系統組織間の財政的な結びつきも希薄とい
えた。農業委員会の財政基盤は国庫交付金・国庫補助金，都道府県補助金と
市町村財源で構成され，そのうち市町村財源が多くを占めた。都道府県農業
会議の財政は，都道府県補助金，国庫補助金，市町村拠出金，委託金を主要
基盤としており，都道府県の財政負担割合が大きい。さらに，全国農業会議
所の場合は，会員の賦課金等であり，農業委員会とは財政的繋がりはない。
なお，系統組織に共通しているのは，団体的機能を備えているとはいえ，農
民の直接負担がないことである。

　以上のように，農業委員会系統組織は，同一の法制度の枠組みにあるとは
いえ，組織的性格を異にしており，さらに業務の繋がりは農業と農民に関す
る任意業務に限定されていたが，この業務のつながりが系統性を根拠づける
重要なポイントといえる。系統組織の組織活動・農政活動は主に全国農業会
議所が主導的に担っていたとはいえ，農民の代表機関として農民の声を積み
上げ集約するとともに，それを地域農業の振興と発展に結びつける活動とし
て評価することができる[12]。

　全国農業会議所の活動は，主要には第1に，農業委員会や都道府県農業会

233

議に対して支援・協力する立場から，「土地と人」を軸にした実践的活動を展開していること，その一環として，第2に，国の補助事業等を通じて農政推進の事業展開を行っていること，第3に，農民の利益代表としての意見の公表，要望・要請活動などの農政活動を展開していることなどである。具体的活動としては，全国農業委員会会長大会の開催，農林水産大臣諮問への答申[13]，農業施策・農林水産予算に対する建議・要望等の活動，構造政策を中心とした農政活動，農民への情報宣伝活動などである。

ところで，これまで全国農業会議所の主導により系統組織として取り組まれてきた活動は，農業法人問題，農業経営者運動，農業者年金制度の創設，「土地と農業を守る運動」，都市農業確立運動，農地・構造政策の立法化，遊休農地対策，地域農業再生運動，新規就農対策，「農地と担い手を守り活かす運動」など多岐にわたるが，その主力は「土地と人」対策を軸にしたものである[14]。なかでも1980年代以降は，構造政策の展開に対応した農業経営者の組織化，経営体の育成・経営管理指導などの活動が中心となり，一部の企業的農家や上層農家（農業生産法人等）の育成に対応する活動へと業務は集約化・重点化してきている。

2）農業委員会組織の動向

農業委員会制度の確立以降，今回の制度改正を除いて系統組織が再編されるのは，1980年の「農地三法」制定にともなう農業委員会法改正においてである[15]。同改正では，農用地利用増進法の制定と相まって農業委員会が利用権設定等推進事業の推進機関に位置づけられるなど構造政策推進のための組織として再編された。さらに農業委員会は，選挙委員定数の上限引き下げ（40人→原則30人），政令指定都市の設置基準の緩和など組織の見直しが行われる一方で，都道府県農業会議は，農業会議員構成の見直し（会議員は原則農業委員会会長）と常任会議員制の設置（部会制廃止）がなされ，農業委員会と農業会議との組織的な連携強化が図られた。

農業委員会の動向をみると，発足当時は全国で1万1,000を超えたが，

補論Ⅱ　農業委員会制度論

1950年代半ばの町村合併を機に大幅に減少し，以降は漸減基調にある。たとえば，1965年，農業委員会数は3,450，農業委員数は7万4,593人，職員数は1万3,647人であったが，1990年には農業委員会数は3,272，農業委員数は6万2,524人，職員数は1万1,184人へと漸減している。そして，平成の市町村合併を経て制度改正時の2015年をみると，農業委員会数は1,707，農業委員数は3万5,488人，職員数は7,722人へと大幅に減少している。なお，平均的な農業委員会組織（全国平均）は，2013年時点で農業委員数21人（うち選挙委員16人，選任委員5人），職員数5人（うち専任職員は約半数）となっている[16]。

3．農業委員会制度の改変とその問題状況

（1）農業委員会制度をめぐる再編経過

1990年代に入ると，農業団体の「見直し」問題が表面化する。農林水産省「新しい食料・農業・農村政策の方向（新政策）」（1992年）では，農協と農業委員会の両組織について，組織のあり方の検討や業務の見直しの必要性が指摘される。それ以降は農政の抜本的改革ともかかわって，農業団体の再編問題が顕在化する。すなわち，農林水産省「農政改革大綱」（1998年）や「食料・農業・農村基本法」（1999年制定）のなかで農業団体再編問題が触れられる。「農政改革大綱」は，農業団体の見直しのなかで，農業委員会制度については，「地域の実態に即した構造政策を推進するうえで期待される役割が効率的かつ十分に果たせるよう体制を見直す」とし，組織体制の見直しの方向を構造政策への積極的なかかわりに重点を置いていることがわかる。また，「食料・農業・農村基本法」は，農業団体の再編整備において「国は，基本理念の実現に資することができるよう，食料・農業及び農村に関する効率的な再編整備につき必要な施策を講ずるものとする」（法第38条）と規定したが，その再編整備の目的は，統合・合理化にもとづく組織の簡素化・効率化にあると思われる。

このような動きのなかで，農林水産省と全国農業会議所は共同事務局体制による農業委員会等制度研究会を設置した。同制度研究会は，1995年に中間報告「農業委員会系統組織の展開方向―地域の特性に応じた農業の確立に向けて―」，2000年に最終報告「農業委員会等制度研究会報告―地域農業確立のための組織づくりに向けて―」をとりまとめている。最終報告では，農業委員会について①農業委員が地域の世話役としての役割を果たし，優良農地の確保とその有効利用，担い手確保・育成などの構造政策に積極的に取り組むこと，②農業生産法人制度の見直しに対応し，行政委員会として農業生産法人の状況把握に努めること，③農家戸数の減少をふまえ農業委員会の設置や委員定数を見直すなど組織体制を適正化することなどを提案している。また，都道府県農業会議については，「土地と人（経営）」対策に重点的に取り組む観点から，関係機関・団体との共同事務化など連携を積極的に進め，統合についても検討すること，全国農業会議所については，構造政策の推進に重点的に取り組むとともに，関係機関・団体との連携・再編に向けた検討に着手することを提案している[17]。このように，農林水産省との共同作業とはいえ，農業委員会系統組織としては，自主的な改革プランを提示したのである。

　一方，1997年の地方分権推進委員会第2次報告（「分権型社会の創造」）は，農業委員会組織の見直しを提言し，これを受け1998年に政令が改正される。政令改正では農業委員会交付金の配分基準の見直し，農業委員会設置基準の引き上げ（北海道120ha→360ha，都府県30ha→90ha），農地主事の必置規制および資格規制の廃止，農業委員会の選挙委員定数基準の緩和（農地面積・基準農業者数に応じて4区分→3区分）が措置された。これらの見直しは，いわば農業委員会の組織機能を弱体化させる側面を有していたと考えられる。たとえば，農地主事制度は，1957年の農業委員会法改正により設置され，1980年の農地三法制定（衆議院および参議院の農業委員会法改正附帯決議）の際に，未設置農業委員会での早急な設置が強調されたものの，「地方分権」推進の名のもとに必置規制・資格規制が廃止されたのである。

補論Ⅱ　農業委員会制度論

　このような一連の動きのなかで，農業委員会の設置にかかる市町村裁量の拡大，業務運営の効率化等を促進するとして，2004年農業委員会法が改正される。改正内容は，①農業委員会の必置基準面積算定の見直し（市街化区域内における生産緑地以外の農地面積の除外），②選挙委員定数の下限定数の廃止と条例への委任，③農業委員会活動の重点化（農地に関する業務および農業経営の合理化），④選任委員の選出方法の見直し（団体推薦委員について土地改良区追加，議会推薦委員の定数の上限引き下げ5→4人），⑤選挙委員の解任方法の見直し，⑥農業委員会の部会制度の見直し（選挙委員定数21人以上の農業委員会における農地部会設置の任意化，複数の部会設置の可能化，農地部会以外の部会設置の可能化）などである。

　以上のように，1990年代以降になると，農業委員会制度の見直しは構造政策との連動をねらいとしながら，他方で「地方分権」の側面からも制度改革に向けた動きが強まるのである。

（2）農業委員会制度の改変とその問題状況

　2015年農業委員会法改正の契機は，第2次安倍内閣の成長戦略立案のために設置された「産業競争力会議」や「規制改革会議」における議論である。とくに「規制改革会議」は，農業の成長産業化を推進するうえで支障となる制度・規制の取り扱いを検討するなかで，「今後の農業改革の方向について」（2013年11月），「農業改革に関する意見（農業ワーキンググループ）」（2014年5月）をとりまとめる。このような提案を受けて，「規制改革に関する第2次答申」（2014年6月13日，規制改革会議）がとりまとめられる。加えて，「農林水産業・地域の活力創造プラン」（2014年6月24日改訂，農林水産業・地域の活力創造本部）や「規制改革実施計画」（2014年6月24日，閣議決定）へと結実しながら農協制度や農業委員会制度の改変へと着手される。とりわけ両制度は，農業の競争力強化や成長産業化を阻む「岩盤規制」とも称され，文字通り抜本的改革の対象にされる。

　閣議決定された「規制改革実施計画」（農業分野）は，農業委員会等の見

直しとして，「農業委員会は，農地利用の最適化（担い手への集積・集約化，耕作放棄地の発生防止・解消，新規参入の促進）に重点を置き，これらの業務を積極的に展開する」，「農地利用最適化推進委員（仮称）を新設するなど農業委員会の実務的機能を強化する」と明記した。さらに，個別具体事項として，①選挙・選任方法の見直し，②農業委員会の事務局の強化，③農地利用最適化推進委員の設置，④都道府県農業会議・全国農業会議所制度の見直し，⑤情報公開等，⑥遊休農地対策，⑦違反転用への対応，⑧行政庁への建議等の業務の見直し，⑨転用制度の見直し，⑩転用利益の地域の農業への還元などを掲げた。このように，「実施計画」は，農業委員会制度とその組織の根幹部分に踏み込み，さらに業務全般にわたる内容を取りあげたのである。

　農業委員会法は，上記の「実施計画」をほぼ踏襲するかたちで改正された。改正内容をみると，おおむね以下のように整理できる[18]。

　第1に，農業委員の選任方法において公選制を廃止し，市町村長の任命制に移行したことである[19]。従来の農業委員会の委員構成は，選挙による委員（公選制）と団体代表・市町村議会推薦の委員からなる。これを透明性のある選任方法にするとして，いずれの委員も廃止し，市町村議会の同意を得て，市町村長が任命する制度に変更するとともに，委員の人数を現行の半分程度とした。任命にあたっては，①市町村長は地域から委員候補者の推薦・募集を行い，その結果を尊重すること，②過半を認定農業者（例外規定あり）にしなければならないこと，③「農業委員会の所掌に属する事項に関して利害関係を有しない者」が1人以上含まれるようにすること，④女性や青年などを積極的に登用するため「委員の年齢，性別などに著しい偏りが生じないように配慮しなければならない」とした。

　第2に，農業委員会業務を農地利用の担い手への集積・集約化，耕作放棄地の発生防止・解消，新規参入の促進などに重点化し，農業委員会に「農地利用最適化推進委員」を新設したことである。農地利用最適化推進委員は，農業委員会が作成する「農地等の利用の最適化の推進に関する指針」に基づいて，農地中間管理機構との連携に努めながら，優良農地の確保と有効利用，

耕作放棄地の発生防止・解消，担い手への農地集積など農地利用最適化に向けた推進活動を担うこととなっている[20]。また，従来主要業務に位置づけられた農業や農民の地位向上などに向けた意見の公表や行政庁への建議の業務は法律の規定から削除された。ただし，「農地利用最適化の推進に関する施策の改善意見」として，必要と認めるときは関係行政機関に施策の改善を求める意見を提出できるとした。

　第3に，都道府県農業会議，全国農業会議所は，それぞれ都道府県農業委員会ネットワーク機構，全国農業委員会ネットワーク機構に衣替えし，国が法律上指定する制度（一般社団法人）に移行することとした（前掲**図補Ⅱ-1**，参照）。都道府県機構の業務は，①農業委員会相互の連絡調整，農業委員会の取り組みに関する情報の公表，講習・研修の実施，②農地情報の収集・整理・提供，③新規参入や法人化の支援，④担い手の組織化・組織運営の支援，⑤農業一般に関する調査・情報の提供，⑥農地法その他法令で規定された業務，などとされた。全国機構は，都道府県機構への支援に加え，②から⑤の業務などを行うこととされた。

　さらに，第4に，農地法の一部改正により農地を所有できる法人の名称変更とともに法人要件が緩和されたことである[21]。農地を所有できる法人の呼称を「農業生産法人」から「農地所有適格法人」に改めるとともに，農業者以外の者の議決権を総議決権の2分の1未満まで認めるほか，役員の農作業従事要件について理事等および省令で定める使用人のうち1人以上の者が農作業に従事すればよいこととされた。

　以上のように，2015年の農業委員会法改正は，農業委員会制度とその組織の根幹部分を大きく変えるものである[22]。このような農業委員会制度の改変が，農村の現場，すなわち農業委員など農業委員会関係者をはじめ，農村や農民の発意によるものではないだけに，農業委員会制度のあり方にかかわっていくつかの問題点を指摘せざるを得ない[23]。

　第1に，農業委員会組織の存立基盤と存立意義を根底から変えるものである。とくに公選制をやめ任命制に移行したこと，さらに委員定数も半減する

ことによって，地域の農業・農地管理に責任をもち，農民の負託に応えるべき農業委員会組織の弱体化が懸念される。

　第2に，農業委員会業務が農地利用の最適化に集約化・重点化されることによって，業務内容は農政推進，とりわけ構造政策推進に矮小化することになる。「土地と人」を軸に地域農業と家族農業の安定・発展のための独自で多様性のある地域的取り組みが発揮できなくなる可能性がある。

　第3に，農業委員会において国や都道府県段階との系統性が弱まることによって，従来から展開されてきた農政活動，なかでも農民の声を集約しながら国や都道府県，市町村の農政・農業施策に反映させる取り組みが停滞することが懸念される。

　第4に，農地法制と農業委員会業務・活動とは連動した関係にあるだけに，農地法制において今後，農地の権利移動規制や転用規制の緩和が進められると，農地の確保・保全とその有効利用を促す農業委員会活動に支障を来すことが懸念される[24]。

　このように，農業委員会制度とその組織の根幹に及ぶ今回の改変は，多くの問題を抱えながら施行されただけに，その後の動向をふまえた詳細な検証が必要とされる。

おわりに

　地域農業の振興には，農民を主体に，地方自治体，農業委員会や農協，農業改良普及センターなどそれぞれの機関がそれぞれの機能と役割を活かしながら各地で取り組まれてきた経緯がある。しかし，既述のように地域に定着している農業委員会と農協という両組織が制度改変された。農業の成長産業化のためには，「戦後レジームからの脱却」をはかる必要があるとして，強引に制度改変を進めたことが法改正の最大の特徴といえる。このような制度改変にともなって，農業の成長産業化が達成できるのかどうか，そのプロセスも明示されていないだけにむしろ疑問を抱かざるを得ない。

240

補論Ⅱ　農業委員会制度論

　農業委員会の新制度への移行は，農業委員の任期満了（３年）にともなっ
て順次行われる。2016年度は全体の約２割，2017年度は同約７割の農業委員
会が新体制になるとみられている（農林水産省『平成29年版食料・農業・農
村白書』2017年）。

　安全・安心な国民食料の安定供給という農業本来の社会的役割をふまえ，
さらに農業・農村の再生と農業・農地の多面的機能の発揮が強く要請される
なか，それらの要請に応えるには，農業委員会が従来から有している機能と
役割（農地管理と農業振興）を十全に活かせる体制整備が必要とされよう。

　ともあれ，2015年３月，４回目の「食料・農業・農村基本計画」が策定さ
れた。同基本計画（2025年度目標）では，食料自給率の現行39％から45％へ
の引き上げとともに，食料自給力指標が提示されている。制度改変されたと
はいえ，総合的な食料安全保障の確立，地域農業の振興には，「土地と人」
を軸にした農業委員会活動が期待されるだけに，その取り組みが注目される。

注
１）農業委員会制度改革をめぐっては，以下の論考を参考にした。柚木茂夫「農
　　業委員会組織・制度改革の動向と課題」日本農業法学会『農業法研究』第50号，
　　農山漁村文化協会，2015年，行友弥「「農地の番人」はどこへ向かうのか　農
　　業委員会制度の見直し」農林中央金庫『農林金融　2015.７』通巻833号，2015
　　年，田代洋一『農協・農委「解体」攻撃をめぐる７つの論点』筑波書房ブッ
　　クレット57，2014年，同『官邸農政の矛盾　TPP・農協・基本計画』筑波書
　　房ブックレット58，2015年。
２）1949年，GHQ（連合国軍最高司令官総司令部）経済顧問として来日した銀行
　　家ドッジ（Joseph Morrell D. 1890 ～ 1964年）が日本経済の安定と自立のため
　　に与えた指示。また，その指示に従ってなされた財政金融引き締め政策（『広
　　辞苑第６版』岩波書店，2008年）。
３）全国農業会議所『農業委員会制度30年史』1985年，pp.15-17，参照。
４）要件は，①都府県においては10a以上（北海道は30a以上）の農地の耕作者と
　　②耕作者の同居の親族・配偶者であって年間耕作従事日数が60日以上の者，
　　③耕作面積・従事日数など上記の基準に準じた農業生産法人の組合員または
　　社員または一定の要件を満たす株主。以上の要件を満たせば，すべての農民
　　に農業委員の選挙権・被選挙権が与えられた。

241

5）農林水産省経営局農地政策課資料「農業委員会制度の概要」2014年12月16日，参照。

6）農林水産省『農業団体制度の改正顛末』御茶の水書房，1954年，pp.3-18。

7）前掲『農業委員会制度30年史』，p.44。

8）農業団体には，業務の協同化により構成員（農民）の利益を増進するものと，農民の共同的利益を増進するものとがある。農業委員会は後者の性格を持つ団体である。農政調査委員会編『農業経済経営事典』日本評論社，1970年，pp.421-422。

9）全国農業会議所『農業委員会制度　改訂版』，2014年，p.6。なお，農業委員会および農業委員の仕事と役割については，京都府農業会議『農業委員　地域の土地と人と農政に責任をもつ農業委員会をめざして（第7版改訂）』1990年が参考になる（同初版は1969年発行）。

10）農地転用規制の緩和動向については，大西敏夫「農地転用制度の現況と課題」和歌山大学経済学会『研究年報』第14号，2010年，および本書，補論Ⅰ，参照。

11）大西敏夫「農地制度の展開と農地政策の課題」『農業構造問題と国家の役割』（農業問題研究学会編）筑波書房，p.73，2008年，楜澤能生『農地を守るとはどういうことか　家族農業と農地制度　その過去・現在・未来』農山漁村文化協会，2016年，参照。農地の総量確保については，大西敏夫「農地は確保され高度利用されてきたか」『農業と経済』Vol.81，No.2，昭和堂，2015年，参照。

12）全国農業会議所『農業委員会制度　改訂版』，2014年，参照。

13）全国農業会議所による農林水産大臣からの諮問に対する答申は，1954年以降1999年までに合計19回行われた。その後は，諮問答申に代わって「政策提案」というかたちで取り組まれている。

14）全国農業会議所『農業委員会等制度史』，1995年，参照。

15）1980年農業委員会法改正に先立って，農業委員会等制度研究会「農業構造政策の推進のための農業委員会等組織の整備に関する試案」（全国農業会議所，1977年）や自民党農業委員会制度等に関する小委員会「農業委員会制度改正に関する中間報告」（1979年）などがとりまとめられている。また当時，全国市長会や全国町村会の農業委員会組織への意見要望としては，農業委員の公選制の廃止，委員定数の削減，農業委員会費の国庫負担にかかる市町村の超過負担の解消などが提案されている。農林水産省経済局総務課監修『改訂版農業委員会法の解説』全国農業会議所，1998年，pp.27-41，参照。

16）農林水産省資料「農業委員会について」2014年6月，参照。

17）農業委員会系統組織（全国農業会議所）は，2001年以降，第1次から第5次にわたって「農委組織活動改革プログラム」を策定している。ちなみに，2013年「第5次改革プログラム」ではその実現に向け「農地を活かし，担い手を応援する全国運動」が展開されている。

補論Ⅱ　農業委員会制度論

18) 『日本農業新聞』2015年3月13日付，『全国農業新聞』2015年5月1日～6月19日付（「ここが変わる農委法・農地法」7回連載），参照。なお，農業委員会法は，目的規定（第1条）も改正されている。改正点は以下のとおり。【旧】「この法律は，農業生産力の発展及び農業経営の合理化を図り，農民の地位の向上に寄与するため，農業委員会，都道府県農業会議及び全国農業会議所について，その組織及び運営を定めることを目的とする」，【新】「この法律は，農業生産力の増進及び農業経営の合理化を図るため，農業委員会の組織及び運営並びに農業委員会ネットワーク機構の指定等について定め，もって農業の健全な発展に寄与することを目的とする」（下線部分が改正箇所）。

19) たとえば，参議院における附帯決議では，「公共性の高い農地の集約や権利移動に関する農業委員会の決定は，高い中立性と地域からの厚い信頼を必要とすることに鑑み，農業委員の公選制の廃止に当たっては，地域の代表性が堅持されるよう十分配慮し，農業委員の任命，農地利用最適化推進委員の委嘱及びそのための推薦・公募等について，定数を上回った場合に関係者の意見を聴くなど，適正な手続きにより公正に行われるようにすること。また，女性・青年が農業委員に積極的に登用されるよう，制度の趣旨を周知徹底し，働きかけを行うこと」が決議されている。

20) 農業委員会は農地等の利用の最適化を推進するため担当区域を定めて農地等の利用の最適化の推進活動を行う農地利用最適化推進委員（以下，「推進委員」）を委嘱することになっている。推進委員の定数は条例で定める。この推進委員の役割については，柚木茂夫「改正農業委員会法の施行と農地利用の最適化の推進」『土地と農業』No.47，公益社団法人全国農地保有合理化協会，2017年，参照。

21) 参議院における附帯決議では，「農業生産法人の構成員要件の緩和に伴い，農地が農外資本に支配されることがないよう，制度を適切に運用すること」が決議されている。

22) ちなみに，「平成26年度農業委員会会長大会（2014年5月27日）」では，「農業・農村の再生に向けた農業委員会制度・組織改革に関する要請～現場に根ざした「土地と人対策」の強化に向けて～」が決議されている。決議文では，①公選制のもとでの開かれた農業委員会の強化，②許認可業務と農業振興業務との一体的な推進，③「ネットワーク」の強化による農業委員会活動への支援が掲げられている。なお，同決議に加え，「規制改革会議・農業WGの「農業改革に関する意見」（2014年5月）についての反論・意見」も決議されている。

23) 昭和堂『農業と経済』第81巻第9号，2015年，同特集第2部「何をもたらすか，農業委員会改革」に掲載されている柚木茂夫「改正農業委員会法の要点と成立過程で問われたこと」，緒方賢一「農業委員会改革は農地法制をどこへ導くか」，神山安雄「農地・農委制度改革の検討手法を問い直す―規制改革会議，

243

産業競争力会議，官邸主導への懸念」などを参照。このほか，桂明宏「農業委員会制度改革と今後の課題」日本農業法学会『農業法研究』51，農山漁村文化協会，2016年，参照。

24) たとえば，「規制改革会議」の「農業改革に関する意見（農業ワーキンググループ）」（2014年5月）では，農地の権利移動の許可について農地利用される場合には原則届出とすること（ただし，法人の場合を除く），また農地を所有できる法人の見直しでは，事業要件を廃止することが提案されている。なお，国家戦略特区（国家戦略特別区域法）では兵庫県養父市が中山間地域農業における改革拠点として区域指定（2015年5月）を受け，企業の農地所有の自由化などの規制緩和が進行している。

あとがき

　序章でも触れたが，本書は2000年に株式会社筑波書房から『農地動態からみた農地所有と利用構造の変容』（2000年）のタイトルで刊行したものを，その後のことを付加し，さらに全体を補筆・修正したものである。その後にかかわって，とくに第5章，第6章，補論Ⅰ，補論Ⅱは，以下の論文等をベースにしている。

○第5章　「都市農業・農地の果たす役割」『農学から地域環境を考える』大阪公立大学共同出版会，2003年，「都市地域における農地の転用動向と農地保全をめぐる諸問題―1990年代以降の大阪府下を中心に―」『経済理論』第376号，和歌山大学経済学会，2014年，「都市農業振興に関する検討会『中間取りまとめ』について　その意義とこれからの課題を考える」『大阪農民会館だより』第136号，（財）大阪農業振興協会，2012年。

○第6章　同上「都市地域における農地の転用動向と農地保全をめぐる諸問題―1990年代以降の大阪府下を中心に―」，「都市農業振興・都市農地保全に向けた最近の動きと課題」『大阪農民会館だより』第154号，（財）大阪農業振興協会，2017年。

○補論Ⅰ　「農地転用制度の現況と課題」和歌山大学経済学会『研究年報』第14号，2010年。

○補論Ⅱ　「農業委員会制度の変遷と今日における問題状況」『経済理論』第382号，和歌山大学経済学会，2015年。

　本書を刊行するに至った直接のきっかけは，2つある。1つは，常日頃，学生や院生に卒業論文や修士論文に取り組む意義を盛んに唱えていたこと，いま1つは，首相官邸サイド（安倍政権）が農業委員会制度や農業協同組合

制度を一方的に「岩盤規制」と捉え，さらには検証もなく農地法等農地制度を批判の対象にしていることである。そのようなことをきっかけに，筆者は"卒業論文（本書刊行）"に取り組むこととした。その機会を与えていただいた株式会社筑波書房社長・鶴見治彦氏には心より感謝申し上げる次第である。

筆者は，農業委員会系統組織である大阪府農業会議に12年間勤めた。それ以降は，大学の教員として教育や研究に従事してきた。農地制度や農業委員会制度に問題関心と興味を抱いたのは，やはり大阪府農業会議に勤務したことが大きく影響していると思う。

思い返せば，学生時代や社会人になって，本当に多くの方々にお世話になった。すでに故人となられた方も少なくないが，学生時代を過ごした島根大学，院生時代を過ごした大阪府立大学，そして社会人になって以降は，大阪府農業会議，大阪府立大学，和歌山大学の関係者の皆さんなど，本当にたくさんの方々にお世話になった。心よりお礼申し上げる。さらに，農業理論研究会の皆さんをはじめ，本書作成にかかわってご支援・ご協力をいただいた関係機関・関係諸団体、関係者の皆さんに，改めて感謝を申し上げる次第である。

本書の一部は，日本学術振興会科学研究費基盤研究（C）（一般）・課題番号15K07609（2015 ～ 2017年度，研究課題名：「生産緑地制度下における都市農地の保全と活用に関する研究」）の成果である。また，本書刊行にあたっては，和歌山大学経済学部（研究叢書制度）から出版助成を受けている。ここに，感謝申し上げる次第である。

2018年1月

大西敏夫

著者略歴

大西敏夫（おおにし としお）
和歌山大学経済学部・教授
1952年，大阪府生まれ。
大阪府立大学大学院農学研究科修士過程修了，博士（農学）。

主な職歴
大阪府農業会議職員，大阪府立大学教員（助手，講師，助教授・准教授）
和歌山大学教員（教授，現在に至る）

主な業績
『園芸産地の展開と再編』農林統計協会，2001年（編著）
『食と農の経済学―現代の食料・農業・農村を考える―』ミネルヴァ書房，
2004年（編著）
『地域産業複合体の形成と展開』農林統計協会，2005年（編著）
『都市と農村―交流から協働へ―』日本経済評論社，2011年（編著）など。

都市化と農地保全の展開史

2018年2月1日　第1版第1刷発行

　　　著　者　大西 敏夫
　　　発行者　鶴見 治彦
　　　発行所　筑波書房
　　　　　　　東京都新宿区神楽坂2-19 銀鈴会館
　　　　　　　〒162-0825
　　　　　　　電話03（3267）8599
　　　　　　　郵便振替00150-3-39715
　　　　　　　http://www.tsukuba-shobo.co.jp
　定価はカバーに表示してあります

印刷／製本　平河工業社
©2018 Toshio Onishi Printed in Japan
ISBN978-4-8119-0526-6 C3061

都市化と
農地保全の
展開史

大西 敏夫 著

筑波書房